水利部小浪底水利枢纽管理中心内部控制建设实践

娄涛　曹旭东　金虹　衡培娜　王伟宁　但晓薇　编著

黄河水利出版社
·郑州·

内容提要

行政事业单位内部控制建设根本上是治理体系和治理能力建设，当前财政部、水利部均高度重视行政事业单位内部控制建设，本书编者结合实践经验，对内部控制建设的目的、依据、原则、局限性等进行了概述，详细阐述了内部控制建设的风险评估与控制、单位层面内部控制建设、业务层面内部控制建设、内部控制评价与监督等核心内容，最终将内部控制建设与单位制度建设融合，形成内部控制建设长效机制。

本书既可为行政事业单位内部控制建设提供参考，也可为行政事业单位提升治理体系和治理能力提供参考。

图书在版编目(CIP)数据

水利部小浪底水利枢纽管理中心内部控制建设实践/娄涛等编著. —郑州：黄河水利出版社，2021. 1
ISBN 978-7-5509-2924-1

Ⅰ. ①水…　Ⅱ. ①娄…　Ⅲ. ①黄河-水利枢纽-管理控制　Ⅳ. ①TV632. 613

中国版本图书馆 CIP 数据核字(2021)第 028552 号

组稿编辑：陶金志　电话：0371-66025273　E-mail：838739632@ qq. com

出 版 社：黄河水利出版社　　网址：www. yrcp. com
地址：河南省郑州市顺河路黄委会综合楼 14 层　　邮政编码：450003
发行单位：黄河水利出版社
发行部电话：0371-66026940、66020550、66028024、66022620(传真)
E-mail：hhslcbs@ 126. com
承印单位：河南承创印务有限公司
开本：787 mm×1 092 mm　1/16
印张：14. 25
字数：360 千字　　印数：1—1 000
版次：2021 年 1 月第 1 版　　印次：2021 年 1 月第 1 次印刷

定价：78. 00 元

前 言

自《行政事业单位内部控制规范(试行)》发布实施以来,水利部小浪底水利枢纽管理中心(简称小浪底管理中心)通过推进内部控制建设,实现了经济活动更加规范、权力制约更加有效、治理能力更加提升。为深入贯彻国家治理体系和治理能力现代化建设相关精神,认真落实水利改革发展总基调,不断夯实智慧绿色美丽文化小浪底建设根基,小浪底管理中心将持续推进内部控制建设工作:

一是以完善治理体系和提升治理能力作为内部控制建设总体目标。要以规范经济业务活动有序运行为主线,以规范重点领域和关键岗位经济活动运行流程、制约措施为重点,以智慧小浪底建设为支撑,建成权责一致、制衡有效、运行顺畅、执行有力、管理科学的内部控制体系,更好地发挥内部控制、规范内部管理、强化权力制衡、提升治理能力作用。

二是以全面推进、问题导向、共同治理作为内部控制建设基本原则。要将内部控制建设覆盖经济活动全范围,贯穿内部权力运行决策、执行和监督全过程,涵盖内部组织各层级;要针对内部管理薄弱环节和风险隐患,特别是涉及内部权力集中的重点领域和关键岗位,合理配置权责,细化权力运行流程,明确关键控制节点和风险评估要求,提高内部控制的针对性和有效性;要发挥好内部控制与巡查、纪检、监察、审计等其他内部监督机制的相互促进作用,形成内部监督合力。

三是以风险控制、权力制衡、监督评价作为内部控制建设关键内容。要紧密联系实际,全面梳理业务流程和业务内容,分析风险隐患,完善风险评估机制,制定风险应对策略;要科学设置内设机构、管理层级、岗位职责权限、权力运行规程,切实做到分事行权、分岗设权、分级授权;要建立健全内部控制的监督检查和自我评价制度,通过日常监督、专项监督和评估内部控制的全面性、重要性、制衡性、适应性和有效性,进一步改进和完善内部控制。

小浪底水利枢纽建设期先进的管理享誉国内外,在工程运行期也得到了良好传承和持续发扬,追求卓越、精益求精的管理文化为枢纽近 20 年的安全稳定运行提供了坚实保障,实现了巨大的社会效益、生态效益、经济效益,小浪底管理中心将继续深入贯彻习近平总书记在黄河流域生态保护和高质量发展座谈会上的讲话精神,以内部控制建设促进治理体系和治理能力建设,努力将小浪底水利枢纽打造成水利枢纽运行管理标杆。

编 者

2020 年 9 月

目　录

第一章　概　述

第一节　内部控制建设目的

水利部小浪底水利枢纽管理中心内部控制建设目的是通过建立和完善符合现代管理要求的内部组织结构,形成科学的决策机制、执行机制和监督机制,确保单位经营管理目标的实现;通过建立行之有效的风险控制系统,强化风险管理,确保单位各项业务活动的健康运行;通过堵塞、消除隐患,防止并及时发现和纠正各种欺诈、舞弊行为,保护单位财产的安全完整;通过规范单位经济行为,保证会计资料真实、完整,提高会计信息质量,具体目的如下:

(一)合理保证小浪底管理中心经济活动合法合规。通过风险评估与控制、单位层面控制、业务层面控制,合理保证小浪底管理中心的经济活动符合预算管理、收支管理、采购管理、资产管理、合同管理、项目管理等方面的法律法规和相关规定,避免违法违规行为的发生。

(二)合理保证小浪底管理中心资产安全和使用有效。通过适当的方法对货币资金、实物(无形)资产、对外投资等资产管理进行控制,保证资产安全完整,发挥好资产使用效益。

(三)合理保证小浪底管理中心财务信息真实、完整。通过完善经济活动过程管理,提高会计基础信息的合法性、及时性、准确性、完整性,更加科学地反映生产经营活动实际情况,保证会计信息的真实性和准确性。

(四)有效防范舞弊和预防腐败。通过科学运用内部控制的原理和方法,将制衡机制嵌入内部管理制度建设之中,通过内部控制发挥"关口前移"的效果,有效防范舞弊和预防腐败。

(五)提高公共服务的效率和效果。提高公共服务的效率和效果是小浪底管理中心经济活动的总体目标,也是内部控制的最高目标。

第二节　内部控制建设依据及原则

一、建设依据

小浪底管理中心内部控制建设主要依据《中华人民共和国预算法》《中华人民共和国会计法》《中华人民共和国招标投标法》《中华人民共和国政府采购法》《中华人民共和国合同法》《中华人民共和国建筑法》《中华人民共和国预算法实施条例》《中华人民共和国招标投标法实施条例》《事业单位国有资产管理暂行办法》《行政事业单位内部控制规范

(试行)》《中央级水利单位国有资产管理暂行办法》《中央级水利单位国有资产管理实施细则》《水利工程建设程序管理暂行规定》等法律法规及小浪底管理中心各项规章制度。

二、建设原则

(一)全面性原则

内部控制贯穿小浪底管理中心经济活动的决策、执行和监督全过程,实现对经济活动的全面控制。

(二)重要性原则

在全面控制的基础上,内部控制关注小浪底管理中心重要经济活动的重大风险。

(三)制衡性原则

内部控制在小浪底管理中心部门(单位)管理职责分工、业务流程等方面形成相互制约和相互监督。

(四)适用性原则

内部控制符合国家有关规定和小浪底管理中心的实际情况,并随着外部环境的变化、经济活动的调整和管理要求的提高,不断修订和完善。

第三节　内部控制建设整体架构及适用范围

一、整体架构

小浪底管理中心内部控制建设主要包括风险评估与控制、单位层面控制、业务层面控制、内部控制评价与监督四个方面。

在单位层面控制中,成立内部控制建设工作领导小组和工作组,并明确管理职能和工作机制,通过组织架构、制衡机制、管理制度、信息化建设等完善内部控制建设和建立长效机制。

在业务层面控制中,对经济活动采用流程控制,将制衡机制嵌入业务流程,对预算管理、收支管理、采购管理、资产管理、合同管理、项目管理等活动中存在的风险进行管控。

在内部控制自我评价层面中,通过实施内部控制自我评价、内部控制审计,不断完善小浪底管理中心内部控制监督体系。

二、适用范围

小浪底管理中心内部控制建设主要适用于机关及直属事业单位。

第四节　内部控制建设局限性

因内部控制及风险管理存在其固有的、不可避免的局限性,小浪底管理中心当前内部控制建设还存在一定的局限性。

一、建设内容方面

小浪底管理中心内部控制建设还未涵盖所有部门(单位)及所有业务,也未细化到所有岗位和流程,不能实现对所有风险进行有效控制。

二、建设环境方面

小浪底管理中心内部控制措施是基于现有的风险评估结果而制定的,由于风险及其评估结果可能发生变化,内部控制措施的重要性及有效性也可能发生改变。

三、控制效力方面

小浪底管理中心内部控制未形成强制性控制标准,无法为内部控制有效性以及风险控制提供合理保证。

四、控制执行方面

小浪底管理中心内部控制措施执行时因人员主观因素导致出现理解偏差,也会影响内部控制功能的正常发挥。

第二章 内部控制建设风险评估与控制

第一节 内部控制风险评估

一、风险评估综述

风险评估是确定风险应对策略并及时识别、系统分析经济活动中风险的过程。在风险评估中,既要识别和分析对实现目标具有阻碍作用的风险,又要发现对实现目标具有积极影响的机遇。风险评估的基本流程包括风险初始信息收集、风险识别、分析与评价、风险管理策略与选择等。各部门(单位)在日常经济活动中应充分、连续收集风险管理信息,结合自身业务特点选用具备可兼容性的风险分析技术,对风险管理信息进行辨识、计量、评估、分析,采用适当的风险控制技术方法,为应对风险提供相应的控制策略依据。

二、风险评估组织

风险评估由内部控制体系建设领导机构负责组织,由财务、资产、采购、合同、项目等相关部门和人员成立风险评估机构,必要时也可聘请专业咨询机构。评估人员在梳理各类经济活动的业务流程、明确业务环节的基础上,系统分析经济活动风险和确定风险点,并据此选择控制方法和应对措施。

三、风险评估周期及方法

(一)评估周期

经济活动的风险评估一般应每年进行一次,在全面、系统、准确分析各经济活动风险的基础上,绘制各业务事项的流程图,确定经济活动的风险点,剖析风险存在的原因,以及导致风险发生的可能性,以确保新的风险得到及时、有效的控制。对高风险经济活动,还应开展不定期评估,建立风险预警系统,有效地防范和管控风险。

(二)评估方法

内部控制风险分析采用定性、定量相结合的方式,从风险可能性、风险影响度等方面进行评估。

1. 可能性定性的测度(见表2-1)

(1)很可能:在多数情况下预期可能发生。

(2)可能:在某些时候预期可能发生。

(3)不太可能:在多数情况下预期都不太可能发生。

表 2-1　风险评估的五级评分(参考)

评分	1	2	3	4	5
可能性定量分析	10%以下(含)	10%～30%(含)	30%～70%(含)	70%～90%(含)	90%～100%(含)
风险可能性测度	不太可能		可能	很可能	
风险可能性测度的描述	极低	较低	中等	较高	极高
	一般情况下不会发生	在极少情况下才会发生	会在某些情况下发生	会在较多情况下发生	经常会发生
	在之后 10 年发生的可能少于 1 次	在之后 5～10 年内可能发生 1 次	在之后 2～5 年内可能发生 1 次	在之后 1 年内可能发生 1 次	在之后 1 年内至少发生 1 次

2. 影响程度分析的测度(见表 2-2)

(1)重大:对目标实现有重大影响,若发生将造成极大的损失。

(2)重要:对目标实现有中等程度的影响,若发生将造成一定的损失。

(3)一般:目标实现不受影响,若发生将造成较低的损失。

各部门(单位)应当基于自身的职责和流程,利用专业的评估工具对内外部风险进行量化分析,对风险可能发生的频率和后果赋值,计算风险的严重程度,设定风险容忍限度,对诊断出的所有风险进行排序,随后建立相应的风险数据库和风险分析排序表,制定正确的风险应对策略。

表 2-2　风险评估的影响程度(参考)

评分	1	2	3	4	5
风险影响程度定量分析	损失 1 万元以下(含)	损失 1 万～5 万元(含)	损失 5 万～10 万元(含)	损失 10 万～50 万元(含)	损失 50 万元以上
风险影响程度测度	极低	较低	中等	较高	极高
财务影响	极低的财务损失	较低的财务损失	中等的财务损失	重大的财务损失	极大的财务损失
声誉影响	负面消息未使单位声誉受损	负面消息造成单位声誉轻微受损	负面消息造成单位声誉中等受损	负面消息造成单位声誉重大受损	负面消息造成单位声誉灾难性受损
风险影响程度测度描述	不会影响单位的日常活动	对单位日常活动有轻度影响	对单位日常活动有中度影响	对单位日常活动造成重大影响	对单位日常活动造成灾难性影响

3. 风险识别矩阵(见表 2-3)

各部门(单位)根据风险分析的结果,结合风险承受程度,对各层面进行排序分析,形成风险识别排序表和风险识别矩阵。风险识别排序表根据风险评分自高到低排序。风险识别矩阵对各类风险进行区分:风险影响度列为“重大”、可能性为“很可能”的风险列为一级风险;风险影响度列为“重大”或“重要”、可能性为“可能”或“很可能”的风险列为二级风险;风险影响度列为“一般”或“重要”、可能性为“可能”或“不太可能”的风险列为三级风险。

表 2-3 风险分析的识别矩阵(参考)

影响程度			可能性				
			低		中	高	
			极低	较低	中等	较高	极高
			0~1	1~2	2~3	3~4	4~5
高	极高	4~5	二级	二级	一级	一级	一级
	较高	3~4	三级	二级	二级	一级	一级
中	中等	2~3	三级	三级	二级	二级	一级
低	较低	1~2	三级	三级	三级	二级	二级
	极低	0~1	三级	三级	三级	三级	二级

四、风险评估步骤

(一)风险信息收集

风险评估机构负责建立相应风险信息收集规范流程与标准,及时收集风险管理的外部、内部环境信息,并对收集到的风险管理信息进行更新和维护。外部环境一般包括社会、政治、经济环境等,内部环境一般包括组织架构、人员、职责、文化等。

(二)风险的识别、分析与评价

(1)风险评估机构针对风险分类、风险评估标准、风险模板、应对策略制定原则等内容,进行风险信息的收集以及风险事项的识别,分析风险的原因和后果,评价风险的重要性水平。汇总、整理、排序提交风险评估结果,根据评估分值确定风险等级,汇总、整理出风险评估初步结果。

(2)风险评估机构采用定性与定量相结合的方法对风险进行识别、分析、评价。定性方法包括问卷调查、集体讨论、管理层访谈、专家咨询、情景分析、政策分析、调查研究等。定量方法包括采用统计推论(如集中趋势法)、计算机模拟(如蒙特卡罗分析法)、失效模式与影响分析、事件树分析等。

(三)风险管理策略与选择

(1)风险评估领导机构负责风险应对的总体指导和协调,各部门(单位)完成应对策略及应对方案后及时上报。

(2)各部门(单位)根据自身情况确定风险偏好和风险容忍度,通过正确认识和把握风险与收益的平衡，明确风险规避、风险承受、风险转移、风险降低等管理策略。

（3）各部门（单位）在确定优选顺序时，遵循风险与收益相平衡的原则，通过以下因素确定风险管理的优选顺序：风险事件发生的可能性和影响、风险管理的难度、风险的价值，或管理可能带来的收益、合法合规的需要、对资源的需求、利益相关者的要求等。

（4）各部门（单位）基本风险管理策略的制定遵循合规性、全面性、审慎性、适时性原则，以制度为基础、以流程为依托，将风险管理覆盖到经济活动的各个环节和岗位中，形成"事前防范、事中控制、事后评价"的风险管理机制。

（5）各部门（单位）应对已制定的风险管理策略的有效性和合理性进行总结和分析，随着发展战略规划的变化，内外部环境风险的变化，对风险管理策略进行调整完善。

第二节　内部控制风险控制

一、风险类别

风险类别反映了在进行风险分析时考虑的主要方向，根据实际情况，小浪底管理中心的主要风险包括违法违规风险、国有资产安全风险、财务风险等。

二、控制环节

（一）组织控制

小浪底管理中心需确立内部控制建设牵头管理部门，明确此项工作的分管领导，明确各部门（单位）在内部控制工作中的职能、定位，明确与业务活动有关的各业务归口部门职责。

（二）工作机制控制

1. 决策

小浪底管理中心需建立健全内部重大经济活动议事决策机制，经济活动的决策、执行、监督相分离的工作机制，明确划分职责范围、审批程序和相关职责。小浪底管理中心各项经济活动的决策过程为授权审批过程，在办理经济活动的业务和事项之前，应当经过适当的授权审批，重大事项还需要经过集体决策和会签（审查）制度，任何个人不得单独进行决策或擅自改变决策的意见。

2. 执行

小浪底管理中心重大经济活动事项的决议经审定后由中心领导负责实施，相关责任部门具体执行。各责任部门按照"谁主管、谁负责"的原则，对决策执行实施责任分解，将责任落实到人。

3. 监督

内部监督包括分管领导定期检查、办公室督办、责任部门跟踪落实、内部审计等方面。外部监督包括接受审计监督、上级主管部门巡视、信息公开与社会监督等。

三、控制方法

对风险的控制方法归纳为以下几大类：不相容岗位相互分离、内部授权审批控制、归口管理、预算控制、财产保护控制、会计控制、单据控制、信息内部公开等。

(一)不相容岗位相互分离

对内部控制关键岗位进行合理设置,明确划分职责权限,实施相应的分离措施,形成相互制约、相互监督的工作机制。

(二)内部授权审批控制

明确各岗位办理业务和事项的权限范围、审批程序和相关责任,建立重大事项集体决策和会签(审查)制度,相关人员在授权范围内行使职权、办理业务。

(三)归口管理

日常工作根据部门职责由责任部门实行归口管理,专项工作一般由中心领导牵头,明确主办部门(单位),按照权责对等的原则对有关经济活动实行统一管理。

(四)预算控制

明确各责任部门(单位)在预算管理中的职责权限,强化对经济活动的预算约束,使预算管理贯穿于经济活动的全过程。

(五)财产保护控制

建立资产日常管理制度和定期清查机制,采取资产记录、实物保管、定期盘点、账实核对等措施,确保财产安全。

(六)会计控制

严格执行国家统一的会计制度,建立健全财务制度,加强会计机构建设,提高会计人员业务水平,强化会计人员岗位责任制,规范会计基础工作,加强会计档案管理,明确会计凭证、会计账簿和财务会计报告处理程序。

(七)单据控制

根据国家有关规定和经济活动业务流程,在内部管理制度中明确界定各项经济活动所涉及的表单和票据,要求相关工作人员按照规定填制、审核、归档、保管单据。

(八)信息内部公开

建立健全经济活动相关信息内部公开制度,根据国家有关规定和实际情况,确定信息内部公开的内容、范围、方式和程序。

第三章　单位层面内部控制建设

第一节　组织架构建设

一、组织架构综述

组织架构建设旨在明确各层级的机构设置、职责权限,确保建立科学高效、分工制衡的组织架构,明确各项业务的归口管理部门(单位),促使自上而下地对风险进行识别和分析,进而采取控制措施予以应对,促进信息在内部各层级之间和内外部环境之间及时、准确、顺畅地传递,提升日常监督和专项监督的力度和效能。

组织架构建设作为小浪底管理中心内部控制的有机组成部分,在内部控制体系中处于基础地位,是开展风险评估、实施控制活动、促进信息沟通、强化内部监督的基础设施和平台载体。

二、组织机构设置

小浪底管理中心根据国家有关法律法规和规章制度,结合内外部环境,对组织架构和岗位进行设置,明确各部门(单位)职责权限及相关职责,形成符合发展规划、科学有效的职责分工和制衡机制。

小浪底管理中心的组织架构按照决策权、执行权和监督权相分离的原则,分为决策机构、执行机构和监督机构。决策机构主要是党政领导及决策层的议事机构;执行机构主要是各项经济业务经办部门(单位);监督机构主要是小浪底管理中心纪检、监察、审计等内部监督部门。决策机构负责决策重大经济事项;执行机构负责执行决策机构制定的各项决策,在职责范围内开展工作;监督机构负责行使监督权。

三、内部控制机构

(一)内部控制领导机构

小浪底管理中心内部控制建设领导小组作为内部控制的决策机构,统筹安排内部控制建设全面工作,将内部控制贯穿经济活动的决策、执行和监督全过程,涵盖相关业务和事项,实现对经济活动的全面控制。

组 长:小浪底管理中心党政主要领导

成 员:小浪底管理中心党政领导班子其他成员

内部控制建设领导小组的主要职责:统筹协调小浪底管理中心内部控制体系建设工作;主持内部控制工作专题会议,对内部控制建立与实施进行统一规划、部署;审定内部控制建设工作方案、工作制度;研究决定内部控制建设中涉及的流程调整、职责变化及人员配置等重大事项和重要问题。

(二)内部控制执行机构

1. 内部控制建设工作组

内部控制建设工作组是内部控制的执行机构,具体组织、协调、实施内部控制日常工作。

组长:小浪底管理中心分管资产财务工作副主任

副组长:资产财务处主要负责人

成员:机关各部门(单位)主要负责人

内部控制体系建设工作组的主要职责:负责制定小浪底管理中心内部控制体系建设实施方案;全面梳理本部门(单位)各类经济活动的业务流程,编制业务流程图;系统分析经济活动风险,确定风险点,选择风险应对策略;从单位层面和业务层面系统完善内部控制措施,实现不同制度之间的相互衔接,形成完整的制度体系。

2. 内部控制建设工作主体

各部门(单位)为各类经济业务活动实施内部控制的工作主体,负责相关经济活动流程梳理和风险评估,提出具体的内部控制措施和手段,认真执行内部控制管理制度,落实相关工作要求。小浪底管理中心各部门(单位)的分工和责任如下:

(1)办公室:负责文电、会务、机要、督办等机关日常工作;负责制度、信息、通信、保密、信访、安全保卫、反恐维稳、政务公开、扶贫、对口支援、对外联络工作;负责公务用车;负责办公用房、办公用品管理;负责生活区物业监督管理。

(2)党群工作处(监察审计处):负责党委的日常工作;负责工会和共青团工作;负责纪检、监察、党风廉政建设;负责组织实施对机关部门、直属事业单位的绩效考核;负责宣传、文化、精神文明建设;负责内部审计。

(3)规划计划处:负责拟订发展战略,组织规划的编制及实施;负责计划、招标、合同、统计和对外投资计划、法律事务管理;负责电力销售机制研究协调。

(4)资产财务处:负责国有资产管理;负责财务管理;负责组织会计核算,履行会计监督职责;负责对所属公司的财务监管及经营业绩考核。

(5)人事处:负责机构编制、人事、工资、社会保险及管理体制改革管理;负责人力资源规划、管理;负责薪酬体系规划、管理;负责组织职工教育培训、职称评审;负责小浪底管理中心退休职工管理,监督所属公司退休职工管理服务;负责劳动纪律管理;负责人事档案、退役军人事务管理。

(6)水量调度处:负责小浪底及西霞院水利枢纽的运行调度(包括防洪防凌、调水调沙、供水、灌溉、应急调度等);负责防汛办公室的日常工作;负责小浪底及西霞院水利枢纽水文测验、泥沙测验、水库调度运用及相关研究;负责调度系统运行管理。

(7)安全监督处:负责对小浪底及西霞院水利枢纽以及其他控股开发的水电、房地产、旅游等项目安全生产进行监督管理;负责对环境安全、信息安全等进行监督管理;负责组织制定突发事件、地质灾害等应急预案并监督实施。

(8)建设与管理处:负责基建、大修、科研等项目建设管理、竣工验收;负责技术和质量管理;负责对外科技合作与交流管理;负责小浪底及西霞院水利枢纽运行的监督、维修养护、生态环境管理;负责外事管理;负责所属公司控股开发的其他水电、房地产、旅游等重大项目的监督管理。

(9)库区管理中心:负责小浪底及西霞院水利枢纽库区管理、水资源管理、库周地质灾害处理等工作;负责开展水政监察有关工作;负责对枢纽区环境管理的监督、检查。

(10)信息中心:负责编制智慧小浪底建设规划,协调推进智慧小浪底建设,参与信息化项目方案审查、实施监督检查和项目验收;负责网络安全和信息化监管;负责基础信息系统的建设和运维管理;负责计算机终端及相关外设运维管理。

(三)内部控制监督机构

小浪底管理中心建立内部控制监督由纪检监督、监察监督、审计监督组成,通过有效的监督机制,及时发现和督促整改内部控制建立和实施中存在的问题,完善和实施内部控制考核评价,确保内部控制体系得以有效运行。主要做好以下工作:研究制定内部控制监督管理相关制度;组织实施内部控制的建立和执行情况的监督、检查、考核、评价,并督促问题的整改;内部控制监督检查的其他有关工作。

小浪底管理中心内部控制组织架构如图 3-1 所示。

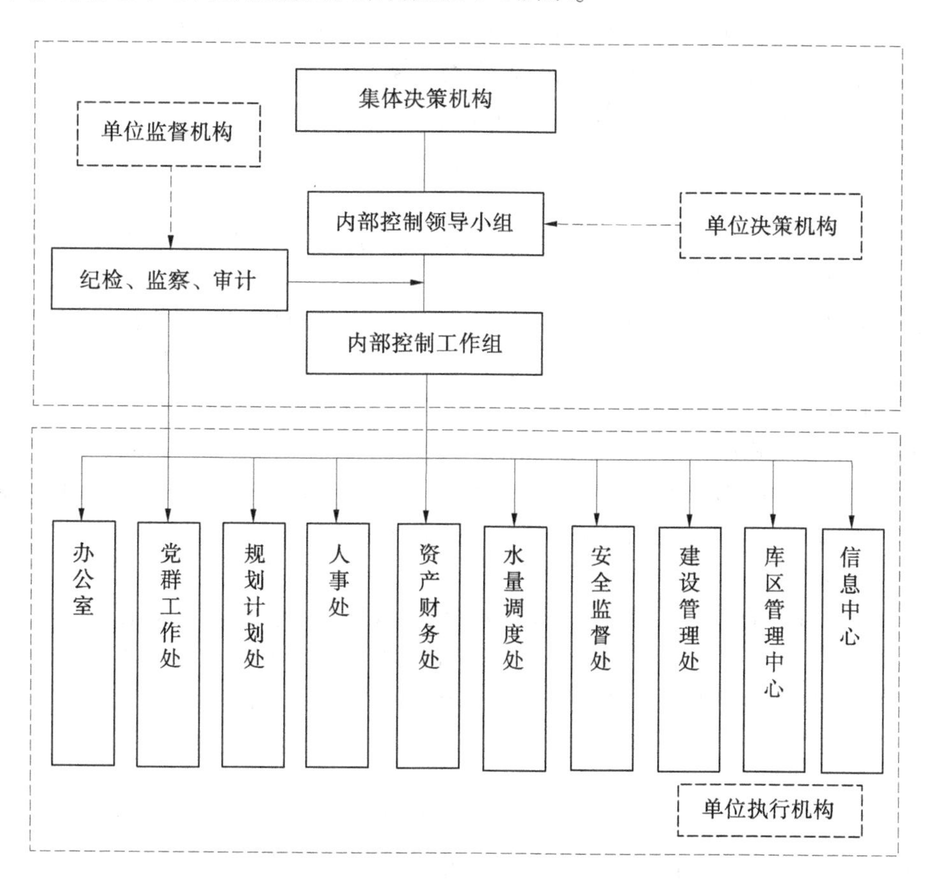

图 3-1　小浪底管理中心内部控制组织架构

第二节　制衡机制建设

一、制衡机制概述

制衡机制建设旨在进行权力分配时确保决策权、执行权和监督权“三权分离”，通过科学决策、规范执行、有效监督，有效防范舞弊和预防腐败。

制衡机制建设是小浪底管理中心建立内部控制体系的核心内容，主要包括三权分立机制、“三重一大”议事机制、授权机制、不相容岗位分离机制等。

二、三权分立机制

小浪底管理中心在设置授权机制时，决策机构能够客观评估经济活动的风险，根据资源配置最优化要求做出科学决策，从起点上控制和约束执行机构；执行机构能够根据已有的决策，进一步细化执行过程中的职责和权限，协调有序地执行决策，并通过反馈以便决策机构实现决策的优化调整；监督机构以独立于决策和执行的身份，对决策机构是否做出科学合理的资源配置决策、决策执行机构，是否严格执行已有决策进行监督，以及时发现内部控制中存在的问题，促进完善内部控制体系。

三、“三重一大”议事机制

小浪底管理中心建立健全集体研究、专家论证和技术咨询相结合的决策辅助机制。

（一）集体讨论

纳入小浪底管理中心“三重一大”管理的重大经济事项均应由领导班子集体研究决定，在讨论过程中可以征求相关职能部门（单位）负责人、经办人的意见。

（二）民主集中

在集体决策机构决议前，相关经济活动事项应实现内部信息公开，相关工作方案（或决策建议）应在规定的范围内事先讨论、充分酝酿，让党政领导都能够充分行使职权，发表意见，不同意见记录在会议纪要中，按照少数服从多数的原则进行决策。

（三）专业咨询

对重大经济活动事项进行决策，可采取专家论证、技术咨询和群众意见相结合的方式，在做出重大经济活动事项部署时，可以适当听取专家的意见，必要时可以组织专业技术咨询，对关系到群众切身利益的，要通过征求意见等方式充分听取群众的意见和建议。

四、授权机制

中心领导和各部门（单位）在办理经济活动的业务和事项之前，必须经过适当的授权审批，特别是“三重一大”事项需经过集体决策和会签制度，任何个人不得单独进行决策或者擅自改变集体决策的意见。通过对决策过程、执行过程的合规性以及执行的效果进行检查评价，确保经济活动的各业务和事项都经过了适当的授权审批，确保经办人员按照授权的要求和审批的结果办理业务。

五、不相容岗位分离机制

在各岗位职责和分工过程中，要充分体现“不相容岗位相互分离”的控制要求，确保不相容岗位相互分离、相互制约和相互监督，降低舞弊风险。常见的不相容岗位包括以下几个。

（一）预算业务各环节不相容岗位

（1）预算编制（含预算调整）与预算审批岗位分离。

（2）预算审批与预算执行岗位分离。

（3）预算执行与预算考核岗位分离。

（二）收入和支出业务各环节不相容岗位

1. 收入业务各环节不相容岗位

（1）收入许可申请与审批岗位分离。

（2）收缴申请与审批岗位分离。

（3）收款与会计记录岗位分离。

2. 支出业务各环节不相容岗位

（1）支出申请与审批岗位分离。

（2）付款与会计记录岗位分离。

（三）政府采购业务各环节不相容岗位

（1）需求计划编制与采购计划编制岗位分离。

（2）需求计划、采购计划编制与审批岗位分离。

（3）采购方案、采购文件的编制与复核、审批岗位分离。

（4）供应商选择与批准岗位分离。

（5）采购与验收岗位分离。

（四）资产业务各环节不相容岗位

1. 资金业务各环节不相容岗位

（1）资金申请与审批岗位分离。

（2）出纳与会计岗位分离。

（3）财务专用章与法人个人印章保管岗位分离。

（4）网上银行支付申请、审核、批准岗位分离。

2. 实物（无形资产）各环节不相容岗位

（1）资产领用申请与审批岗位分离。

（2）资产实物验收、领用、保管与实物记录岗位分离。

（3）资产出租出借申请与审批岗位分离。

（4）资产处置申请与审批岗位分离。

3. 对外投资各环节不相容岗位

（1）对外投资项目的可行性研究与审查岗位分离。

（2）对外投资建议和决策分离。

（3）对外投资处置申请和审批岗位分离。

（五）合同管理业务各环节不相容岗位

（1）合同拟订与复核、审批岗位分离。

（2）合同计量、计价签认与复核、审批岗位分离。

（3）合同变更审核与批准岗位分离。

（六）项目管理业务各环节不相容岗位

（1）项目建议、可行性研究、项目决策岗位分离。

（2）概预算编制、审查、审批岗位分离。

（3）投资计划编制与审批岗位分离。

（4）竣工决算编制与审计岗位分离。

（七）内部监督与日常管理不相容岗位

小浪底管理中心内部监督工作与日常经济活动保持相对独立，根据监督事项设立纪检、监察、内部审计部门。内部审计工作与财务管理工作归属于不同的部门，无法设立独立职能部门时，内部审计岗位与财务管理岗位，由不同人员担任，且归属于不同的部门或领导。

第三节　制度建设

一、制度建设

制度建设旨在通过制度规范经济活动，并建立长效机制，确保内部控制体系的有效运行。

小浪底管理中心已建立一套涵盖行政、党群、计划合同、资产财务、安全、项目管理等方面的制度体系，为预防风险、规范管理提供保障，并在实际中对制度持续检查和改进，以适应内外部环境的变化、新的法律法规和监管要求，确保内部控制体系的有效性。

二、制度清单

制度清单如表3-1所示。

表3-1　制度清单

序号	制度名称
	一、行政管理
	（一）综合
1	水利部小浪底水利枢纽管理中心制定修订管理制度规定
2	水利部小浪底水利枢纽管理中心信访工作管理办法
3	水利部小浪底水利枢纽管理中心外出调研交流管理办法
4	水利部小浪底水利枢纽管理中心获赠物品管理办法
5	水利部小浪底水利枢纽管理中心加入社团组织管理规定

续表 3-1

序号	制度名称
6	水利部小浪底水利枢纽管理中心工作规则
7	水利部小浪底水利枢纽管理中心突发事件报告制度
8	水利部小浪底水利枢纽管理中心综合值班管理办法
9	水利部小浪底水利枢纽管理中心公务接待管理办法
10	水利部小浪底水利枢纽管理中心工作人员特殊情况出差交通保障办法
11	水利部小浪底水利枢纽管理中心公务用车制度改革实施方案
12	水利部小浪底水利枢纽管理中心社会化方式保障公务出行管理办法
13	水利部小浪底水利枢纽管理中心行政值班管理办法
14	水利部小浪底水利枢纽管理中心公务接待管理办法补充规定
15	水利部小浪底水利枢纽管理中心会议管理办法
(二)文秘	
16	水利部小浪底水利枢纽管理中心公文处理办法
17	水利部小浪底水利枢纽管理中心印信管理办法
18	水利部小浪底水利枢纽管理中心综合数字化办公平台管理办法
19	水利部小浪底水利枢纽管理中心计算机网络与信息安全管理办法
20	水利部小浪底水利枢纽管理中心法人授权委托书管理办法
21	水利部小浪底水利枢纽管理中心正版软件使用管理规定
22	水利部小浪底水利枢纽管理中心网络安全信息通报工作规定
23	水利部小浪底水利枢纽管理中心督查检查工作管理办法
(三)档案	
24	水利部小浪底水利枢纽管理中心档案管理规定
25	水利部小浪底水利枢纽管理中心电子公文归档管理办法
26	水利部小浪底水利枢纽管理中心会计档案实施细则
27	水利部小浪底水利枢纽管理中心项目招标和物资采购档案管理办法
28	水利部小浪底水利枢纽管理中心文书档案管理实施细则
(四)保密	
29	水利部小浪底水利枢纽管理中心内部事项保密管理办法
30	水利部小浪底水利枢纽管理中心保密工作管理规定
(五)后勤	
31	水利部小浪底水利枢纽管理中心办公用品管理办法
32	水利部小浪底水利枢纽管理中心电话管理办法

续表 3-1

序号	制度名称
33	水利部小浪底水利枢纽管理中心办公用房管理办法
二、党群工作	
(一)党的工作	
34	水利部小浪底水利枢纽管理中心党费收缴使用管理办法
35	水利部小浪底水利枢纽管理中心党委党建例会制度
36	水利部小浪底水利枢纽管理中心党委直属党支部、所属公司党总支工作请示报告制度
37	水利部小浪底水利枢纽管理中心工作人员在国内交往中收受礼品、礼金、有价证券和支付凭证登记和处置办法
38	中国共产党水利部小浪底水利枢纽管理中心委员会工作规则
39	水利部小浪底管理中心党委关于贯彻落实〈中国共产党(党组)理论学习中心组学习规则〉的实施细则
40	水利部小浪底水利枢纽管理中心党委贯彻〈中国共产党问责条例〉的实施细则(试行)
41	水利部小浪底水利枢纽管理中心贯彻落实"三重一大"决策制度的实施细则
42	水利部小浪底水利枢纽管理中心党委直属党支部、所属公司党总支工作考核办法
43	水利部小浪底水利枢纽管理中心发展党员工作实施办法
44	水利部小浪底水利枢纽管理中心党委党务公开实施办法(试行)
45	小浪底管理中心团组织活动经费管理办法
(二)纪检监察与审计考核	
46	水利部小浪底水利枢纽管理中心领导干部个人重大事项报告制度
47	水利部小浪底水利枢纽管理中心领导干部任前廉政鉴定和廉政谈话实施办法
48	中国共产党水利部小浪底水利枢纽管理中心委员会党风廉政建设责任制考核办法
49	中国共产党水利部小浪底水利枢纽管理中心委员会对违反党风廉政建设责任制规定的追究办法
50	水利部小浪底水利枢纽管理中心党风廉政建设承诺、约谈、报告制度
51	水利部小浪底水利枢纽管理中心党委巡察工作办法(试行)
52	关于规范小浪底管理中心干部职工家庭办理婚丧喜庆事宜的规定
53	水利部小浪底水利枢纽管理中心贯彻落实中央八项规定精神实施办法
54	小浪底管理中心党建督查工作办法(试行)
55	中国共产党水利部小浪底水利枢纽管理中心纪律检查委员会工作规则
56	水利部小浪底水利枢纽管理中心干部职工责任追究办法
57	水利部小浪底水利枢纽管理中心立项、采购、招标及合同管理监察工作实施办法

续表 3-1

序号	制度名称
58	水利部小浪底水利枢纽管理中心审计问题责任追究办法
59	水利部小浪底水利枢纽管理中心工作绩效考核办法
60	水利部小浪底水利枢纽管理中心委托社会审计业务管理办法
61	水利部小浪底水利枢纽管理中心领导干部经济责任审计管理办法
62	水利部小浪底水利枢纽管理中心内部审计管理办法
(三)宣传	
63	水利部小浪底水利枢纽管理中心郑州生产调度中心电子显示屏使用管理办法
64	水利部小浪底水利枢纽管理中心通讯员管理办法
65	水利部小浪底水利枢纽管理中心对外宣传工作管理办法
66	水利部小浪底水利枢纽管理中心门户网站维护及管理办法
67	水利部小浪底水利枢纽管理中心舆情信息处理办法
68	水利部小浪底水利枢纽管理中心宣传培训类项目管理办法
(四)工会与计划生育	
69	水利部小浪底水利枢纽管理中心工会会议制度
70	水利部小浪底水利枢纽管理中心工会经费收支管理办法
71	水利部小浪底水利枢纽管理中心计划生育管理办法
三、计划合同管理	
72	水利部小浪底水利枢纽管理中心规划管理办法
73	水利部小浪底水利枢纽管理中心统计管理办法
74	水利部小浪底水利枢纽管理中心评标专家和评标专家库管理办法(试行)
75	水利部小浪底水利枢纽管理中心投资计划管理办法
76	水利部小浪底水利枢纽管理中心对外投资管理办法
77	水利部小浪底水利枢纽管理中心法律事务管理办法
78	水利部小浪底水利枢纽管理中心非招标采购方式采购管理办法
79	水利部小浪底水利枢纽管理中心招标管理办法
80	水利部小浪底水利枢纽管理中心合同管理办法
四、财务资产	
81	水利部小浪底水利枢纽管理中心银行账户管理办法
82	水利部小浪底水利枢纽管理中心会计电算化管理办法
83	水利部因公临时出国经费管理实施细则
84	水利部小浪底水利枢纽管理中心专家咨询费和劳务费管理办法

续表 3-1

序号	制度名称
85	水利部小浪底水利枢纽管理中心公务移动通讯费用补贴管理办法
86	水利部小浪底水利枢纽管理中心国有资产管理实施细则
87	水利部小浪底水利枢纽管理中心财务开支审批管理办法
88	水利部小浪底水利枢纽管理中心国有资本收益管理办法
89	水利部小浪底水利枢纽管理中心差旅费管理办法(试行)
90	水利部小浪底水利枢纽管理中心机关及直属单位人员差旅伙食费及市内交通费交纳相关问题规定
91	水利部小浪底水利枢纽管理中心预算管理办法
92	水利部小浪底水利枢纽管理中心对所属企业资产财务管理办法
五、安全管理	
93	水利部小浪底水利枢纽管理中心安全生产“一岗双责”制度
94	水利部小浪底水利枢纽管理中心生产安全事故隐患排查治理监督管理办法(试行)
95	水利部小浪底水利枢纽管理中心安全生产监督管理办法
96	水利部小浪底水利枢纽管理中心突发事故应急救援总体预案
六、项目管理	
97	水利部小浪底水利枢纽管理中心基建项目管理办法
98	水利部小浪底水利枢纽管理中心科研、咨询服务项目管理办法
99	水利部小浪底水利枢纽管理中心信息化建设项目管理办法

第四节 信息系统建设

一、信息系统概述

信息系统建设旨在明确信息系统建设与维护的相关要求,确保信息系统建设合理有序、运行安全稳定,实现内部控制效率和效果提升。

信息系统建设主要是将小浪底管理中心内部控制理念、控制活动、控制手段等要素通过信息化固化到信息系统,实现内部控制系统化、常态化。

二、信息系统建设与维护

(1)小浪底管理中心对信息系统建设实施归口管理,规范系统开发、运行和维护流程,建立用户管理制度、系统数据定期备份、信息系统安全保密和泄密责任追究制度等,保护信息安全。

(2)小浪底管理中心根据自身情况制定信息系统建设的相关规划。在进行规划时,需充分发挥信息系统归口管理部门(单位)与其他相关部门(单位)的积极性,使各部门(单位)广泛参与、充分沟通,提高规划的科学性、前瞻性和适应性。

(3)小浪底管理中心根据自身情况明确信息化建设的方式,包括自行开发、外购调试、业务外包等,在建设过程中必须明确建设需求,同时确保相关技术可行。

(4)小浪底管理中心各经济活动业务流程通过信息化手段进行固化,自动记录和跟踪业务流程的运行状态,并将不相容职务相互分离和内部授权审批控制嵌入信息系统中,减少人为操纵因素。

(5)小浪底管理中心制定信息系统使用操作程序、信息管理制度以及相关操作规范,及时跟踪、发现和解决系统运行中存在的问题,确保信息系统按照规定的程序、制度和操作规范持续稳定运行。

(6)信息系统归口管理部门(单位)切实做好系统运行记录,尤其是对于系统运行不正常或无法运行的情况,应对异常现象发生时间和可能的原因做出详细记录。

(7)小浪底管理中心关注因利用信息化产生的新的风险,需根据风险评估情况制定相应的控制措施。

第四章 业务层面内部控制建设

第一节 预算管理

一、预算管理业务综述

预算管理旨在规范预算管理工作程序,明确预算管理要求,加强预算业务各环节风险管控,发挥预算管理作用。

预算管理主要指小浪底管理中心对预算的编制、审批、分解下达、执行、分析报告、调整、决算和考核等环节进行管理。

二、预算管理机构、人员及主要职责

(1)集体决策机构:负责预算草案、预算调整方案等重大预算事项集体研究。

(2)中心领导:负责分管部门(单位)预算的编制、审批、执行、分析报告、调整和预算考核等。

(3)预算工作小组:负责制定预算管理制度;负责预算的编制、审批、分解下达、执行、分析报告、调整等组织实施。

(4)财务部门:负责预算工作小组办公室的工作;负责财务决算等。

(5)预算考核部门:负责预算考核组织实施等。

(6)归口管理部门:负责纳入归口管理预算的编制、分解、执行、调整、分析报告等。

(7)业务部门(单位):负责预算编制、执行、分析报告、调整等具体管理。

三、预算管理工作步骤

预算管理工作步骤如图 4-1 所示。

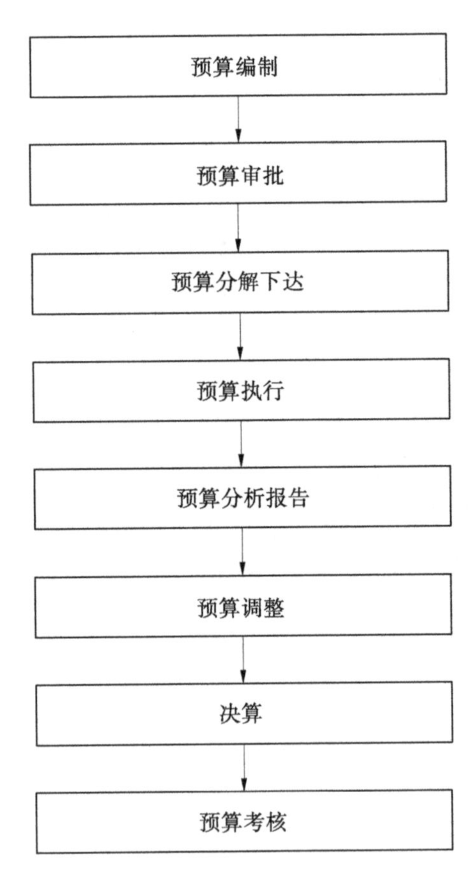

图 4-1 预算管理工作步骤

四、预算管理流程图

预算管理流程如图 4-2 所示。

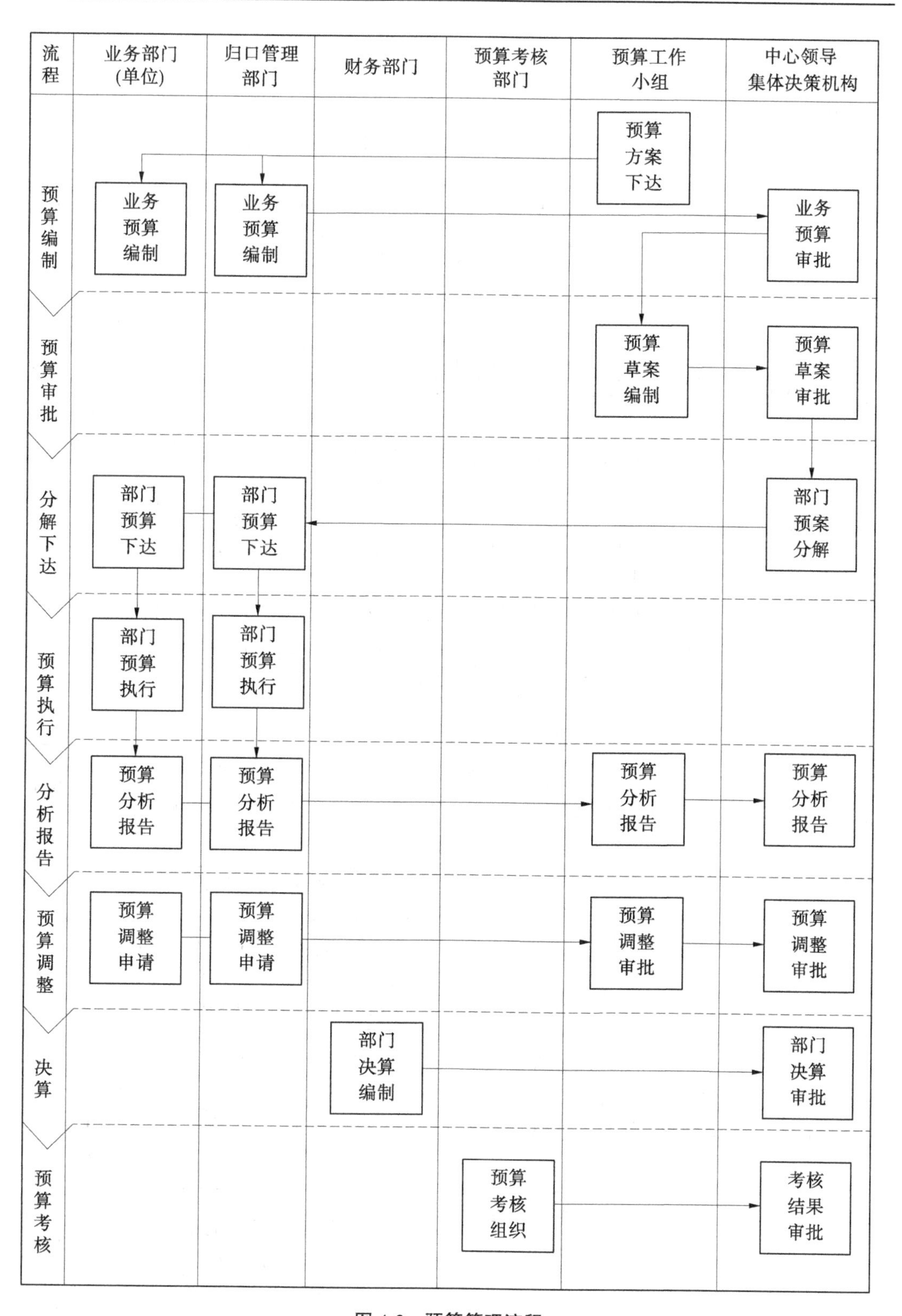

流程
业务部门(单位)
归口管理部门
财务部门
预算考核部门
预算工作小组
中心领导集体决策机构
预算编制
预算方案下达
业务预算编制
业务预算编制
业务预算审批
预算审批
预算草案编制
预算草案审批
分解下达
部门预算下达
部门预算下达
部门预案分解
预算执行
部门预算执行
部门预算执行
分析报告
预算分析报告
预算分析报告
预算分析报告
预算分析报告
预算调整
预算调整申请
预算调整申请
预算调整审批
预算调整审批
决算
部门决算编制
部门决算审批
预算考核
预算考核组织
考核结果审批

图 4-2　预算管理流程

五、预算管理风险控制矩阵

预算管理风险控制矩阵如表 4-1 所示。

表 4-1 预算管理风险控制矩阵

流程	编号	关键环节	风险点	主要控制措施	责任主体
预算编制	YS01	预算编制	(1)预算方案不科学; (2)预算编制不及时,不能按时上报审批预算; (3)预算依据不充分,编制的预算不够准确	(1)严格按照上级单位预算编制要求,结合单位实际制定预算方案; (2)加强预算编制组织,合理进行预算编制分工; (3)科学制定年度工作目标,严格按照预算标准填列预算,对项目预算及早严格审核; (4)预算编制情况纳入考核	业务部门(单位)、归口管理部门、中心领导、预算工作小组
预算审批	YS02	预算审批	(1)预算上报审批前未经过充分研究讨论,多报或少报预算; (2)预算审批形式化,未能充分辨识预算是否合理	(1)预算上报审批前加强沟通协调,确保预算业务完整、依据充分、计算准确; (2)预算工作小组做好预算审批前期准备,预算领导小组及时科学决策	预算工作小组、集体决策机构
预算分解下达	YS03	预算分解下达	预算财权与事权不匹配,预算分解与实际偏差较大	按照部门职责、归口管理职责,结合实际业务,合理分解预算	预算工作小组、中心领导
预算执行	YS04	预算执行	不严格按照批复的预算安排各项收支,预算约束性不强,执行偏差较大	(1)加强预算执行事前、事中、事后监管; (2)无预算、超预算开支严格履行审批程序; (3)预算执行偏差纳入考核	业务部门(单位)、中心领导
预算分析报告	YS05	预算分析报告	预算分析报告不及时、不准确,不能反映预算执行中存在的问题	(1)按照预算管理制度定期开展预算分析报告; (2)预算分析报告情况纳入考核	业务部门(单位)、预算工作小组、中心领导
预算调整	YS06	预算调整	预算调整缺乏严格控制,调整依据不充分,预算管控作用有限	(1)严格控制内部预算追加调整,加强预算调整审批管理; (2)预算调整纳入考核	业务部门(单位)、预算工作小组、集体决策机构

续表 4-1

流程	编号	关键环节	风险点	主要控制措施	责任主体
决算	YS07	决算编制	财务报告不真实、不准确、不完整、不及时	(1)业务部门真实、及时、完整办理经济业务; (2)严格按照国家会计制度进行会计核算,编制财务报告; (3)建立财务报告内部审批机制; (4)加强财务人员专业培训	财务部门、中心领导
预算考核	YS08	考核标准	考核标准不科学,程序不严格,监督机制失效	(1)严格按照相关规定进行考核; (2)科学合理制定考核标准; (3)加强预算考核结果应用	预算考核部门、中心领导

六、相关制度

水利部小浪底水利枢纽管理中心
预算管理办法

(中心财〔2019〕24号,2019年8月21日印发)

第一条　为规范水利部小浪底水利枢纽管理中心(简称小浪底管理中心)预算管理,强化预算执行监督,提高资金使用效益,根据《中华人民共和国预算法》《中华人民共和国预算法实施条例》《财政部中央级基本支出预算管理办法》《财政部中央级项目支出预算管理办法》《水利部中央级预算管理办法》等相关规定,结合小浪底管理中心实际,制定本办法。

第二条　本办法适用于小浪底管理中心机关、直属单位。

第三条　预算管理的基本原则:

(一)综合预算,收支平衡。所有收支要纳入预算统一管理,统筹安排,量入为出,不编赤字预算。

(二)合法真实,公平透明。遵守国家法律、法规和规章制度,预算编制方法科学合理,收支数据真实可靠;基本支出实行“定员定额“管理。

(三)统一管理,归口负责。资产财务处负责小浪底管理中心预算的审核、汇总、报送、执行、监督工作,各部门(单位)对本部门(单位)预算的真实性、合法性、准确性和完整性负责。

(四)细化分解,严格执行。细化分解预算,严格预算执行,实时预算监督,提高预算执行的精度和资金使用效益。

第四条　预算的组成

(一)小浪底管理中心预算包括部门预算和政府采购预算,部门预算包括收入预算、支出预算。

(二)预算收入主要包括财政拨款收入、事业收入、上级补助收入、附属单位上缴收入、经营收入、非同级财政拨款收入、投资收益、捐赠收入、利息收入、租金收入、其他收入等。

(三)预算支出主要包括基本支出、项目支出和其他支出。基本支出包括人员经费支出和日常公用经费支出。项目支出包括行政事业类项目支出、基本建设类支出和其他类项目支出,列入项目支出预算的项目应已经纳入中央部门项目库、财政部项目库。行政事业类项目支出主要包括专项计划项目、专项业务项目、大型修缮项目、大型购置项目、大型会议项目和其他项目等支出。

(四)政府采购预算包括列入基本支出预算和项目支出预算的政府采购计划。

第五条　预算管理组织机构和职责

(一)小浪底管理中心党政领导集体研究上报主管部门的预算草案、预算调整方案等重大预算事项。

(二)小浪底管理中心成立预算工作小组,预算工作小组由分管资产财务工作的中心领导及各部门(单位)主要负责人组成。预算工作小组的主要职责包括:

1. 研究预算政策、管理措施和方法等重要预算事项。

2. 审核预算管理制度。

3. 审核、综合平衡各部门(单位)编制的收支预算。

4. 审核上报主管部门的预算建议、预算草案。

5. 审核预算调整事项和预算调整方案。

6. 组织预算执行情况分析。

7. 组织预算执行考核和审核考核结果。

8. 其他需小浪底管理中心党政领导集体研究的重要预算工作。

(三)预算工作小组下设办公室。办公室设在资产财务处,主要职责包括:

1. 负责预算工作会议相关工作,传达预算的编制政策、内容、程序、要求等。

2. 拟订各项预算管理制度。

3. 指导各部门(单位)预算编制。

4. 汇总、审核、初步平衡各部门(单位)编制的预算。

5. 编制和上报预算建议、预算草案。

6. 分解下达预算。

7. 汇总并初步审核各部门提出的预算调整需求方案,准备预算调整建议方案,提交预算工作小组审核。

8. 跟踪、监督、汇总各部门(单位)预算执行和分析情况,提出改进措施和建议。

9. 报告预算执行情况。

10. 完成领导和预算工作小组交办的其他预算工作。

(四)小浪底管理中心各部门(单位)是预算管理的执行部门,具体负责其管理业务涉及的预算编制、执行、控制、调整、分析、报告等工作,并配合预算工作小组做好预算的综合平衡、分析和考核等工作,其主要负责人对本部门(单位)预算管理工作负责。

第六条　预算编制依据

(一)国家有关法律、法规以及财政、财务规章制度。

(二)上级主管部门对年度预算编制工作的方针、政策和工作布置。

(三)行业技术标准、定额和工作规范。

(四)单位实有人数、占用资产、资源情况,经批准的行业规划、事业发展计划,年度中心工作任务。

(五)以前年度预算执行情况,本年度预算收支变化因素等。

第七条　小浪底管理中心预算编制管理采用"二上二下"的工作程序,主要包括预算建议("一上")、预算控制数下达("一下")、预算草案("二上")、预算批复("二下")。

第八条　预算编制和审批程序(一)资产财务处根据上级主管部门安排,分"一上""二上"提出预算编制要求。

(二)预算工作小组根据需要召开预算编制工作会议,安排预算编制工作。

(三)各部门(单位)根据"一上""二上"预算编制要求编制预算,经其分管领导签字后报送资产财务处。

(四)政府采购归口管理部门根据预算编制部门(单位)提交的基本支出预算和项目支出预算,编制政府采购预算。

(五)资产财务处对各部门(单位)编制的预算审核、汇总、初步平衡后,上报预算工作小组进行审核。

(六)资产财务处、各部门(单位)根据预算工作小组审核意见,对预算进行修改完善后报小浪底管理中心党政领导集体研究。

(七)资产财务处向上级主管部门报送预算建议、预算草案。

(八)资产财务处、各部门(单位)根据上级主管部门审批时提出的要求,对预算进行修改完善,经主要领导批准后上报主管部门。

第九条　资产财务处在上级主管部门批复年度预算后15日内分解下达到各部门(单位)。

第十条　年度预算一经批复下达,各预算执行部门应认真组织实施,从横向和纵向落实到各环节和各岗位,形成全方位的预算执行责任体系。

第十一条　各预算责任部门应将预算作为预算期内组织、协调各项业务活动的基本依据,按季度进行预算控制,确保预算目标的实现。

第十二条　各预算执行部门不得发生下列行为:擅自扩大支出范围、提高开支标准;不得办理无预算、超预算支出;严禁伪造、变造虚假合同或发票骗取预算资金;杜绝各种违法手段虚列支出等。

第十三条　预算年度开始后,在预算草案批复前,各预算执行部门可结合本年度预算草案,参照上一年同期预算支出情况申请、安排支出,预算草案批复后,按照批复的预算执行。

第十四条 政府采购归口管理部门严格遵守政府采购法律法规的各项规定,根据批复的政府采购预算,开展政府采购工作。

第十五条 预算一经批复,原则上不予调整。由于客观原因导致预算收支发生重大变化,且符合国家政策需要进行预算调整的,经上级主管部门批准后予以调整。

第十六条 预算执行情况分析及报告

(一)预算工作小组根据需要组织预算执行情况分析,对存在的问题提出解决建议。

(二)预算执行部门(单位)向其分管领导定期分析和报告预算执行情况,预算执行出现较大偏差时应及时向预算工作小组、主要领导报告。

(三)资产财务处定期向其分管领导、主要领导报告预算执行情况。

(四)预算工作小组组织实施上级主管部门要求的预算执行专项报告。资产财务处组织实施上级主管部门要求的预算执行情况日常报告。

第十七条 预算绩效管理

(一)预算工作小组负责组织实施上级主管部门对小浪底管理中心的预算绩效评价和其他重大专项预算绩效管理工作。资产财务处负责组织实施小浪底管理中心机关及直属单位除预算考核以外的其他预算绩效管理工作。

(二)各部门(单位)预算管理工作纳入小浪底管理中心年度绩效考核,预算考核内容、标准由资产财务处制定,预算考核组织、方式、实施、结果及运用等按小浪底管理中心绩效考核制度执行。

第十八条 本办法由资产财务处负责解释。

第十九条 本办法自下发之日起施行。原《水利部小浪底水利枢纽管理中心预算管理办法》(中心财〔2013〕8号)、《关于成立水利部小浪底水利枢纽管理中心预算管理领导小组的通知》(中心财〔2013〕17号)同时废止。

第二节 收支管理

一、收支业务综述

收支管理旨在引导和规范财务收支业务控制各环节风险管控,促进收支业务控制在提高公共服务效率和效果过程中发挥积极作用。

收支管理是指小浪底管理中心各类收入合法合规取得并应及时入账,各项人员支出、公用支出、项目支出业务真实合法,开支审批程序、依据、内容符合规定,会计核算准确。

二、收支管理机构、人员及主要职责

(一)收入管理机构、人员及主要职责

(1)中心领导:负责收入许可审批等。

(2)业务部门(单位):负责按批准的收入许可下发收入通知等。

(3)财务部门:负责收取各项收入并进行会计核算等。

(二)支出管理机构、人员及主要职责

(1)集体决策机构:负责“三重一大”开支事项决策等。

(2)签批人:主要负责人签批集体决策讨论决定的收支事项和预算外收支事项,负责签批或授权签批预算内收支事项;中心分管领导、各部门(单位)负责人签批授权的预算内收支事项。

(3)归口管理部门或会签部门审核人:负责审核纳入归口管理或需要会签的支出。

(4)审核人:中心分管领导审核提请主要负责人签批收支事项;各部门(单位)负责人签批提请中心分管领导、主要负责人签批收支事项。

(5)申请人:负责收集办理收支业务所需的必要资料并提交审核。

(6)会计:负责审核提交的申请是否纳入预算,审批程序和依据是否合规、完整,并进行会计核算。

(7)出纳:负责办理资金支付。

三、收支管理工作步骤

(一)收入管理工作步骤

收入管理工作步骤如图4-3所示。

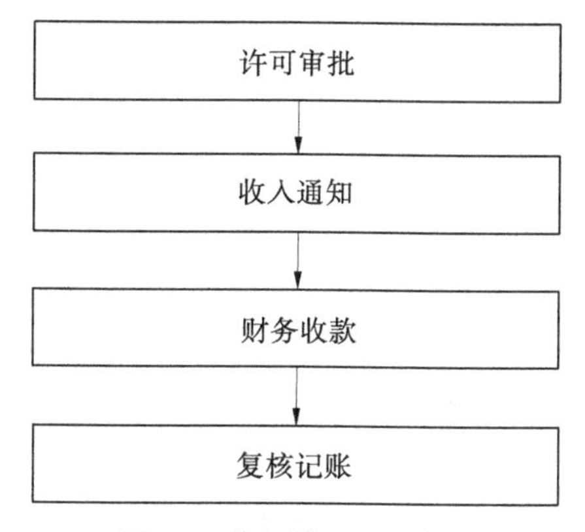

图4-3　收入管理工作步骤

(二)支出管理工作步骤

支出管理工作步骤如图4-4所示。

四、收支管理流程图

(一)收入管理流程

收入管理流程如图4-5所示。

(二)支出管理流程

支出管理流程如图4-6所示。

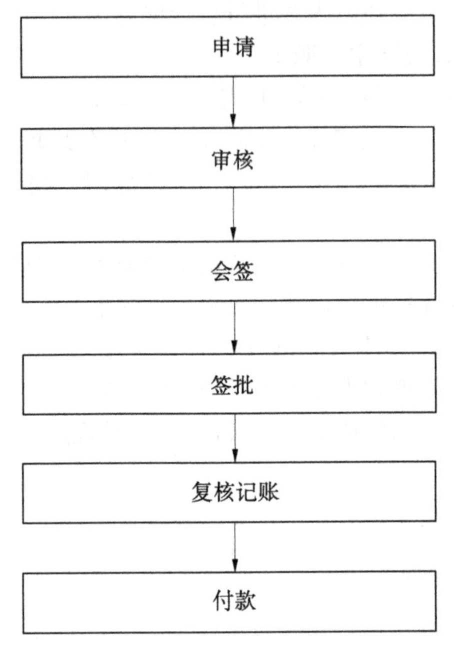

图 4-4　支出管理工作步骤

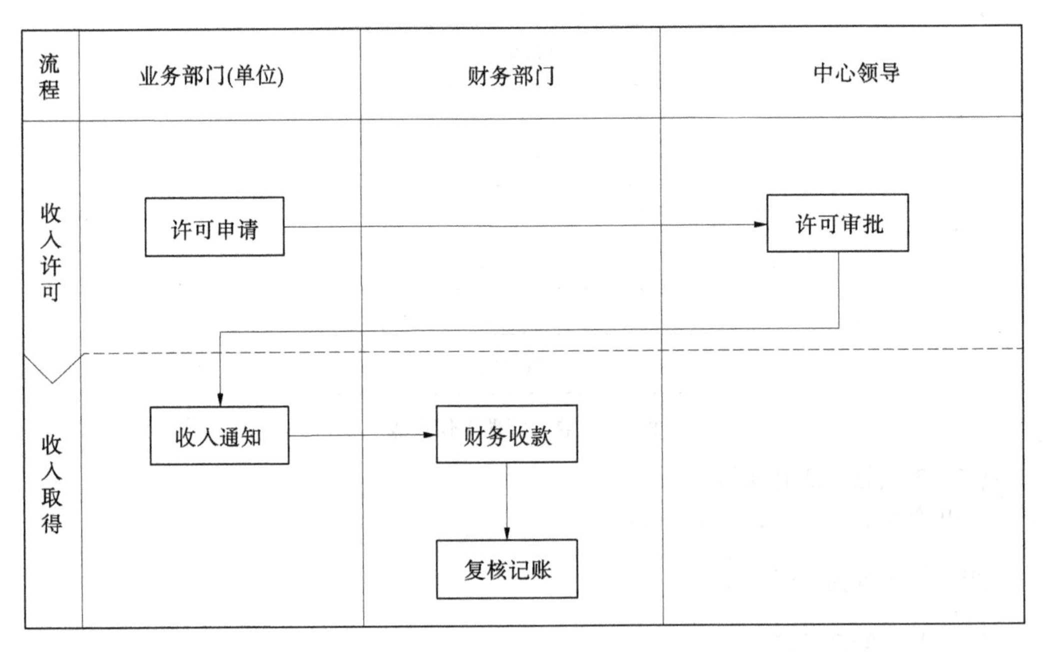

图 4-5　收入管理流程

五、收支管理风险控制矩阵

(一)收入管理风险控制矩阵

收入管理风险控制矩阵如表 4-2 所示。

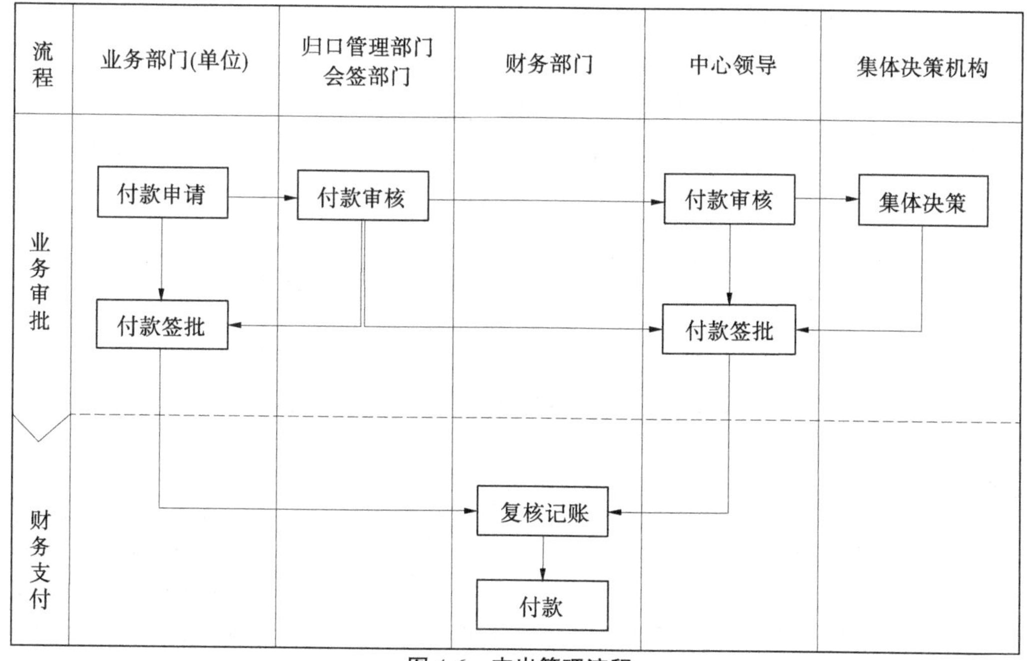

图 4-6 支出管理流程

表 4-2 收入管理风险控制矩阵

流程	编号	关键环节	主要风险	控制措施	责任主体
收入许可	SR01	许可审批	各项收入许可未按规定履行审批程序	按照规定履行外部和内部审批程序	业务部门(单位)、中心领导
收入取得	SR02	收入通知	(1)未严格按规定项目和标准取得收入; (2)未及时开具收入通知,未及时通知财务部门办理收缴业务	(1)严格按照批准的项目和标准取得收入; (2)对收入项目实行归口管理,并建立业务部门(单位)与财务部门内部沟通机制	业务部门(单位)
	SR03	财务收款	未及时开具票据或票据保管不到位	建立会计出纳稽核机制,定期进行票据核对	财务部门
	SR04	复核记账	收入未入账或未实行“收支两条线”管理	(1)建立定期核查机制,与业务部门(单位)对收入项目进行核查; (2)财务部门归口办理收入业务; (3)严格按照国家会计政策进行会计核算	财务部门、业务部门(单位)

（二）支出管理风险控制矩阵

支出管理风险控制矩阵如表4-3所示。

表4-3　支出管理风险控制矩阵

流程	编号	关键环节	主要风险	控制措施	责任主体
业务审批	ZC01	申请	（1）支出未纳入预算； （2）相关经济业务不合规、不真实，相关支出依据不完整、不准确	（1）加强预算事前、事中控制； （2）合理设置岗位和配备人员，提升人员专业能力和职业道德； （3）建立岗位责任制、不相容岗位分离机制和授权审批机制	业务部门（单位）申请人
	ZC02	审核	越权审核或审核把关不严	按规定职责和权限审核	业务部门（单位）审核人、中心领导
	ZC03	会签	未履行会签手续	按规定履行会签程序	业务部门（单位）会签审核人、归口管理部门审核人
	ZC04	签批	越权签批或签批把关不严，未履行集体决策程序	按规定职责和权限签批，需要集体决策的履行集体决策程序	业务部门（单位）签批人、中心领导或集体决策机构
财务支付	ZC05	复核记账	对支出依据、审批流程完整性及是否符合财经政策把关不严	加强财经政策和内部规章制度学习，并有效运用	财务部门会计
	ZC06	付款	未按规定流程付款，未能准确支付资金	建立财务内部稽核机制	财务部门出纳

六、相关制度

水利部小浪底水利枢纽管理中心
财务开支审批管理办法

（中心财〔2019〕29号，2019年12月27日印发）

第一章　总　则

第一条　（目的和依据）为加强水利部小浪底水利枢纽管理中心（简称小浪底管理中

心）财务管理工作，建立科学有序的财务开支审批机制，明确财务开支审批内容、审批职责权限、审批流程与审批依据，根据《中华人民共和国预算法》《中华人民共和国会计法》《事业单位财务规则》《行政事业单位内部控制规范（试行）》《会计基础工作规范》《部门预算支出经济分类科目》等政策法规，结合小浪底管理中心实际，制定本办法。

第二条　（适用范围）本办法适用于小浪底管理中心机关和直属单位。

第三条　（财务开支内容）根据财政部印发的《部门预算支出经济分类科目》，本办法所列财务开支包括工资福利支出、商品和服务支出、对个人和家庭的补助、资本性支出、对企业补助、其他支出等。具体内容见附件《小浪底管理中心财务开支内容及审批权限、审批流程、审批依据表》。

第四条　（审批原则）财务开支审批遵循以下原则：

（一）权责对等原则，即各级审批人履行审批权力的同时，对财务开支合法性、真实性、完整性、准确性、及时性负责。

（二）授权审批原则，即各级审批人根据授权对财务开支进行审批。

（三）不相容职务分离原则，即各级审批人按不相容职务分离的内部控制要求进行分级审批。

（四）预算管理原则，即审批的财务开支应纳入年度财务预算。

（五）归口审批原则，即工资福利支出、商品和服务支出、对个人和家庭的补助等实行归口审批。

第二章　财务开支审批职责与权限

第五条　（事业法人职责）事业法人履行《会计法》规定的单位负责人职责，对财务工作负总责。

第六条　（审批人职责）财务开支审批人包括签批人、审签（核）人、经办人、归口管理部门负责人、财务人员，在财务开支审批时承担的职责为：

（一）签批人职责：签批人在法定权限或授权范围内对财务开支进行最终审批，对签批的财务开支负责。

（二）审签（核）人职责：分管领导审签提请单位负责人签批的财务开支，部门负责人审核提请分管领导审签的财务开支。审签（核）人对经济业务是否合规和财务开支依据是否真实、准确、完整、及时进行复核。

（三）经办人职责：经办人负责初步审核经济业务是否合规和财务开支依据是否真实、准确、完整、及时。

（四）归口管理部门负责人职责：归口管理部门负责人对归口管理的经济业务是否符合政策规定进行审核，负责归口管理业务的财务预算编制和财务预算执行管理。

（五）财务人员职责：财务人员负责审核财务开支是否符合财经政策和小浪底管理中心财务制度规定，复核财务开支审批手续是否准确、完整。

第七条　（一般开支签批权限）一般开支是指除“三重一大”“三公经费”、预算调剂（整）以外的财务开支。一般事项由单位负责人、分管领导、部门负责人按权限进行审批，具体审批权限如下：

（一）工资福利支出、对个人和家庭补助：住房公积金、残疾人保障金由资产财务处负责人审核后，资产财务处分管领导签批；其他开支由人事处负责人审核后，人事处分管领导签批。

（二）职工个人因公借款：单位负责人签批1万元以上（不含）的借款，分管领导签批5 000元（不含）以上1万元（含）以下的借款，部门负责人签批5 000元以下（含）的借款。

（三）其他财务开支：单位负责人签批10万元以上（不含）的财务开支，分管领导签批1万元（不含）以上10万元（含）以下的财务开支，部门负责人签批1万元以下（含）的财务开支。

第八条 （重大重要开支签批权限）下列重大重要财务支出的审批权限，一般应由单位负责人签批或授权签批：

（一）纳入“三重一大”管理的财务开支。

（二）属于预算调剂、预算调整事项的财务开支。

（三）“三公经费”财务开支。

第九条 （签批权限调整）事业法人可根据实际对签批权限进行授权调整。

第三章 财务开支审批流程

第十条 （一般审批流程）财务开支一般审批流程为：经办人审核、经办部门负责人审核、归口管理部门负责人审核（实行归口管理的财务开支）后，制度已明确的或已授权签批的开支由经办部门负责人签批或经办部门分管领导签批，制度未明确的或未授权签批的开支由经办部门分管领导审签后，单位负责人签批。

第十一条 （突发紧急事项财务开支审批流程）因自然灾害、防汛抢险、安全事故等突发紧急情况需要办理的财务开支，资产财务处请示分管领导、单位负责人同意后，可先办理资金支付，经办部门随后按财务开支审批要求办理审批手续。

第四章 财务开支审批依据

第十二条 （工资福利支出、对个人和家庭的补助支出审批依据）办理工资福利支出、对个人和家庭的补助审批时，一般应提供财务预算、发放（缴纳或交纳）表单等审批依据。

第十三条 （商品和服务支出审批依据）办理商品和服务支出审批时，一般应提供财务预算、批准性文件（如需）、开支明细（增值税发票清单、消费水单等）、验收资料（实物）、领用资料（实物）、税务发票或专用票据等审批依据。签订合同的开支还应提供合同、支付凭证及合同要求的其他审批依据。“三重一大”开支还应提供集体决策文件资料。

第十四条 （资本性支出）办理资本性支出审批时一般应提供财务预算、批准性文件、验收资料（实物或项目）、领用或交付资料（实物或项目）、税务发票或专用票据等审批依据。签订合同的开支还应提供合同、支付凭证及合同要求的其他审批依据。“三重一大”开支还应提供集体决策文件资料。

第十五条 （职工个人因公借款审批依据）职工个人因公借款一般每次不超过5 000

元,借款需符合《现金管理条例》规定并以现金支付,借款时需提供借款依据(复印件,原件在冲账时使用)、借款单。报销冲账手续应在经济业务结束后及时办理,报销审批时需按本办法第十二条、第十三条、第十四条规定提供审批依据。

第十六条　(重大特殊财务开支审批依据)办理对外投资和资产出租、出借、捐赠、出售、出让、转让、置换等重大特殊事项支出审批时,一般应提供批准性文件、集体决策文件资料(三重一大)、合同、资产接收单位出具的接收文件资料等。

第五章　附　则

第十七条　(会计监督)财务人员按照《会计法》《会计基础工作规范》对财务开支履行以下监督职责:

(一)对审批手续不全的财务开支,应当退回并要求补充、更正。对违反国家统一的财政、财务、会计制度规定的财务开支,不予办理。

(二)对不真实、不合法的原始凭证,不予受理。对弄虚作假、严重违法的原始凭证,应当制止和纠正,及时向分管领导、单位负责人报告;制止和纠正无效的,应当向分管领导、单位负责人提出书面意见。

第十八条　(例外审批管理)本办法未明确规定审批手续的财务开支,由资产财务处报请单位负责人批准后执行。小浪底管理中心其他制度中另有审批规定的财务开支,除按本办法执行外还需执行相关制度。

第十九条　(解释单位)本办法由资产财务处负责解释。

第二十条　(实施日期)本办法自印发之日起施行,原《水利部小浪底水利枢纽管理中心财务开支审批管理办法》(中心财〔2016〕9号)同时废止。

附件:小浪底管理中心财务开支内容及审批权限、审批流程、审批依据表

水利部小浪底水利枢纽管理中心
贯彻落实中央八项规定精神实施办法

(中心党〔2019〕26号,2019年5月23日印发)

为深入贯彻落实习近平新时代中国特色社会主义思想和党的十九大精神,持之以恒加强作风建设,推进全面从严治党向纵深发展,根据《中共中央政治局贯彻落实中央八项规定实施细则》《中共水利部党组贯彻落实中央八项规定精神实施办法》《中共河南省委河南省人民政府贯彻落实中央八项规定实施细则精神的办法》,结合工作实际,制定本实施办法。

一、改进调查研究

1.注重深入实际。水利部小浪底水利枢纽管理中心(简称小浪底管理中心)领导班

子成员要率先垂范，大兴调查研究之风，坚持问题导向，实事求是，深入基层、深入一线，多开展蹲点调研、专题调研等，既要到工作开展好的地方去总结经验，更要到困难较多、情况复杂的地方去研究解决问题。力求准确、全面、深入了解情况，"解剖麻雀"、以点带面，坚决防止"走秀式"调研。调研指导工作，既要讲成绩也要讲问题，该肯定的肯定，该批评的批评。小浪底管理中心领导班子成员原则上每月深入基层一线不少于1次，每年深入基层一线不少于45天；围绕中心工作、分管工作确定重点课题开展专题调研，每年至少形成一个调研成果。调研课题应撰写调研报告，提出有针对性的建议。

2. 科学统筹调研。中心领导到基层调研要轻车简从，减少同行人员。根据调研主题和涉及的业务范围，不同时、不轮番到一个地方、一个项目去调研。除主任、党委书记外，其他班子成员可结合分管工作听取工作汇报，一般不召开全面工作汇报会。汇报工作时要讲实情、讲成绩、讲问题、讲对策。小浪底管理中心班子成员到基层调研，同行的陪同人员一般不超过3人。调研不搞层层陪同，无直接任务人员一律不到现场。简化接待工作。调研期间，不得违规接受接待，在标准限额内按规定缴纳食宿、市内交通费用，确因工作特殊需要超出差旅费标准的，须报中心领导批准。

二、精简会议活动

3. 减少各类会议和活动。严格执行会议审批备案制度，控制会议活动数量，能不开的坚决不开，可合并的坚决合并，能套开的尽量套开。小浪底管理中心的四类会议计划，须报分管领导审核，主要领导审批。全局性会议要在上一年度统一提出计划和安排，报小浪底管理中心主要领导审批后按计划组织召开；其他会议要严格控制、统筹安排并报分管领导批准。条件允许，有的会议可直接开到基层，减少会议层次，不倡导层层组织会议，以会议落实会议。严格控制临时议题，与会议主题关系不密切或会前已充分征求意见的部门(单位)主要负责人不参会。所属单位、公司要加强会议管理，严控会议数量。

各级领导一律不出席各类开工仪式、剪彩庆祝活动。中心领导班子成员代表中心党委发表讲话和文章，个人署名发表文章，须报中心党委书记批准。除党委统一安排外，个人不公开出版著作、讲话，不发贺信、贺电。节假日期间从简安排各种活动，严禁用公款相互走访、送礼、宴请、旅游等。

4. 提高会议效率和质量。少开会，开管用的会，严控会议规模和时间。在保证会议质量和效果的前提下，尽量减少参会人数，缩短会议时间。小浪底管理中心年度工作会议控制在1天时间，其他会议原则上不超过半天。除确实需要外，一般不邀请上级领导参会和要求在外工作的人员专门回来参会。尽量减少集中式开会，涉及两地或三地的会议，除特殊情况，提倡采用网络视频会议形式。网络视频会议不安排外地同志到主会场参会，分会场布置要精简节约。以开短会、讲短话、讲有用的话为原则，切实改进会风，安排部署工作要出实招、解难题，防止同一事项议而不决、反复开会。需要安排讨论的会议，要精心设置议题，充分安排时间，认真组织讨论，发言要站位全局，多提建设性意见和建议，不要搞成工作汇报，提高讨论效果。提交党委会议和党政联席会议研究的议题，汇报材料原则上不超过2 000字，提倡使用电子版进行会议汇报。确需会议发言交流的，要严格控制发言人数和时间。

三、精简文件简报

5. 减少文件简报数量。从严控制发文数量和规格,凡小浪底管理中心已做出明确规定的,一律不再发文。防止照搬照抄、层层转发,没有结合实际提出实质性举措的,没有具体工作部署的倡导性号召性文件一律不发,杜绝刻意为工作留痕的不必要发文。在确保安全保密的情况下,凡能通过电话、传真、文件快递等办理的事项,一律不再印发文件。原则上各部门(单位)不再保留简报,新增简报需经中心领导批准、报办公室备案。

6. 提高文件简报质量。办文时主办部门、单位要加强综合协调和审核把关,按规定的程序和格式报送文件,切实做到优质高效。强化起草部门主要负责人第一把关责任,文件稿要突出针对性、指导性、可操作性。弘扬“短实新”优良文风,出台的文件和规章制度要接地气、符合实际情况。部署某领域重要工作的文件稿一般不超过3 000字,部署专项工作或具体任务的文件稿一般不超过2 500字。报中心领导的请示、报告,一般不超过2 000字。

7. 积极推进电子信息化办公。小浪底管理中心日常事务原则上通过数字化办公平台办理。积极推进公文网络传输和网上办理,原则上内部发文除办公室、人事部门归档需要外,不再印制纸质文件。

四、规范因公临时出国

8. 合理安排出国。根据中央规定和水利部、河南省委有关要求,人事和外事管理部门要结合工作实际,严格按照“因事定人”的原则,科学制定因公临时出国计划和人选建议,不得安排照顾性和无实质性内容的一般性出国。正确执行限量管理规定,不得据此要求轮流出国。外方所赠礼品严格按照有关规定处理。

9. 严控人数和时间。出访团组人员构成必须坚持少而精的原则,总人数不得超过6人。出访团组在外停留时间严格执行相关规定,特殊情况根据实际工作需要报批。出访团组要严守外事纪律,不得以任何理由绕道旅行。严格控制双跨团组,不得委托社团、培训中心等单位组织双跨团组。严禁通过组织“团外团”或拆分团组、分别报批等方式在代表团正式名单外安排无关人员跟随或分行。

五、改进宣传报道

10. 加强宣传报道统筹安排。宣传工作实行归口管理,小浪底管理中心党群部门为小浪底管理中心宣传报道的归口管理部门,负责宣传工作的统一组织和协调,同时对其他部门(单位)宣传工作给予指导、督促和检查。各部门(单位)分工协作,逐级负责。强化组织策划和统筹协调,围绕中央、水利宣传工作重点和中心重点工作开展宣传活动,正面宣传,积极营造正确的舆论导向。规范利用“两微一端”等新媒体开展宣传,提升宣传的吸引力、感染力、传播力和公信力。

11. 简化一般性会议活动宣传报道。根据工作需要、新闻价值决定是否报道。同一场全局性会议活动原则上只综合报道1次,文字稿不超过800字。调研活动报道要多反映职工群众关心的实质性内容,消息稿不超过600字,不刊发侧记、特写、综述等。涉外活动接待综合报道1次。宣传报道要精简务实、注重效果。未经批准,各部门(单位)不得擅自邀请外部媒体、记者进行有关采访和报道。宣传经费的列支、使用以及各类宣传品的制作和印制出版要根据工作的实际需要统筹安排,严格实行归口管理、审核、报批制度。

六、厉行勤俭节约

12. 严格控制经费支出。贯彻落实过"紧日子"要求,加强对经费预算的管理和监督,强化采购管理,规范通用资产配置。公务接待严格执行国家以及水利部、河南省有关公务接待的标准、规格和规模,注重节俭简便,工作用餐原则上安排自助餐,人数较少时可安排桌餐,按位、按量上菜,不上高档菜肴,一律不上烟酒,严格按规定控制陪餐人数或不陪餐。不安排超规格住宿用房,房间不摆放香烟、鲜花和水果。从严控制公务接待经费,严禁在项目支出中列支国内公务接待费,严禁以任何名义向下属单位及地方单位转嫁或摊派费用。严格控制因公出国(境)经费,严格执行支出标准和支出程序。从严控制会议费预算,不得召开未落实经费预算的会议。严禁违规使用会议费。会议活动现场布置要简朴,严禁以任何名义发放纪念品,会议期间严禁用公款组织个人消费娱乐和健身活动。会议期间一般不安排合影照相,用车尽可能集中安排。严格执行工资政策,不得以任何名义、任何方式违规发放津贴补贴。严格经费支出审批把关,严禁违规购买发放各种代币购物券(卡),严禁违规发放讲课费、咨询费、劳务费等。

13. 严格公务用车管理和办公用房管理。认真贯彻执行《水利部小浪底水利枢纽管理中心公务用车制度改革实施方案》,公务出行据实报销公务交通费用,不得以交通补贴名义变相发放福利;严格按照规定的范围、用途、标准和使用公务车辆,不得变相超编制、超标准配备车辆,不得既乘坐公务车辆又领取交通补贴,不得换用、借用、占用下属单位或其他单位和个人的车辆。严禁公车私用、私车公养。严格控制公务接待用车,重大和重要接待活动用车,需经小浪底管理中心领导批准,由办公室根据来宾情况统一调配安排。严禁违规新建楼堂馆所。全面落实《党政机关办公用房管理办法》等规定,严禁违规配置和使用办公用房,严禁豪华装修办公用房。

14. 严格执行有关待遇规定。领导干部要严格执行中央和水利部、河南省关于办公用房、住房、用车、交通、工作人员配备、休假以及薪酬、医疗、治丧等方面的待遇规定。现职领导同志在办理退休手续后,原单位办公用房应在1个月内腾退。一般不兼任社会团体领导职务,因工作需要兼职的要从严审批。经批准在社团、企业兼职的领导干部,不得违规取酬。

15. 培育弘扬良好家风。严格执行廉洁自律准则,禁止利用职权或影响力为家属亲友谋求特殊利益。要注重家庭、家教、家风,带头树立勤俭节约、崇尚清廉的良好家风。加强对亲属和身边工作人员教育和约束,防止家属亲友插手领导干部职权范围内的工作、插手人事安排,不得大操大办婚丧喜庆事宜,不得违规经商办企业或违规从事其他营利活动。

16. 大力推行节约型机关建设。坚持勤俭办事,降低机关运行成本。节约利用水、电、煤、气、油、粮食、办公家具、办公设备、办公用品等能源和资源。大力推行无纸化办公,控制各类材料的印制数量。办公室等部门要加强对办公用品领用和费用支出的统一管理、控制和监督。不断深化后勤服务改革,大力推行后勤服务社会化、市场化,降低后勤服务成本。

七、加强督促检查

17. 加强组织领导。小浪底管理中心职能部门、直属单位、所属公司和领导干部要从树牢"四个意识"、坚定"四个自信"、坚决做到"两个维护"的高度，带头遵守中央八项规定及其实施细则精神，严格执行本办法。带头改进工作作风，带头反对特权思想、特权现象，带头深入基层调查研究，带头密切联系群众、解决实际问题。强化责任意识和担当精神，防止不作为、乱作为和懒政怠政现象。

18. 切实落实到位。严格落实全面从严治党主体责任，加强对贯彻执行中央八项规定及其实施细则精神和本办法的督促检查。管住年节、假期等"四风"问题易发多发重要节点，紧盯"四风"新动向新表现，把整治形式主义、官僚主义作为正风肃纪、反对"四风"的首要任务、长期任务，坚决防止"四风"反弹回潮。所属公司要结合水利部和当地省（市、县）委和省（市、县）政府对国有企业落实中央八项规定精神实施细则的要求，研究制订具体措施，确保有关规定和要求得到切实贯彻和执行。

19. 加大监督检查力度。纪检监察部门要把贯彻执行中央八项规定及实施细则精神和本办法情况作为开展巡察、党建考核和党风廉政建设责任制考核的重点内容。要建立健全常态监督检查机制，对违反规定的坚决查处、通报曝光。审计监督和财务部门每年对"三公"经费等经费使用情况进行重点审查。直属单位和所属公司每年年底对本办法执行情况进行自查，将检查结果书面报告小浪底管理中心党委。领导干部个人在年终述职述廉和民主生活会上须专门报告执行本办法的情况。

本办法自印发之日起施行，原《水利部小浪底水利枢纽管理中心贯彻落实改进工作作风、密切联系群众的八项规定实施办法》（中心党〔2013〕3号）同时废止。

水利部小浪底水利枢纽管理中心
工会经费收支管理办法

（中心工〔2018〕7号，2018年6月19日印发）

第一章　总　则

第一条　为加强水利部小浪底水利枢纽管理中心（简称小浪底管理中心）工会经费收支管理，安全、合规、有效使用资金，根据《中华人民共和国工会法》和《中国工会章程》《工会会计制度》《工会预算管理办法》及中华全国总工会办公厅《基层工会经费收支管理办法》、河南省总工会《河南省基层工会经费收支管理实施办法》等有关规定，结合小浪底管理中心实际，制定本办法。

第二条　本办法适用于小浪底管理中心工会经费的管理和使用。

第三条　小浪底管理中心工会经费收支管理应遵循以下原则：

（一）遵纪守法原则。依据《中华人民共和国工会法》《中国工会章程》《河南省工会条例》的有关规定，依法组织各项收入，严格遵守国家法律法规，严格执行全国总工会和河南省总工会有关制度规定，严肃财经纪律，严格工会经费使用，加强工会经费收支管理。

（二）经费独立原则。依据全国总工会关于工会法人登记管理的有关规定取得工会法人资格，依法享有民事权利、承担民事义务，并根据财政部、中国人民银行的有关规定，设立工会经费银行账户，实行工会经费独立核算。

（三）预算管理原则。按照《工会预算管理办法》的要求，将各项收支全部纳入预算管理。工会经费年度收支预算（含调整预算）需经同级工会委员会和工会经费审查委员会审查同意，并报河南省总工会批准。

（四）服务职工原则。坚持工会经费正确的使用方向，优化工会经费支出结构，严格控制一般性支出，将更多的工会经费用于为职工服务和开展工会活动，维护职工的合法权益，增强工会组织服务职工的能力。

（五）勤俭节约原则。按照党中央、国务院和省委、省政府关于厉行勤俭节约反对奢侈浪费的有关规定，严格控制工会经费开支范围和开支标准，经费使用要精打细算，少花钱多办事，节约开支，提高工会经费使用效益。

（六）民主管理原则。依靠会员管好用好工会经费，工会经费收支情况应定期向会员代表大会报告，建立经费收支信息公开制度，主动接受会员监督。同时，接受上级工会监督，依法接受国家审计监督。

第二章　工会经费收入

第四条　小浪底管理中心工会经费的来源主要包括：

（一）拨缴经费收入。按照机关、直属单位所有工作人员工资总额的2%拨缴的经费。

（二）所属公司上缴的工会经费。所属公司按照规定比例上缴的经费。

（三）行政补助收入。按照每年工会工作计划安排依法依规给予的行政经费补助（补助经费专款专用，严禁用于工会职工福利费支出）。

（四）会费收入。小浪底管理中心机关、直属单位工会会员依照全国总工会规定缴纳的会费。

（五）上级工会补助收入。河南省总工会拨付的各类补助款项。

（六）投资收益。依据相关规定对外投资取得的收益。

（七）其他收入。资产盘盈、固定资产处置净收入、接受捐赠收入和利息收入等。

第五条　小浪底管理中心工会应加强对各项经费收入的管理，严格按照规定的比例，及时足额拨缴工会经费。统筹安排行政补助收入，按照预算确定的用途开支，不得将与工会无关的经费以行政补助名义纳入小浪底管理中心工会账户管理。

第三章　工会经费支出

第六条　工会经费主要用于为职工服务和开展工会活动。

第七条　工会经费支出范围包括:职工活动支出、维权支出、业务支出、资本性支出和其他支出。

第八条　职工活动支出是指由小浪底管理中心工会组织开展职工教育、文体、宣传等活动所发生的支出和工作人员集体福利支出。包括:

(一)职工教育支出。用于小浪底管理中心工会举办政治、法律、科技、业务等专题培训和职工技能培训所需的教材资料、教学用品、场地租金等方面的支出,用于支付职工教育活动聘请授课人员的酬金,用于工会组织的职工素质提升补助和职工教育培训优秀学员的奖励。

对优秀学员的奖励应以精神鼓励为主、物质激励为辅。奖励范围控制在学员总数的10%以内,奖励标准每人不超过300元(含300元,下同);授课人员酬金标准按照《中央和国家机关培训费管理办法》相关规定执行。

(二)文体活动支出。用于小浪底管理中心工会开展或组织参加上级工会举办的文体活动所需器材购置、服装购置、用品购置、租赁、维修方面的支出以及活动场地、交通工具的租金支出等,用于文体活动优胜者的奖励支出,用于文体活动中必要的伙食补助费。

文体活动奖励应以精神鼓励为主、物质激励为辅。对设置奖项的活动,奖励范围不得超过参与人数的三分之二;对不设置奖项的活动,可为所有参与职工发放价值不超过100元的纪念品。团体奖励人均不得超过300元,个人奖励最高不得超过400元。

举办文体活动需要统一服装的,每两年每人限购一次,标准不得超过600元(含鞋),由小浪底管理中心各直属分工会、所属公司工会根据小浪底管理中心工会有关工作安排具体办理。外聘的裁判员、评委、教练劳务费支付标准为每半天不超过400元,其他人员不得领取劳务费。

参加上级工会统一组织的职工文体活动,可根据活动要求购买一次服装,标准不得超过500元(含鞋),原则上参加同一项目比赛,每年参加多次的,按照每人每年购买一套服装控制。需外聘教练的,劳务费参照工会组织的文体活动标准执行。文体活动在工作日期间举行的,参加人员(包括工作人员)不得领取补助;在节假日期间举行的,参加人员(包括不超过参加人员10%的工作人员)可按照每半天不超过100元的标准予以补助。

组织开展职工春节联欢晚会,可购买适当的干鲜水果等食品,并可参照不设置奖项的职工文体活动为参演人员发放价值不超过100元的纪念品。

可以用会员会费组织会员观看电影、文艺演出和体育比赛等,开展春游秋游,为会员购买工作所在地公园年票。会费不足部分可以用工会经费弥补,弥补部分不超过当年会费收入的三倍。春游秋游应当日往返,且不得到有关部门明令禁止的风景名胜区开展春游秋游活动;春游秋游期间可安排工作餐、开支交通费,但不得开支景区门票费、导游费、补贴费等。

文体活动中开支的伙食补助费,根据活动的特殊需要,每人每天可安排一次工作餐,工作餐标准不得超过小浪底管理中心差旅费标准中一天伙食补助标准的50%,且不得以现金形式发放。

(三)宣传活动支出。用于小浪底管理中心工会开展重点工作、重大主题和重大节日宣传活动所需的材料消耗、场地租金、购买服务等方面的支出,用于培育和践行社会主义核心价值观,弘扬劳模精神和工匠精神等经常性宣传活动方面的支出,用于开展或参加上级工会举办的知识竞赛、宣讲、演讲比赛、展览等宣传活动支出。

(四)职工集体福利支出。用于逢年过节和会员生日、婚丧嫁娶、退休离岗的慰问支出等。

逢年过节可以向会员发放节日慰问品,每位会员年度节日慰问品总额视工会经费情况确定,最高不得超过2 000元。逢年过节的年节是指国家规定的法定节日。节日慰问品原则上为符合中国传统节日习惯的用品和职工群众必需的生活用品等。可结合实际采取便捷灵活的发放方式,直接发放慰问品或慰问品领取券,但不得发放现金、购物卡、代金券等。

会员生日可以一次性发放不超过300元的生日蛋糕等实物慰问品,也可以发放指定蛋糕店的蛋糕券。

会员结婚、符合政策的生育,可以分别给予一次性不超过500元的慰问品;工会会员退休,可以一次性发放不超过1 000元的纪念品。

会员当年内因一种疾病住院期间,可以一次性给予不超过1 000元的慰问金;会员去世,可以一次性给予不超过2 000元的慰问金,其直系亲属(仅限配偶、父母、子女)去世,可以一次性给予不超过1 000元的慰问金。

对于工资未纳入拨缴工会经费总额的会员,不在工会发放集体福利人员范围。

(五)其他活动支出。用于小浪底管理中心工会组织开展的劳动模范和先进职工疗休养补贴等其他活动支出。

小浪底管理中心工会可承担行政委托的组织劳模和先进职工疗休养任务,但必须使用行政专款拨付的经费,并优先选择工会疗养院和基地开展疗休养活动,疗休养以康复治疗、健康体检、健康讲座、文体活动等为主要形式。休养期间不得安排收费旅游景点的相关活动,外出参观原则上不超过休养时间的三分之一,参观考察以免费的革命传统教育基地、先进企业及社区、美丽乡村、博物馆、纪念馆为主,将休养活动与爱国主义教育,提升劳模和先进职工素质结合起来。不得跨省活动,原则上住宿地点不变。工会可对疗休养活动的公杂费等进行适当补贴。

第九条　维权支出是指用于维护职工权益的支出。包括:劳动关系协调费、劳动保护费、法律援助费、困难职工帮扶费、送温暖费和其他维权支出。

(一)劳动关系协调费。用于推进创建劳动关系和谐企业活动、加强劳动争议调解和队伍建设、开展劳动合同咨询活动、集体合同示范文本印制与推广等方面的支出。

(二)劳动保护费。用于以促进安全健康生产、保护职工生命安全为宗旨开展的群众性安全生产和职业病防治活动、加强群监员队伍建设、开展职工心理健康维护等发生的支出。

(三)法律援助费。用于向职工群众开展法治宣传、提供法律咨询、法律服务等发生的支出。

(四)困难职工帮扶费。用于对困难职工提供资金和物质帮助等发生的支出。

会员本人及家庭因大病、意外事故、子女就学等原因致困时,可以根据会员困难情况进行慰问,慰问金额由小浪底管理中心工会结合实际研究并报小浪底管理中心党委审定后确定。

（五）送温暖费。用于开展送温暖和金秋助学等活动发生的支出。

（六）其他维权支出。用于补助职工和会员参加互助互济保障活动等其他方面的维权支出。

第十条　业务支出是指培训工会干部、加强自身建设以及开展业务工作发生的各项支出。包括：

（一）培训费。用于开展工会干部和积极分子培训发生的支出。开支范围和标准参照小浪底管理中心制定的培训费管理办法执行。

（二）会议费。用于工会会员代表大会、经费审查委员会以及其他专业工作会议的各项支出。开支范围和标准参照小浪底管理中心制定的会议费管理办法执行。

（三）专项业务费。用于开展工会组织建设、建家活动、劳模（技能人才）和工匠人才创新工作室、职工创新工作室等创建活动发生的支出，用于开办图书馆、阅览室和职工书屋等职工文体活动阵地所发生的支出，用于开展专题调研所发生的支出，用于开展女职工工作性支出，用于开展外事活动方面的支出，用于组织开展合理化建议、技术革新、发明创造、岗位练兵、技术比武、技术培训等劳动和技能竞赛活动支出及其奖励支出。

开展劳动和技能竞赛活动，表彰人数控制在会员总数的10%以内，可以进行一次性奖励，每人奖金或奖品不超过500元。

（四）其他业务支出。用于经上级批准评选表彰的优秀工会干部和积极分子的奖励支出，用于工会必要的办公费、差旅费，用于工会支付代理记账、中介机构审计等购买服务方面的支出。

评选表彰优秀工会干部和积极分子，表彰人数控制在小浪底管理中心会员总数的10%以内，可以进行一次性奖励，每人奖品不超过500元。

第十一条　资本性支出是指从事工会建设工程、设备工具购置、大型修缮和信息网络购建而发生的支出。

第十二条　其他支出是指除上述支出以外的其他各项支出。包括：资产盘亏、固定资产处置净损失、捐赠、赞助等。

第十三条　根据《中华人民共和国工会法》的有关规定，小浪底管理中心工会专职工作人员的工资、奖励、补贴由所在单位承担，办公和开展活动必要的设施和活动场所等物质条件由所在单位提供。所在单位保障不足且工会经费预算足以保证的前提下，可以用工会经费适当弥补。

第四章　财务管理

第十四条　小浪底管理中心工会主席对小浪底管理中心工会会计工作和会计资料的真实性、完整性负责。

第十五条　小浪底管理中心工会根据国家和全国总工会的有关政策规定以及河南省总工会的要求，制定年度工会工作计划，依法、真实、完整、合理地编制工会经费年度预算，依法履行必要程序后报河南省总工会批准。严禁无预算、超预算使用工会经费。年度预算原则上一年调整一次，调整预算的编制审批程序与预算编制审批程序一致。

第十六条 小浪底管理中心工会根据河南省总工会批准的年度预算,积极组织各项收入,合理安排各项支出,并严格按照《工会会计制度》的要求,科学设立和登记会计账簿,准确办理经费收支核算,定期向工会委员会和经费审查委员会报告预算执行情况。小浪底管理中心工会经费年度财务决算需报河南省总工会审批。

第十七条 小浪底管理中心工会加强财务管理制度建设,健全完善财务报销、资产管理、资金使用等内部管理制度。依法组织工会经费收入,严格控制工会经费支出,各项收支实行工会委员会集体领导下的主席负责制,重大收支须集体研究决定。

第十八条 小浪底管理中心工会根据自身实际科学设置会计机构、合理配备会计人员,真实、完整、准确、及时反映工会经费收支情况和财务管理状况。小浪底管理中心工会委托小浪底管理中心资产财务处代为进行工会经费财务管理。

第十九条 规范工会财务管理,严格遵守国家和上级工会有关规定,年初编制工会经费年度预算,经费支出控制在年度预算范围内;严格按规定拨缴工会经费;工会举办活动项目要有具体方案和通知;购物发票要写明具体品名、数量、单价及附购物清单;报销单据应附上所有参与人员名单,奖金、物品发放要有签领单,用餐要有用餐人员名单;工会举办的比赛竞赛不可普发安慰奖、鼓励奖、参与奖,不可对参加上级工会或其他部门举办的比赛获奖人员再发放配套奖;要规范职工春秋游、劳模和先进职工疗休养活动,不得借机组织公款或变相公款旅游;行政对工会的补助款项列支渠道应符合有关规定,不可将应在行政列支的费用转到工会账户支出,不得超范围超标准支出工会经费。

第二十条 小浪底管理中心职工体检、职工食堂、职工教育、劳模和先进职工疗休养、行政表彰、走访慰问离退休干部职工等工作,属于行政的福利费、教育费、商品和服务支出等支出范畴。小浪底管理中心工会可接受委托协助或承办上述工作,但经费须由行政经费负担。

小浪底管理中心离退休人员的集体福利在单位行政列支,不纳入基层工会集体福利发放范围。

第五章 监督检查

第二十一条 工会经费的收入、支出和使用管理情况接受河南省总工会的监督检查。按照“统一领导、分级管理”的财务管理体制,小浪底管理中心工会加强对本级工会经费收支与使用管理情况的监督检查,定期向本级工会委员会和上一级工会报告财务监督检查情况。

第二十二条 小浪底管理中心工会加强对工会经费使用情况的内部会计监督和工会预算执行情况的审查审计监督,依法接受并主动配合国家审计监督。内部会计监督主要对原始凭证的真实性合法性、会计账簿与财务报告的准确性及时性、财产物资的安全性完整性进行监督,以维护财经纪律的严肃性。审查审计监督主要对单位财务收支情况和预算执行情况进行审查监督。

第二十三条 小浪底管理中心工会严格执行以下规定:

(一)不准使用工会经费请客送礼。

(二)不准违反工会经费使用规定,滥发奖金、津贴、补贴。

（三）不准使用工会经费从事高消费性娱乐和健身活动。

（四）不准单位行政利用工会账户，违规设立“小金库”。

（五）不准将工会账户并入单位行政账户，使工会经费开支失去控制。

（六）不准截留、挪用工会经费。

（七）不准用工会经费参与非法集资活动，或为非法集资活动提供经济担保。

（八）不准用工会经费报销与工会活动无关的费用。

第二十四条　小浪底管理中心工会及下属各级分工会对监督检查中发现违反基层工会经费收支管理办法的问题，要及时纠正。违规问题情节较轻的，要限期整改；涉及违纪的，由纪检监察部门依照有关规定，追究直接责任人和相关领导责任；构成犯罪的，依法移交司法机关处理。

第六章　附　则

第二十五条　本办法自印发之日起施行，黄河水利水电开发总公司和黄河小浪底水资源投资有限公司工会参照执行。《水利部小浪底水利枢纽管理中心工会经费收支管理办法》（中心工〔2016〕2号）同时废止。

第二十六条　本办法由小浪底管理中心工会负责解释。

水利部小浪底水利枢纽管理中心
银行账户管理办法

（中心财〔2013〕10号，2013年4月24日印发）

第一条　为规范水利部小浪底水利枢纽管理中心（简称枢纽管理中心）银行账户管理，从源头上预防和治理腐败，根据有关法律、行政法规以及《中央预算单位银行账户管理暂行办法》，制定本办法。

第二条　本办法适用于枢纽管理中心本级所有银行账户的管理。

第三条　枢纽管理中心银行账户的开立、变更、撤销，实行财政审批、备案制度。

第四条　资产财务处负责办理银行账户的开立、变更、撤销手续以及银行账户的日常使用和管理。

第五条　枢纽管理中心负责人对枢纽管理中心银行账户申请开立及使用的合法性、合规性、安全性负责。

第六条　枢纽管理中心在国有、国家控股银行或经批准允许为其开户的商业银行开立银行账户。

第七条　枢纽管理中心依据《中央预算单位银行账户管理暂行办法》的规定和工作实际开设银行账户。可开设的银行账户包括：基本存款账户，党费、工会经费专用存款账户。基本存款账户只能开设一个。

第八条 枢纽管理中心银行账户的开立由水利部和财政部驻河南省财政监察专员办事处审批。

第九条 枢纽管理中心发生以下变更事项的,报财政部驻河南省财政监察专员办事处和水利部备案。

(一)变更单位名称,但不改变开户银行和账号。

(二)变更主要负责人或法人代表、地址及其他开户资料。

(三)因开户银行原因不改变开户银行,变更银行账号。

(四)其他不需报批的变更事项。

第十条 有明确使用期限的银行账户需延长使用期时,在银行账户到期前,由资产财务处负责按照银行账户开立程序报水利部审核,财政部驻河南省财政监察专员办事处审批。审批期间账户使用期满时,应停止使用。

第十一条 银行账户要保持稳定。确因特殊需要变更开户银行的,由资产财务处负责办理撤销原账户、重新开设新账户以及销户与开户的备案手续,并将原账户的资金余额(包括存款利息)如数转入新开账户。

第十二条 单位被合并时,由资产财务处负责按规定撤销银行账户,资金余额转入合并单位或新设立单位的同类账户。

第十三条 银行账户使用期满或开立后一年内未发生资金往来业务的,资产财务处应及时撤销账户。预算收入汇缴专用存款账户撤户时,账户的资金余额缴入中央国库或中央财政专户,其他账户撤户时,资金余额转入基本存款账户,销户后的未了事项纳入基本存款账户核算。

第十四条 资产财务处负责将银行账户撤销事项报水利部和财政部驻河南省财政监察专员办事处备案。

第十五条 因机构改革等原因单位被撤销的,资产财务处要在规定时间内撤销所开立的银行账户,并按相应的政策处理账户资金余额。

第十六条 资产财务处按照财政部和中国人民银行规定的用途规范使用银行账户,不得以个人名义存放单位资金,不得出租、转让银行账户,不得为个人或其他单位提供信用。

第十七条 对不同性质或需要单独核算的资金,资产财务处要建立相应明细账,分账核算。

第十八条 资产财务处负责按照财政部驻河南省财政监察专员办事处要求按时办理银行账户年检。账户年检应包含上一年度终了时所有的银行账户。

第十九条 自觉接受监督检查机构对银行账户的监督检查,如实向监督检查机构提供银行账户开立和管理情况,不以任何理由或借口拖延、拒绝、阻挠。

第二十条 本办法由资产财务处负责解释。

第二十一条 本办法自枢纽管理中心正式运行之日起施行。

水利部小浪底水利枢纽管理中心
贯彻落实“三重一大”决策制度的实施细则

（中心党〔2017〕80号，2017年11月8日印发）

第一章　总　则

第一条　为进一步加强水利部小浪底水利枢纽管理中心（简称小浪底管理中心）内部管理，落实民主集中制原则，有效防范决策风险，实现国有资产保值增值，保证小浪底管理中心科学和谐发展，根据《中国共产党党内监督条例》《中国共产党党组工作条例（试行）》等相关规定，按照中央凡属重大决策、重要人事任免、重大项目安排和大额资金使用（简称“三重一大”）事项必须由领导班子集体做出决定的要求，制定本细则。

第二条　本细则适用于小浪底管理中心，所属公司须按照中共中央办公厅、国务院办公厅印发的《关于进一步推进国有企业贯彻落实“三重一大”决策制度的意见》和本细则精神，结合实际，制定更加具体、切合实际的实施细则。

第三条　指导思想

以马列主义、毛泽东思想、邓小平理论、“三个代表”重要思想、科学发展观、习近平新时代中国特色社会主义思想为指导，坚持解放思想、实事求是、与时俱进、求真务实，以明确决策范围、规范决策程序、强化监督检查和责任追究为重点，进一步推进小浪底管理中心“三重一大”决策制度的贯彻落实。

第四条　基本原则

坚持集体决策、科学民主、依法依纪原则，严格按照党委工作规则，集体讨论决定“三重一大”事项，充分发扬民主，广泛听取意见，防止个人或少数人专断，保证决策的科学性和民主性。

第二章　“三重一大”范围

第五条　重大决策

（一）小浪底管理中心本级重大决策

1. 贯彻落实党和国家的路线、方针、政策以及上级重要决策、重要工作部署、重要指示的意见和措施；

2. 总体发展规划、年度工作报告；

3. 党建、党风廉政建设工作年度安排以及其他重要党建事项，党委直属党支部、所属公司党总支机构和人员调整安排或报批建议，处级以上干部违规违纪处理意见审定或报批建议；

4. 机构设置、职责、人员编制等报批建议；

5. 工作人员绩效考核、薪酬分配、福利待遇等涉及切身利益的重要工作方案；

6. 重大安全、质量等事故的处理或报批建议；

7. 向水利部、国家有关部委、地方人民政府报告、请示或报批的重大事项；

8. 其他需要集体决策的重大事项。

(二)对所属公司重大决策审批

1. 主业范围调整、发展战略和规划、重要的区域规划和重要的专项(专业)规划的审批；

2. 机构设置、人员编制、工资总额的审批；

3. 公司合并、分立、增加或者减少注册资本、重组改制、产权转让、上市发债、再投资新办企业、其他重大投资、大额担保、中外合资合作、解散以及申请破产等关系国有资产出资人权益的重大事项的审批；

4. 对所属公司全资子公司、控股公司重组改制、重大产权转让、上市发债、再投资新办企业、其他重大投资、大额担保、中外合资合作、引进战略投资者或财务投资人等关系国有资产出资人权益以及可能引发风险的事项的审批；

5. 其他需要审批的重大事项。

第六条 重大项目安排

(一)小浪底管理中心本级重大项目安排

1. 三年滚动投资计划、资产购置计划,超出100万元以上的调整计划；

2. 500万元以上的产权变更、项目安排、对外投资、出租、出借等报批建议；

3. 其他需要集体决策的重大项目安排。

(二)对所属公司重大项目安排审批

1. 三年滚动投资计划、年度资产购置计划,超过500万元以上的计划调整；

2. 3 000万元以上的基建项目安排、对外投资、出租、出借等的审定或审核报批,500万元以上的科研项目安排的审定或审核报批；

3. 其他需要审批的重大项目安排。

第七条 重要人事任免

1. 部管干部及后备处级干部的推荐、提名；

2. 中心党委管理干部的任免和交流方案,跨单位科级及以下干部交流方案；

3. 事业单位人员招聘及所属公司招聘计划审批；

4. 直属单位及所属公司领导班子和领导干部的考核方案及结果审定,中心党委管理干部的考核方案及结果审定；

5. 上级党代表、人大代表、政协委员、先进典型的推荐和提名；

6. 其他需要集体决策的重要人事任免和重要人事工作。

第八条 大额资金使用

(一)小浪底管理中心本级大额资金使用

1. 年度预算报批建议,超出预算100万元的资金调动和使用报批建议；

2. 500万元以上的对外担保、借款、捐赠、支援、帮扶等资产处置报批建议；

3. 其他需要集体决策的大额资金使用报批建议。

(二)对所属公司大额资金使用的审批

1. 所属公司年度预算,超出原预算500万元的资金调动和使用审批;

2. 3 000万元以上的对外担保、项目支付、借款、捐赠、支援、帮扶等资产处置审定或审核报批(经集体决策研究决定同意的重大决策、重大项目安排涉及的资金支付,按照相关的文件、纪要、合同(协议)等要求办理资金支付,不再重复履行决策程序);

3. 其他需要审批的大额资金使用。

第三章　"三重一大"事项的决策和执行、监督和问责

第九条　除遇重大突发事件和紧急情况外,"三重一大"事项应由党委领导班子以会议形式集体讨论决定,不得以传阅、会签、个别征求意见、现场办公会等形式代替集体决策。

第十条　党委应严格按照工作规则规定的程序要求对"三重一大"事项进行酝酿、决策、记录。

第十一条　"三重一大"事项经领导班子决策后,由班子成员按分工和职责组织实施。各责任人、责任部门和单位要认真落实党委的决策部署,进一步细化任务书、时间表,提高工作效率和执行力。对集体决策有不同意见的,可以保留,但在没有做出新的决策前,应无条件执行。

第十二条　将"三重一大"决策事项执行情况纳入行政例会、政工例会汇报范围,定期进行报告;党委建立督查督办制度,及时督促各责任人、责任部门和单位认真贯彻执行党委"三重一大"决策事项;除保密事项外,将"三重一大"决策事项执行情况作为党务公开内容在一定的范围内公开,接受职工群众监督;将"三重一大"执行情况纳入党员领导干部民主生活会检查、年度述职考核和部门绩效考核、单位经营业绩考核范围,强化监督和考核。

第十三条　对不按党委工作规则进行"三重一大"决策和不认真执行"三重一大"决策的,严格按照党委工作规则和贯彻《中国共产党问责条例》的实施细则等有关规定进行问责。

第四章　附　则

第十四条　本细则所列"三重一大"事项由小浪底管理中心党委会讨论和决定。党委会决策包含但不限于以上事项。党政联席会研究党委会之外其他需要集体研究的事项。

第十五条　本细则相关规定如与小浪底管理中心其他规章制度有重叠、交叉、抵触等,以本细则为准执行。

第十六条　本实施细则自发布之日起施行,由党群工作处负责解释。

水利部小浪底水利枢纽管理中心
会议管理办法

（中心办〔2019〕41号，2019年12月27日）

第一章 总 则

第一条 为规范水利部小浪底水利枢纽管理中心（简称小浪底管理中心）会议管理，提高会议质量和效率，根据《水利部会议管理办法》（水办〔2016〕348号）和《水利部会议和培训成效督查办法（试行）》（水办〔2019〕237号）等有关规定，结合小浪底管理中心工作实际，制定本办法。

第二条 以小浪底管理中心名义组织召开的会议适用本办法。

第三条 会议召开遵循精简、高效、务实、规范的原则。

第四条 办公室为小浪底管理中心会议的归口管理部门。

第二章 会议分类

第五条 根据会议内容的不同，小浪底管理中心会议主要分为党员代表大会、年度工作会议、党委会议、主任办公会议、年度专业性工作会议、工作例会、党建工作例会、专题办公会议、季度专项例会等。

（一）党员代表大会遵照党的会议组织规定召开

（二）年度工作会议

年度工作会议由党政领导班子成员、小浪底管理中心机关各部门及直属单位全体工作人员参加，所属公司副处级以上干部列席。

会议主要任务是：

1. 总结上一年度工作，安排部署下一年度工作；

2. 表彰先进单位及先进个人；

3. 讨论小浪底管理中心管理改革发展重大事项等。

年度工作会议每年召开一次，一般在2月底前召开。

（三）党委会议

党委会议由党委全体委员组成，由党委书记或党委书记委托的党委委员召集和主持。

党委会议主要任务是：

1. 传达学习党的路线方针政策、中央决策部署、中央领导的重要讲话精神以及上级党组织有关工作安排、会议文件和重要决定精神，研究贯彻落实意见或举措；

2. 讨论研究以党委名义向上级党组织上报的重要事项，需提请小浪底管理中心党员大会或党员代表大会审议通过的党委工作报告和议案，纪委、各基层党组织、工团组织请示报告的重要事项；

3. 研究决定小浪底管理中心总体发展规划、三年滚动投资计划和财务预算等事项；

4. 讨论研究小浪底管理中心及直属单位、所属公司机构设置、人员编制方案；领导班子建设、干部队伍建设、人才队伍建设、纪检监察工作；

5. 讨论决定小浪底管理中心及直属单位处级、科级干部，所属公司处级干部的任免，向上级组织推荐的干部人选；

6. 讨论决定小浪底管理中心基层党组织设置及其负责人任免等基层党组织和党员队伍建设方面的重要事项；

7. 讨论研究意识形态工作、思想政治工作和精神文明建设方面的重要事项，党风廉政建设和反腐败工作方面的重要事项，群团工作等方面需要经党委讨论决定的重要事项；

8. 研究审定发展党员和民主评议结果等；研究决定干部职工考核、表彰、奖惩事项，党员违纪问题的处理意见；

9. 其他应当由党委讨论和决定的重大事项。

党委会议一般每月召开一次，时间安排尽量与主任办公会相协调。

(四)主任办公会议

主任办公会议由小浪底管理中心主任、副主任、其他党委委员组成，由主任或主任委托的其他领导班子成员召集并主持。可根据会议议题需要安排有关部门负责人及相关人员列席。

主任办公会议主要任务是：

1. 传达贯彻水利部、河南省的有关工作安排、会议文件和重要决定精神，研究贯彻落实意见或举措；

2. 讨论决定以小浪底管理中心名义报请水利部、国家有关部委、地方人民政府审批的事项；

3. 研究决定小浪底管理中心、直属单位、所属公司改革发展、行政管理、枢纽运行、库区及行政执法管理、企业管理、劳资、社保、职称评审、安全生产等工作的重要事项；

4. 审议通过小浪底管理中心行政管理制度；

5. 研究决定区域规划、专业规划、计划管理、项目管理、合同管理等事项；

6. 研究决定小浪底管理中心重大对外投资、担保、捐赠、出租、出借，对外合作、支援、帮扶等事项；

7. 研究决定所属公司报请出资人决定的事项；

8. 研究部署审计、内部控制、法律事务等方面的重要工作；

9. 研究其他需要主任办公会议研究的重要事项。

主任办公会议原则上一个月召开一次，时间安排尽量与党委会相协调。

(五)年度专业性工作会议

年度专业性工作会议是指对专项工作进行布置、交流、总结的会议，包括年度党的工作暨纪检监察会议、安全生产、防汛工作会议、运行管理工作会议，其他专业性会议不再每年单独召开，确需召开的由主办部门提出意见，经分管领导同意报主任批准。年度专业性工作会议由该业务分管领导或主办部门(单位)负责人主持,分管领导、业务相关其他领导、与该项工作相关的部门(单位)负责人和其他有关人员参加。

年度专业性工作会议原则上每年召开一次,一般应在当年3月底前完成。与季节性有关、按照上级有关要求或因工作需要召开的,根据实际情况确定召开时间。能够合并的会议尽量合并召开。

(六)工作例会

工作例会由小浪底管理中心领导班子成员以及机关各部门、直属单位、所属公司的主要负责人参加。根据工作需要,可扩大到直属单位、所属公司的领导班子成员及有关部门(单位)主要负责人参加。会议由主任或主任委托的班子成员召集和主持。

会议主要任务是传达贯彻上级领导机关的重要指示、决定;通报各部门(单位)工作情况,协调工作关系;检查小浪底管理中心重要决定事项的落实情况;部署小浪底管理中心行政、党务日常工作。

各部门(单位)汇报内容是党委会议、主任办公会议、工作例会决定事项落实情况;纳入年度目标的工作进展以及两个文明建设情况;经分管领导同意,有必要传达的上级有关会议精神和贯彻意见,以及需要通报的其他重要事项;突发性事件及处理情况;涉及多个部门(单位)需要会议协调的问题。工作例会每月召开一次,一般安排在每月第一个星期二召开。

(七)党建工作例会

党建工作例会由党委书记或其委托人员召集并主持,小浪底管理中心分管纪检监察、工会、团委的领导,以及党群部门、团委主要负责人、直属党支部书记参加,所属公司本级党组织主要负责人及党群部门主要负责人参加,有关党支部专职纪检干部参加。

主要任务是传达学习上级有关文件和会议精神,参会基层党组织、党群部门、纪委、工会、团委汇报上季度例会安排工作落实情况、上季度党建工团工作开展情况、存在的问题以及下一步工作计划;专职纪检干部汇报上季度履职情况、存在问题及下一步打算,研究协调工作中存在的问题,安排部署下一阶段工作。

党建工作例会每季度召开一次,一般安排在下一季度第一个月初召开。

(八)专题办公会议

专题办公会议是小浪底管理中心领导班子成员根据分管工作的需要,召集有关部门(单位)的负责人,研究协调工作中的专门问题、处理具体业务工作、讨论研究提请党委会议或主任办公会议审定的专题方案或建议而召开的会议。

专题会议根据需要不定期召开。

(九)季度专项例会

1. 投资计划执行及项目建设管理例会

投资计划执行及项目建设管理例会由小浪底管理中心分管投资计划及项目建设管理的领导召集并主持,规划计划处、建设与管理处主要负责人及相关人员参加,所属公司分管投资计划及项目建设管理的领导,计划合同、建设与管理主管部门、项目管理部门负责人及相关人员参加。主要任务是传达学习上级有关文件和会议精神,相关部门(单位)汇报上季度例会安排工作落实情况、上季度投资计划执行和项目建设管理情况、存在的问题以及下一步工作计划，研究协调工作中存在的问题，安排部署下一阶段重点工作。

投资计划执行及项目建设管理例会每季度召开一次，一般安排在下一季度第一个月初召开。

2. 财务工作例会

财务工作例会由小浪底管理中心分管财务资产的领导召集并主持，资产财务处负责人及相关人员参加，开发公司、投资公司及所属全资、控股公司分管财务资产的领导、财务部门主要负责人及相关人员参加。主要任务是学习上级有关文件和会议精神，相关部门(单位)汇报上季度例会安排工作落实情况、上季度财务资产工作开展情况、存在的问题以及下一步工作计划，研究协调工作中存在的问题，安排部署下一阶段重点工作。

财务工作例会每季度召开一次，一般安排在下一季度第一个月初召开。

3. 人事工作例会

人事工作例会由小浪底管理中心分管人事工作的领导召集并主持，人事处负责人及相关人员参加，所属公司分管人事工作领导及人力资源部科级以上干部参加。主要任务是学习上级有关文件和会议精神，相关部门(单位)汇报上季度例会安排工作落实情况、上季度人事工作开展情况、存在的问题以及下一步工作计划，研究协调工作中存在的问题，安排部署下一阶段重点工作。

人事工作例会每季度召开一次，一般安排在下一季度第一个月初召开。

4. 安全工作协调会

安全工作协调会由小浪底管理中心分管安全监督工作的领导召集并主持，安全监督处负责人及相关人员参加，库区管理中心负责人、小浪底公安局负责人参加，所属公司分管安全负责人、安全管理部及相关部门负责人参加。主要任务是学习上级有关文件和会议精神，相关部门(单位)汇报上季度例会安排工作落实情况、上季度安全工作开展情况、存在的问题以及下一步工作计划，研究协调工作中存在的问题，安排部署下一阶段重点工作。

安全工作协调会每季度召开一次，一般安排在下一季度第一个月初召开。

第三章　会议申报、审批

第六条　党委会议、党建工作例会由党群工作处负责申报，会议主持人批准。

第七条　主任办公会议、工作例会由办公室负责申报，会议主持人批准。

第八条　年度工作会议由办公室负责申报，主任办公会议批准。

第九条　年度专业性工作会议，由主办部门(单位)负责申报，经分管领导同意报主任批准。

第十条　专题办公会议、季度专项例会由主办部门(单位)负责申报，分管领导批准。

第十一条　会议申报应包括会议时间、地点、主持人、参加人员、议题、准备情况及其他有关事项。

第四章　会议组织

第十二条　会议组织工作主要包括：材料准备、会议通知、会前协调、会场布置、会议保障及服务等。党委会议、党建工作例会由党群工作处负责，相关部门协助。年度工作会议、主任办公会议、工作例会会议组织工作由办公室负责,相关部门协助。年度专业性工作会议、专题办公会议、季度专项例会组织工作由主办部门负责,办公室及相关部门协助。

第十三条 年度工作会议由办公室负责组织制订会议材料准备计划,明确责任部门和完成时间,各部门(单位)准备的材料经分管领导审核,办公室统稿后报主任办公会议研究审定。

第十四条 年度专业性工作会议的工作报告和领导讲话,由主办部门负责准备,办公室审核,主办部门的分管领导审定,必要时报小浪底管理中心主要领导批准。交流发言材料以及其他会议材料,由主办部门负责协调相关部门(单位)准备,会议主办部门审核,分管领导审定。

第十五条 经批准召开的会议,由会议主办部门负责拟写会议通知,经会议主持人审批后,会同办公室或党群工作处统一印发会议通知。

第十六条 经批准召开的会议,会议主办部门提前联系会议室管理部门,组织做好会场布置及会议保障服务等工作。

第五章 党委会议和主任办公会议有关要求

第十七条 议题征集程序

1. 会议组织部门负责印制议题登记表,并呈送相关领导及人员,于每月的第一个和第三个星期分别收集一次。

2. 会议组织部门汇总和登记需要党委会议和主任办公会议讨论决定的事项,按程序送分管领导审核。

3. 会议组织部门将经过审核的议题汇总送主持会议的领导审批,并按照有关要求做好会议组织、服务和通知等工作。

第十八条 会前准备

1. 会前充分酝酿,做好讨论、沟通,形成完整的讨论方案。议题涉及多个部门(单位)的,要在会前协商一致,形成倾向性意见。没有倾向性意见或意见分歧较大的原则上不上会。

2. 党委会议和主任办公会议议题的主办部门要认真准备汇报材料和汇报提纲,方案性议题要在全面论证的基础上提出2~3种方案,并提出建议方案,经分管领导审核同意后,由会议组织部门汇总报主任或党委书记审定。会议文件由分管领导审核把关,至少提前1个工作日通过小浪底综合数字办公平台文件快递等方式送与会人员(涉及保密事项除外)。

第十九条 会议列席人员的确定

1. 会议组织部门根据议题内容和主办部门的意见提出列席会议的建议名单,随会议议题报主持会议的领导审定。

2. 列席会议的人员应是有关部门(单位)的主要负责人,主要负责人不能到会的,需要向会议组织部门说明原因,并安排其他负责人列席会议。列席人员不经会议组织部门同意,不得自带其他人员参会。

第二十条 议事程序

1. 必须有三分之二以上应到会人员到会方可召开。

2. 会议议题的主办部门首先汇报，汇报要简明扼要，重点突出，并明确倾向性意见和需会议决定的有关问题。其他会议列席人员可以进行补充。

3. 分管领导对汇报的内容进行补充，并提出自己的倾向性意见。

4. 其他领导讨论，并分别提出自己的意见。

5. 会议主持人提出自己的意见并主持表决。表决可采用口头、举手或无记名投票的方式进行。

6. 主持会议的领导根据表决情况，按照集体领导、民主集中、个别酝酿、会议决定的原则，做出会议决定。参会人员对表决事项分歧较大或有重大问题需澄清的，应当暂缓做出决定。

第六章　会议任务和决定事项的落实

第二十一条　年度工作会议的工作报告和其他决定事项由办公室会同监察部门进行任务分解，纳入部门(单位)工作目标进行考核。

第二十二条　年度专业性工作会议的工作报告和其他决定事项由会议主办部门进行任务分解，并纳入部门(单位)工作目标进行考核。

第二十三条　党委会议、主任办公会议由会议组织部门起草会议纪要，经参会领导阅签，由会议主持人审签后存档。会议决定事项由会议组织部门以会议决定通知单的形式，通知各部门进行落实，并对重要决定事项进行督查。

第二十四条　工作例会由办公室起草会议纪要，分管办公室工作的领导审核，由会议主持人签发，办公室统一编号印发，各部门(单位)负责落实相关决定事项，办公室对重要决定事项进行督查。

第二十五条　专题会议由会议主办部门(单位)起草会议纪要，办公室审核，经会议主持人签发，办公室统一编号印发，各部门(单位)负责落实相关决定事项，办公室对重要决定事项进行督查。

第二十六条　会议主办部门负责会议任务和决定事项落实情况的督办检查，并配合督查主管部门和考核主管部门做好会议分解任务和决定事项的督查和考核工作。

第二十七条　有关部门(单位)必须坚决落实会议分解的任务和决定事项。对拖延不办、敷衍塞责的，要通报批评，并限期办理、落实。对拖延扯皮造成重大损失的，要追究主要负责人和承办人员的责任。

第七章　会议纪律

第二十八条　与会人员必须按会议通知时间准时到会，无特殊情况不得迟到、早退或缺席。确不能参加会议的应提前向主持人或主办部门(单位)主要负责人请假，并在获得准许的情况下，安排其他人员出席、列席。

第二十九条　在讨论人事任免、奖惩考核等工作时，凡涉及与会人员及亲属的，本人应回避。

第三十条 党委会议、主任办公会议及其他会议内容如有保密事项要做好保密措施,与会人员必须严格遵守保密纪律,不得擅自泄露会议内容。会议讨论时领导的不同意见、会议未形成决定的问题,不得传播和扩散。

第八章 有关要求

第三十一条 严格执行《财政部 国家机关事务管理局 中共中央直属机关事务管理局关于印发〈中央和国家机关会议费管理办法〉的通知》(财行〔2016〕214 号)关于会议费管理相关工作要求,确保会议费管理、使用规范。

第三十二条 办公室负责,各部门配合,每年 10 月底前编制会议计划,按期报送水利部办公厅审批(备案),并按要求报送会议计划执行情况。会议计划数量和费用原则上只减不增。我单位列入会议计划的四类会议主要包括:党员代表大会、工会会员代表大会、团员大会、年度工作会议、党的工作会议暨纪检监察工作会议、安全生产工作会议、防汛工作会议、运管工作会议、职称评审会议、大坝安全会商会议、枢纽发电会商会议、创新成果评审会议。

第三十三条 四类会议的主办部门应于会议举办日期 8 个工作日前,将会议通知报送办公室。办公室负责,于会议举办日期 5 个工作日前,将正式通知报送部办公厅,以供部办公厅或其委托的督查承担单位督查。

第三十四条 切实改进会风,按照"能不开的坚决不开""可合并的坚决合并""能套开的尽量套开"的原则,严格控制会议数量、时间、规格和参会人数。四类会议参会人员视会议内容而定,原则上不得超过 50 人。会场布置要简朴,各种会议一律不摆花草、不制作背景墙、不安排合影照相、不发放纪念品。

第三十五条 提倡开视频会、开现场会、开并会。除党委会议、主任办公会议外,其他会议原则上能开视频会的不集中开会,能合并召开的会议不单独召开,能在某一时段集中召开的会议不分别召开。

第三十六条 会议主持人要做好会议的控制和引导,确保会议按照会议日程、议程进行,提高会议实效。会议发言或讲话要紧扣主题,言简意赅,讲短话,求实效,力戒空话、套话。

第三十七条 结合工作实际,各类会议原则上安排在周二或周五召开。小浪底管理中心年度工作会议控制在 1 天时间,年度专业性工作会议等原则上不超过半天;党委会议、主任办公会议原则上控制在 2.5 小时内;专题办公会议等原则上控制在 1.5 小时内。各类会议安排有交流发言的,交流发言时间应控制在 8 分钟内;研究议题需提交汇报材料的,原则上不超过 2 000 字;工作例会上机关部门、直属单位汇报工作的时间应控制在 5 分钟内,所属公司汇报工作的时间应控制在 20 分钟内。会议通知中对发言时间有专门要求的,按照会议通知规定的时间控制。

第三十八条 会议主办部门(单位)应在会议结束后对会议记录、会议材料、相关文件及时进行梳理、汇总,按档案管理有关规定移交归档,档案管理部门要做好跟踪督促工作。

第九章　附　则

第三十九条　以小浪底管理中心名义组织的其他会议参照本办法管理。

第四十条　会议涉及费用的,根据小浪底管理中心会议费管理有关规定执行。

第四十一条　本办法由办公室负责解释。

第四十二条　本办法自印发之日起施行,原《水利部小浪底水利枢纽管理中心会议管理办法》(中心办〔2019〕24号)同时废止。

第三节　采购管理

一、采购业务综述

采购管理旨在加强采购活动管理,规范采购业务流程,保障采购质量。

采购管理主要指小浪底管理中心实行政府采购的集中采购、分散采购管理。

二、采购管理机构、人员及主要职责

(1)集体决策机构:负责审议批准招标方案;负责确定重大项目中标人等。

(2)中心领导:负责批准非招标采购方案;负责确定一般项目中标人和非招标采购中选人;负责批准政府集中采购、零星采购相关事项等。

(3)采购责任部门:负责制定采购管理制度;负责招标采购和非招标采购组织、具体实施;根据授权签订合同等。

(4)项目管理部门(单位):负责提出采购需求;负责编写采购方案和采购文件的技术标准及要求、技术条款;根据授权签订合同等。

(5)机关审查机构:负责审查资格预审文件;负责招标项目评标或非招标项目的评审、磋商、谈判等。

(6)验收管理部门:负责采购货物、服务、项目等的验收。

(7)财务部门:负责办理采购支付等。

三、采购管理工作步骤

(一)政府集中采购工作步骤

政府集中采购工作步骤如图4-7所示。

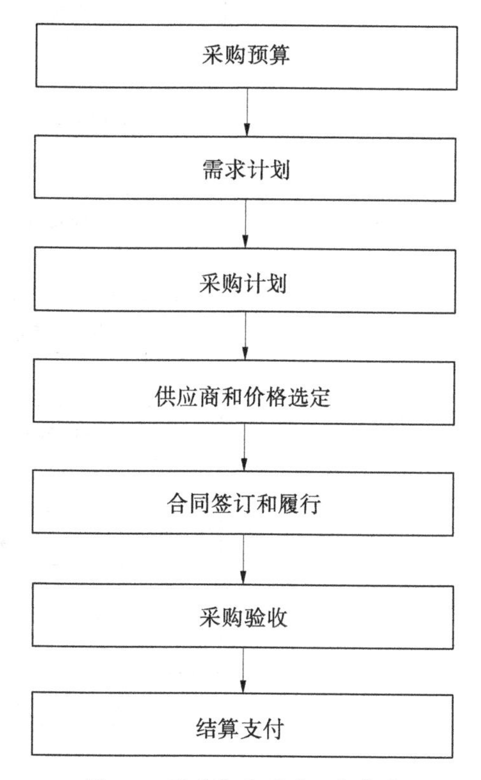

图4-7　政府集中采购工作步骤

(二)政府分散采购工作步骤

政府分散采购工作步骤如图4-8所示。

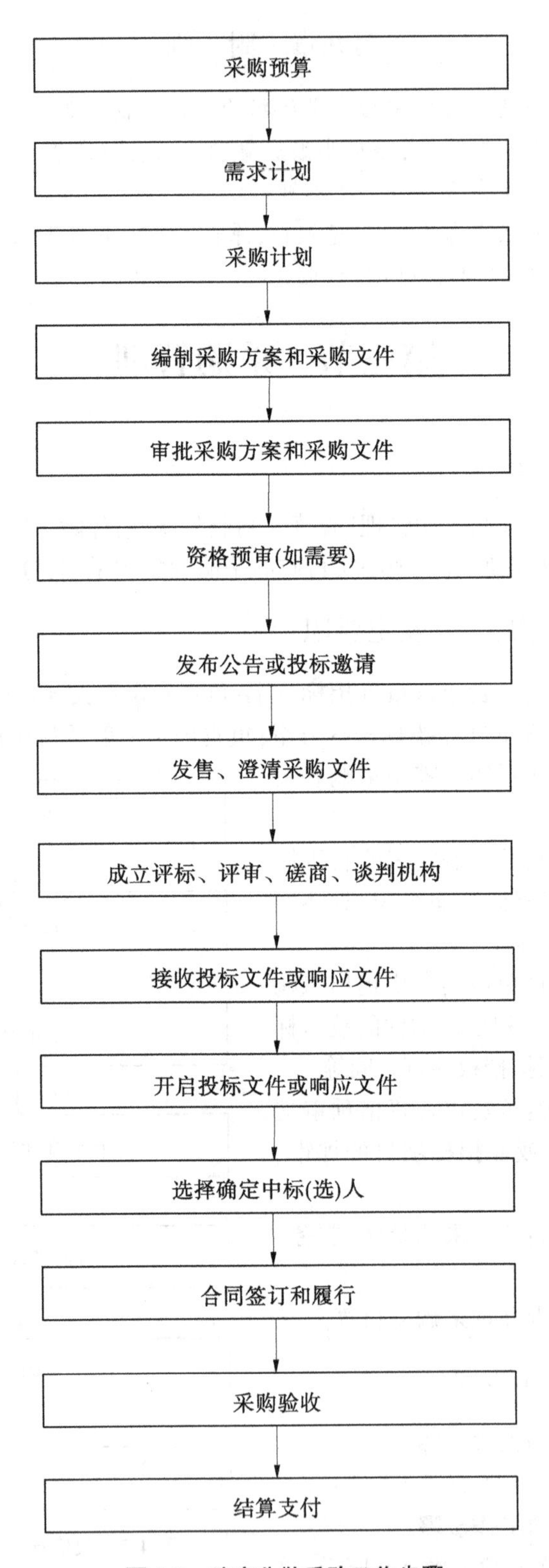

图 4-8　政府分散采购工作步骤

(三)零星采购工作步骤

零星采购工作步骤如图 4-9 所示。

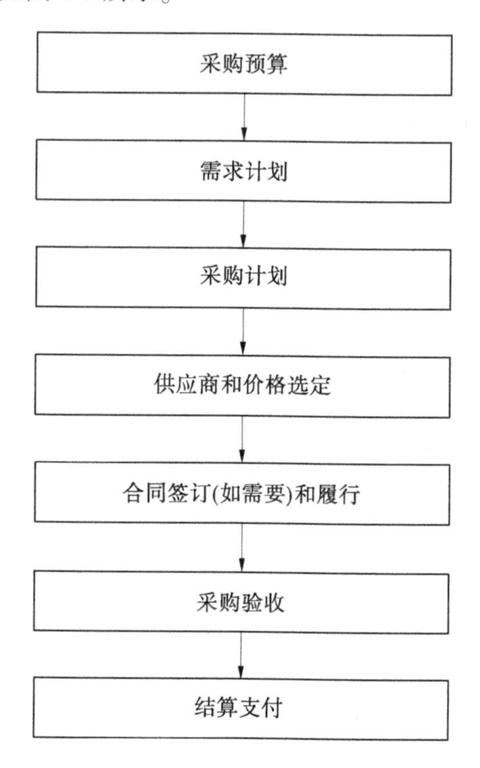

图 4-9 零星采购工作步骤

四、采购管理控制流程

(一)政府集中采购控制流程

政府集中采购控制流程如图 4-10 所示。

(二)政府分散采购控制流程

政府分散采购控制流程如图 4-11 所示。

(三)零星采购控制流程

零星采购控制流程见图 4-12。

五、采购管理风险控制矩阵

(一)政府集中采购风险控制矩阵

政府集中采购风险控制矩阵如表 4-4 所示。

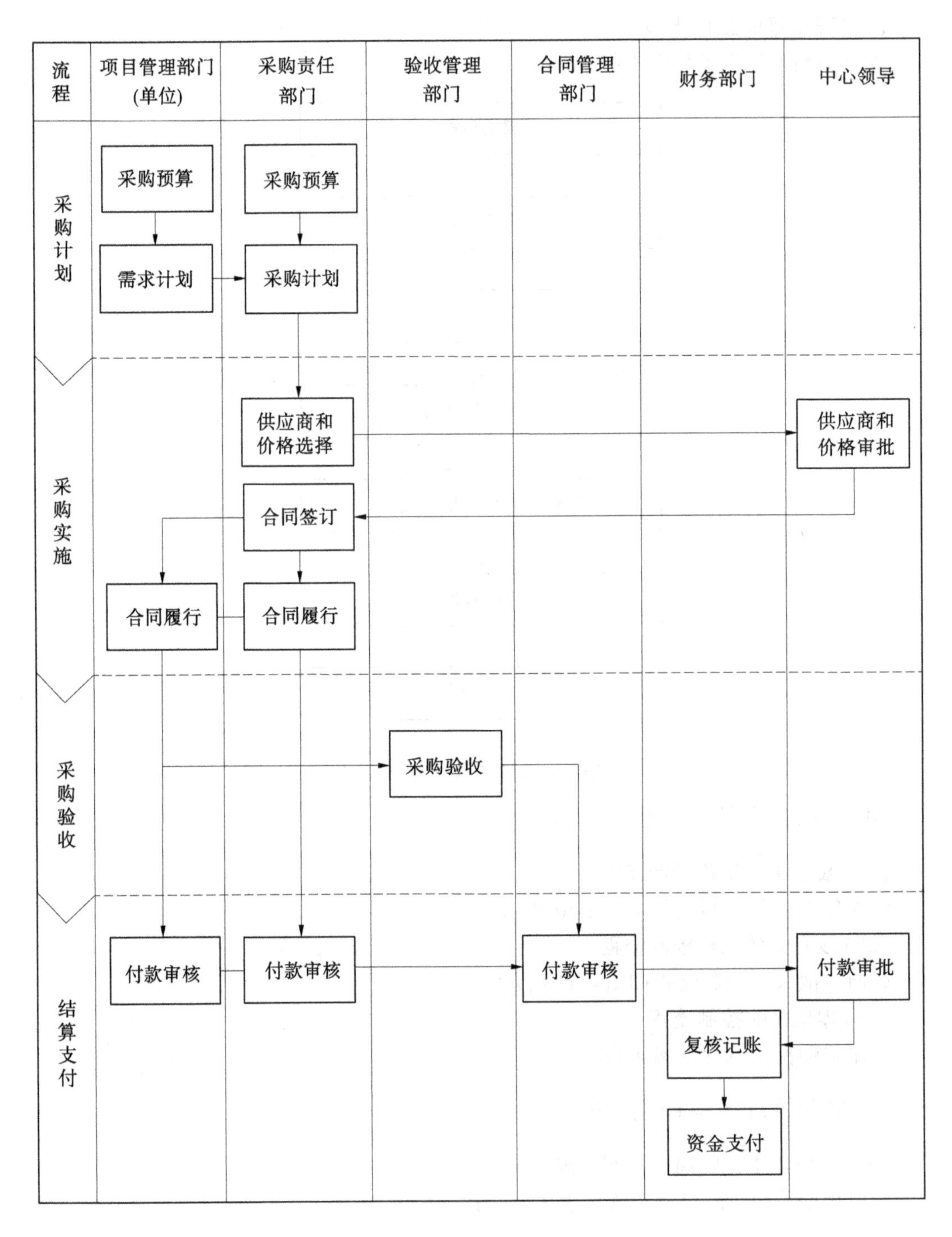

图 4-10　政府集中采购控制流程

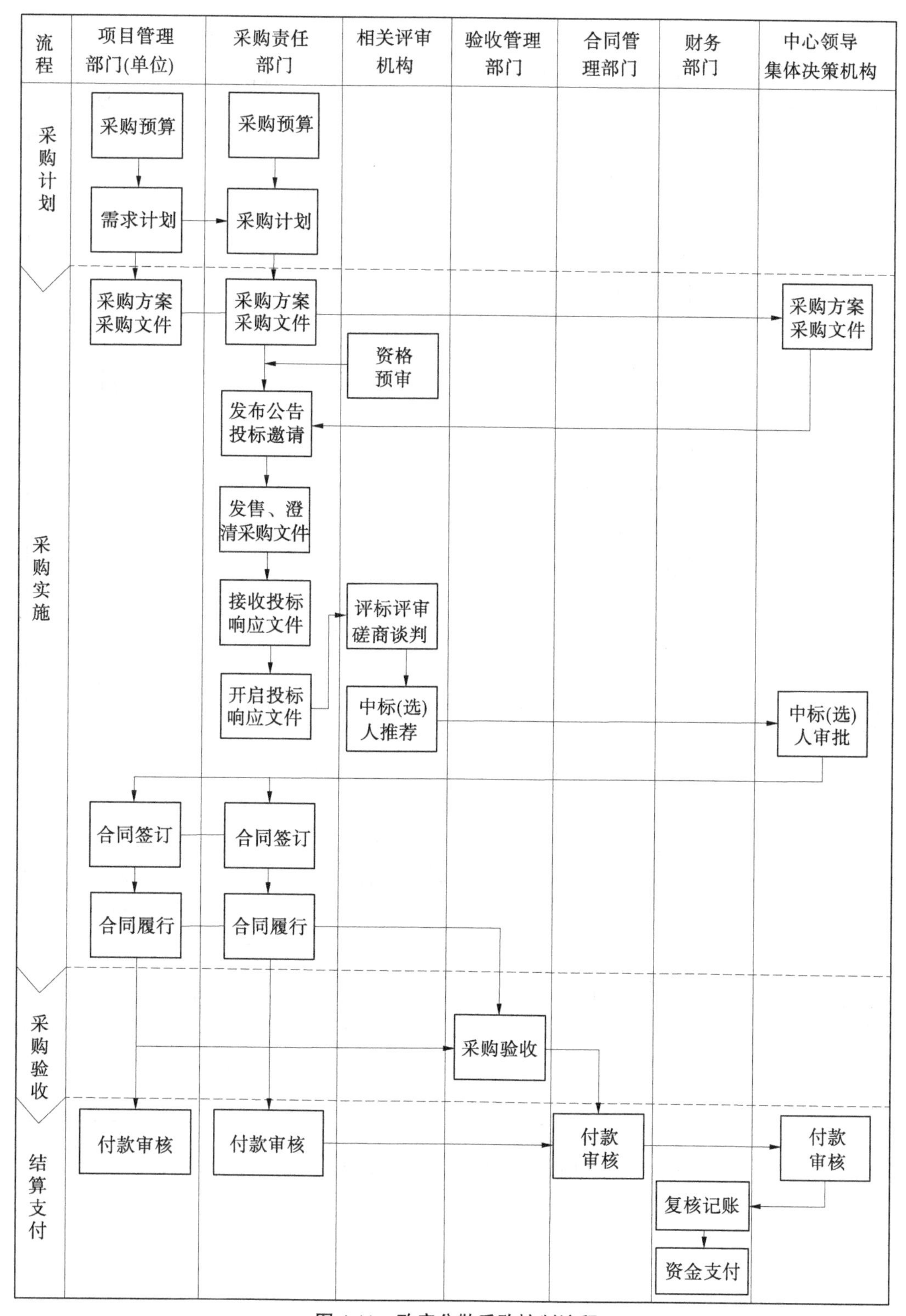

图 4-11　政府分散采购控制流程

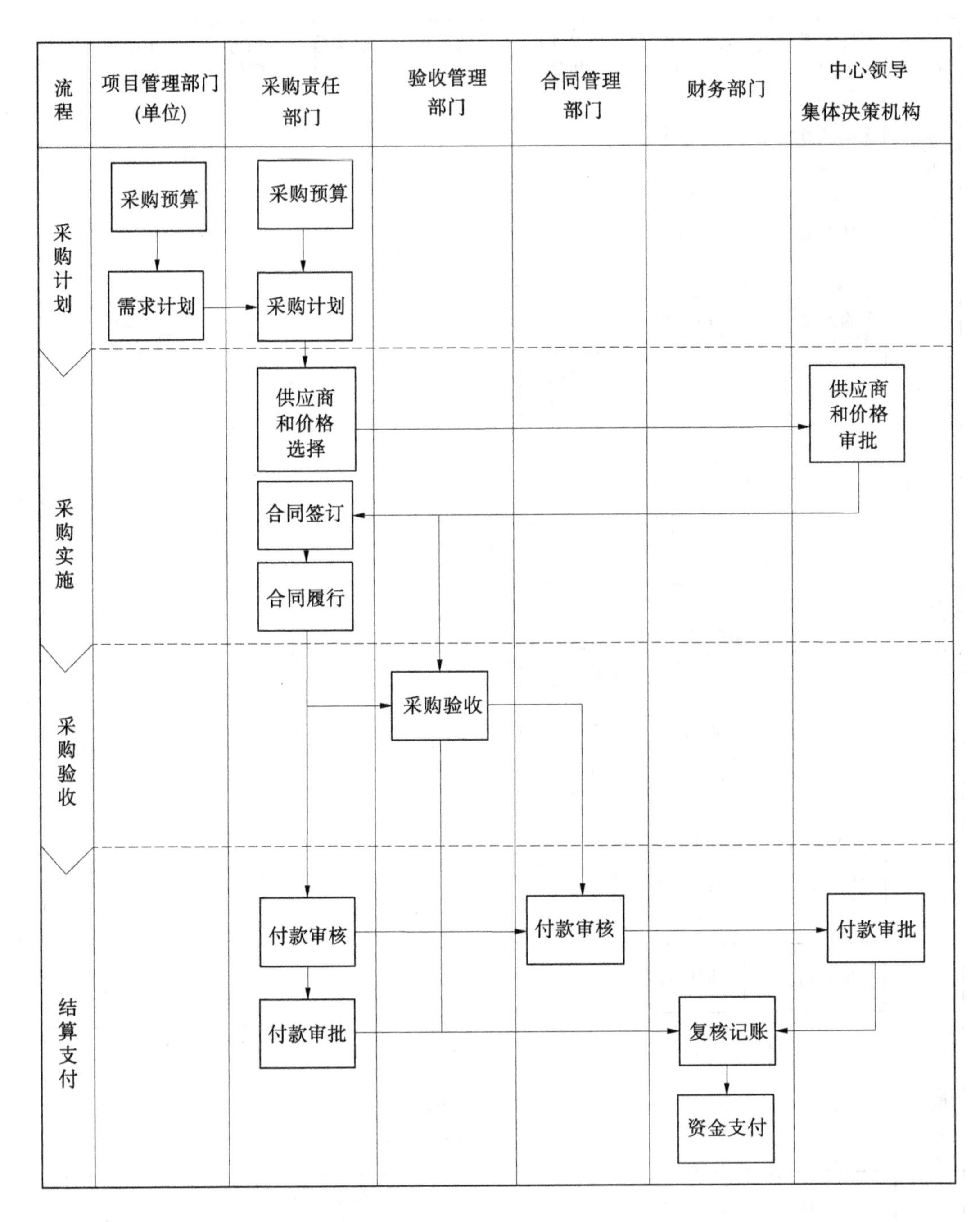

图 4-12　零星采购控制流程

表 4-4　政府集中采购风险控制矩阵

流程	编号	关键环节	主要风险	控制措施	责任主体
采购计划	JZCG01	采购预算	参考预算管理相关内容	参考预算管理相关内容	参考预算管理相关内容
	JZCG02	需求计划	(1)需求未纳入预算,超预算采购; (2)计划与实际不符; (3)未履行审批程序	(1)根据年度预算编制需求计划; (2)根据实际需要采购; (3)需求计划履行审批程序	项目管理部门(单位)
	JZCG03	采购计划	(1)采购计划与需求计划不符,超计划采购; (2)未履行审批程序	(1)根据需求计划编制采购计划; (2)采购计划履行审批程序	采购责任部门
采购实施	JZCG04	供应商、价格选择和审批	未按审批的计划或超预算采购	按审批的计划、预算实施采购	采购责任部门、中心领导
	JZCG05	合同签订和履行	参考合同管理相关内容	参考合同管理相关内容	参考合同管理相关内容
采购验收	JZCG06	采购验收	参考资产管理、项目管理相关内容	参考资产管理、项目管理相关内容	参考资产管理、项目管理相关内容
结算支付	JZCG07	结算支付	参考支出管理相关内容	参考支出管理相关内容	参考支出管理相关内容

(二)政府分散采购风险控制矩阵

政府分散采购风险控制矩阵如表 4-5 所示。

表 4-5　政府分散采购风险控制矩阵

流程	编号	关键环节	主要风险	控制措施	责任主体
采购计划	FSCG01	采购预算	参考预算管理相关内容	参考预算管理相关内容	参考预算管理相关内容
	FSCG02	需求计划	(1)需求未纳入预算,超预算采购; (2)计划与实际不符; (3)未履行审批程序	(1)根据年度预算编制需求计划; (2)根据实际需要采购; (3)需求计划履行审批程序	项目管理部门(单位)
	FSCG03	采购计划	未依据需求计划编制采购计划	依据需求计划编制采购计划	采购责任部门

续表 4-5

流程	编号	关键环节	主要风险	控制措施	责任主体
采购实施	FSCG04	编制采购方案和采购文件	(1)采购方案和采购文件不够全面、合理,深度不够; (2)未履行审查程序	(1)按不相容岗位分离原则对编制、审查岗位分离,并履行相应的审查程序; (2)根据需要聘请专业咨询机构进行咨询	采购责任部门、项目管理部门(单位)
	FSCG05	审批采购方案和采购文件	未按规定履行审核、审批程序	按规定履行审批程序	采购责任部门、中心领导或中心集体决策机构
	FSCG06	资格预审(若需要)	未按规定程序和要求进行资格预审,资格预审不公开、不合规	按规定程序和要求公开进行资格预审	采购责任部门、相关评审机构
	FSCG07	发布公告或投标邀请	未公开发布公告,未公开、随机抽取供应商	公开发布公告,由两人以上人员随机抽取供应商	采购责任部门
	FSCG08	发售、澄清采购文件	(1)未及时、完整、准确登记发售信息; (2)澄清或修改不及时,未正式通知所有供应商	(1)按要求登记发售信息; (2)按要求进行澄清或修改,采用正式方式通知所有供应商	采购责任部门
	FSCG09	成立评标评审磋商谈判机构	(1)未按规定成立评标(审)机构、磋商、谈判; (2)未对相应机构进行保密	(1)按规定抽取评标(审)、磋商、谈判机构; (2)按保密要求对相应机构保密	采购责任部门
	FSCG10	接收投标文件响应文件	未及时、完整、准确登记接收信息	按要求登记接收信息	采购责任部门
	FSCG11	开启投标文件响应文件	未公开开启密封的投标文件、响应文件	公开开启密封的投标文件、响应文件	采购责任部门
	FSCG12	评标评审磋商谈判等	未按规定进行开标、评标(审)、磋商、谈判	按规定进行开标、评标(审)、磋商、谈判	相关评审机构

续表 4-5

流程	编号	关键环节	主要风险	控制措施	责任主体
采购实施	FSCG13	确定中标（选）人	未按中标或成交候选人名单选择中选人，未按规定履行审批、公示程序	按推荐中标或成交候选人名单选择中选人，按规定履行审批、公示程序	采购责任部门、中心领导或集体决策机构
	FSCG14	合同签订	参照合同管理相关内容	参照合同管理相关内容	参照合同管理相关内容
	FSCG15	合同履行	参照合同管理相关内容	参照合同管理相关内容	参照合同管理相关内容
采购验收	JZCG16	采购验收	参考资产管理、项目管理相关内容	参考资产管理、项目管理相关内容	参考资产管理、项目管理相关内容
结算支付	FSCG17	结算支付	参照支付管理相关内容	参照支付管理相关内容	参照支付管理相关内容

（三）零星采购风险控制矩阵

零星采购风险控制矩阵如表 4-6 所示。

表 4-6　零星采购风险控制矩阵

流程	编号	关键环节	主要风险	控制措施	责任主体
采购计划	LXCG01	采购预算	参考预算管理相关内容	参考预算管理相关内容	参考预算管理相关内容
	LXCG02	需求计划	（1）需求未纳入预算，超预算采购； （2）计划与实际不符； （3）未履行审批程序	（1）根据年度预算编制需求计划； （2）根据实际需要采购； （3）需求计划履行审批程序	项目管理部门（单位）
	LXCG03	采购计划	（1）采购计划与需求计划不符，超计划采购； （2）未履行审批程序	（1）根据需求计划编制采购计划； （2）采购计划履行审批程序	采购责任部门

续表 4-6

流程	编号	关键环节	主要风险	控制措施	责任主体
采购实施	LXCG04	供应商和价格选择确定	(1)未由两人(含)以上共同进行市场调查后进行采购; (2)未履行审批程序	(1)由两人以上人员进行市场调研后采购; (2)履行审批程序	采购责任部门、中心领导
	LXCG05	合同签订(若需要)	参考合同管理相关内容	参考合同管理相关内容	参考合同管理相关内容
验收	LXCG06	验收	参考资产管理、项目管理相关内容	参考资产管理、项目管理相关内容	参考资产、项目管理相关内容
结算支付	LXCG07	结算支付	参考支出管理相关内容	参考支出管理相关内容	参考支出管理相关内容

六、相关制度

水利部小浪底水利枢纽管理中心
招标管理办法

(中心规计〔2019〕11号,2019年8月21日印发)

第一章 总 则

第一条 为加强水利部小浪底水利枢纽管理中心(简称小浪底管理中心)招标管理,规范招标活动,根据《中华人民共和国招标投标法》(简称《招标投标法》)、《中华人民共和国招标投标法实施条例》(简称《实施条例》)及相关规定,结合小浪底管理中心实际,制定本办法。

第二条 本办法适用于小浪底管理中心机关各部门、直属单位、所属公司(含其全资子公司、控股公司)自行组织或委托招标代理机构组织的招标。国家、行业、地方政府部门规定应进入相应招标投标交易场所进行交易的,执行交易场所的规定。

第三条 必须进行招标的项目范围及规模标准,按国务院发展改革部门会同国务院有关部门制定、报国务院批准的工程建设项目招标范围和规模标准的相应规定执行。规定范围和规模标准以外的项目,鼓励采用集中打捆招标方式选择承包单位。所属公司可结合公司实际,制定相应的招标范围和规模标准。

第四条　招标活动应当遵循公开、公正、公平、诚信的原则。

第五条　除国家、行业、地方政府部门规定应进入相应招标投标交易场所进行交易的项目外,各部门(单位)其他需要招标的项目应在水利部小浪底水利枢纽管理中心电子招标与采购平台上进行。

第六条　所属公司需要报小浪底管理中心审批的事项,在报送前要履行公司领导班子民主决策程序,并将决策材料作为报批文件的附件。其他事项履行公司内部审批、决策程序。

第七条　小浪底管理中心、所属公司领导班子民主决策材料包括:会议纪要、决策过程完整的书面记录及对决策结果有不同意见的详细记录。民主决策过程的有关材料要归档备查。

第二章　职责划分

第八条　小浪底管理中心招标主管部门为规划计划处,主要职责为:

1. 起草和修订小浪底管理中心招标工作有关的管理办法;
2. 组织、协调小浪底管理中心机关各部门、直属单位的招标活动;
3. 负责小浪底管理中心电子招标与采购平台监管;
4. 监督、检查所属公司招标活动;
5. 汇总招标、评标结果;
6. 负责向本单位或上级单位报送评标结果。

第九条　招标责任部门

招标责任部门指具体经办招标工作的部门或单位。规划计划处为小浪底管理中心机关各部门、直属单位招标工作责任部门,对专业性强、时间紧急等特殊情况下的招标工作,经小浪底管理中心批准后可委托机关有关部门、直属单位为责任部门。所属公司负责公司职责范围内的项目招标,按照职责划分明确责任部门。招标责任部门主要职责为:

1. 制定招标方案并履行报批手续;
2. 组织编写及审查招标文件、发布招标公告、组织资格审查、发售招标文件、组织标前会与发补遗、开标、评标、澄清、评标结果报批、中标候选人公示、发出中标通知;
3. 组织合同谈判,办理合同签订事宜;
4. 招标信息统计和资料整理归档等。

第十条　项目管理部门

项目管理部门指根据部门职责范围内的工作需要提出招标事项需求并组织实施的部门,主要职责为:

1. 提出事项立项申请并履行报批手续;
2. 组织调研;
3. 编写招标文件的技术标准和要求、技术条款等;
4. 合同实施管理。

小浪底管理中心项目管理部门根据机关各部门、直属单位职责分工确定。按照职责分工无法确定时,由规划计划处提出意见经小浪底管理中心批准后确定。

第十一条 小浪底管理中心机关各部门、直属单位在年度投资计划下达后,由规划计划处编制项目招标方案,报小浪底管理中心主任办公会议决策。所属公司在年度投资计划批复后,组织编制年度投资计划项目招标方案报小浪底管理中心,由规划计划处组织审查,报小浪底管理中心主任办公会议决策。

招标方案具体内容一般包括(但不限于)招标范围、分标方案、招标方式、交易场所、是否委托招标代理等。

达到招标规模标准,符合《招标投标法》《实施条例》及相关配套法规规定可不进行招标情形时,若不进行招标,应在招标方案中说明原因与依据。

编制招标方案划分标段时,专业类别相同或相近、能由同一承包商实施的项目要尽量划为一个标段。严禁通过化整为零、分标过细或者以其他方式规避招标。

第十二条 批准的招标方案需要调整或计划外项目需要招标的,由招标责任部门说明原因、依据,编制新的招标方案,按本办法第十一条履行报批手续。

第十三条 招标责任部门应按照国家规定的项目信息公开内容和程序,公开项目招标投标等相关信息。

第十四条 规划计划处负责收集整理主体信用信息,并按照国家相关部门要求报送主体信用信息,向各部门(单位)通报主体信用信息。各部门(单位)应及时将本部门(单位)组织招标时发现的不诚信单位和行为报告规划计划处。市场主体信用信息应作为投标资格审查和评标的依据之一。

第十五条 小浪底管理中心纪检监察部门、所属公司纪检监察部门负责按照招投标监察的相关法律、法规及有关规定对本单位招标活动进行监察。小浪底管理中心纪检监察部门受理小浪底管理中心招标活动的投诉,规划计划处受理所属公司招标活动的投诉。

第三章 招标方式及程序

第十六条 招标分为公开招标和邀请招标两种方式。采用邀请招标方式须符合《招标投标法》《实施条例》及相关配套法规的规定,并在招标方案中说明原因与依据。

第十七条 招标应具备下列条件:

1. 项目已列入年度投资计划、固定资产采购计划或立项手续完备;

2. 招标方案已经批准;

3. 新建、改扩建、技术改造等建设项目的设计或技术方案已达到满足施工要求的深度。货物及服务类项目的技术(服务)标准和要求应满足实施要求;

4. 已具备或基本具备需业主提供的现场条件及外部环境。

第十八条 招标一般按下列程序进行:

1. 编制报送招标方案,履行审批手续;

2. 编制资格预审文件(适用于资格预审项目)和招标文件并报批;

3. 发布资格预审公告(适用于资格预审项目);

4. 发售资格预审文件(适用于资格预审项目);

5. 接受资格预审申请人对资格预审文件有关问题要求澄清的函件,对问题进行澄清或对资格预审文件进行修改，并书面通知所有资格预审申请人（适用于资格预审项目）；

6. 接受资格预审申请人对资格预审文件提出的异议，并答复（适用于资格预审项目）；

7. 按规定日期接受资格预审申请文件（适用于资格预审项目）；

8. 组织成立资格审查委员会，对资格预审申请文件进行评审（适用于资格预审项目）；

9. 确定合格的资格预审申请人（适用于资格预审项目）；

10. 发布招标公告或投标邀请书；

11. 发售招标文件；

12. 组织现场踏勘和投标预备会（若有）；

13. 接收潜在投标人对招标文件有关问题要求澄清的函件，对招标文件进行必要的澄清或修改，并书面通知所有潜在投标人；

14. 成立评标委员会，并在中标结果确定前保密；

15. 在招标文件规定的时间和地点接收投标文件；

16. 组织开标，接收并答复投标人对开标过程的异议；

17. 组织评标，评标委员会提交书面评标报告和中标候选人名单；

18. 中标推荐意见报批；

19. 公示中标候选人；

20. 确定中标人，发中标通知书和中标结果通知书；

21. 进行合同谈判，与中标人订立书面合同；

22. 所属公司将中标结果报小浪底管理中心备案。中标结果文件包括中标结果、评标报告等。

第十九条　招标公告发布、发售资格预审文件和招标文件、资格审查、递交投标文件、开标、评标等工作应严格按照《招标投标法》《实施条例》及配套法规、行业相关规定执行。须获得批准而未经批准、须备案而未办理备案以及未达到规定时间要求的，不得开展后续工作。

第四章　投标人资格审查

第二十条　资格预审、招标文件中对投标人的资格要求应与招标项目规模、标准相符，不得提高或降低资质标准，严禁将项目发包给不具备相应资质的单位。投标人资质应采用国家相关部委最新发布的资质等级标准。

第五章　招标文件编制

第二十一条　国家及行业有标准招标文件格式的，须采用标准格式，并结合设计文件、项目实际情况和要求进行必要的修改。无法采用标准格式的招标文件一般应包含（但不限于）以下内容：

1. 招标公告或投标邀请书；

2. 投标须知；

3. 评标办法；

4. 合同条款及格式；

5. 报价项目清单及报价格式；

6. 设计图纸或招标人提供的其他资料；

7. 发包人要求；

8. 投标文件格式；

9. 最高投标限价(如果需要)。

报价项目清单或工程量清单应选择具有相应资质的造价咨询单位编制，并组织专业审查。

对新建、改扩建、技术改造等建设项目中技术要求或服务标准比较单一，市场价格比较透明的货物、服务招标时，应当设最高投标限价。

第二十二条 小浪底管理中心招标责任部门应将项目招标文件报小浪底管理中心分管领导批准。所属公司招标文件按其招标管理办法规定履行审批手续。

第六章 评 标

第二十三条 评标工作一般按以下程序进行：

1. 招标人或招标代理机构宣布评标委员会成员名单，并由评标委员会推选确定主任委员；

2. 招标人或招标代理机构宣布评标纪律，并提请评标委员会成员检查是否存在回避情形；

3. 在主任委员主持下，根据需要，讨论通过成立专业组；

4. 听取招标人代表介绍项目情况及招标文件；

5. 主任委员组织评标人员学习评标方法和标准；

6. 经评标委员会讨论，并经二分之一以上委员同意，提出需投标人澄清的问题，以书面形式送达投标人；

7. 对需要澄清的问题，投标人应当以书面形式送达评标委员会；

8. 评标委员会按招标文件确定的评标方法和标准，对投标文件进行评审，推荐中标候选人及排序；

9. 评标委员会向招标人提交评标报告。评标报告应当由评标委员会全体成员签字。对评标结果有不同意见的评标委员会成员应当以书面形式说明其不同意见和理由，评标报告应当注明该不同意见。评标委员会成员拒绝在评标报告上签字又不书面说明其不同意见和理由的，视为同意评标结果。评标报告附件包括有关评标的往来澄清函、评标委员会打分表、评审意见等。

第二十四条 除进入地方或行业招标投标交易场所的项目外，其他项目的评标专家(不包括招标人代表)应在小浪底管理中心电子招标与采购平台评标专家库(简称电子平台专家库)中随机抽取。

电子平台专家库不能满足需求时，可以从省级(含)以上人民政府有关部门或者依法成立的招标代理机构依照《招标投标法》《实施条例》组建的专家库中随机抽取。技术复杂、专业性强或者国家有特殊要求,采取随机抽取方式确定的专家难以胜任评标工作的项目可以由招标人直接确定。直接确定评标专家的小浪底管理中心招标项目,须经分管领导审批,所属公司招标项目按其管理办法履行审批手续。评标专家名单在评标前应严格保密。

第二十五条 评标委员会组成及比例执行《招标投标法》《实施条例》的规定,除招标人代表外,有关技术、经济等方面的专家应为招标人以外的专家,同一法人单位的人员不得作为本单位组织招标的评标专家。招标项目的评标专家应具有高级专业职称。

第二十六条 招标责任部门应在评标正式开始前,组织评标专家学习、了解招标项目业务、保密和法律等相关知识。招标工作人员组织评标纪律宣贯,保证所有评标专家熟悉招标项目基本情况、评标工作流程,掌握电子平台的使用方法及相关规定,确保专家按照招标文件规定的评标标准和办法进行评标。

第二十七条 评标专家必须严格按照资格审查文件、招标文件规定的评审(标)程序、评审(标)标准和办法等进行评审(标),不得增加或超越评审(标)程序、提高或降低评审(标)标准和办法进行评审(标)。

第七章 中标人确定及中标通知书

第二十八条 招标责任部门不可授权评标委员会直接确定中标人,应根据评标委员会提出的书面评标报告和推荐的中标候选人顺序推荐中标人并报批。

依法必须进行招标的项目,应当确定排名第一的中标候选人为中标人。排名第一的中标候选人放弃中标、因不可抗力不能履行合同、不按照招标文件要求提交履约保证金,或者被查实存在影响中标结果的违规行为等情形,不符合中标条件的,可以按照评标委员会提出的中标候选人名单排序依次确定其他中标候选人为中标人,也可以重新招标。

依法可以不招标的项目,若采用招标方式选择承包单位,推荐的中标人与评标委员会推荐的中标候选人顺序不一致时,应当有充足的理由。

第二十九条 小浪底管理中心招标责任部门应当按照《招标投标法》《政府采购法》及配套法规公示中标候选人或中标结果。所属公司按照《招标投标法》及配套法规公示中标候选人。

第三十条 小浪底管理中心机关部门及直属单位重大项目招标,由招标责任部门提出中标建议意见,报小浪底管理中心主任办公会决策;其他项目中标结果报小浪底管理中心有关领导审批;所属公司项目中标结果按其相应管理办法进行审批,在发出中标通知书10个工作日内报小浪底管理中心备案,重大项目中标结果的备案材料应附公司领导班子民主决策材料。

第三十一条 中标人确定后由招标责任部门向中标人发出中标通知书,并同时将中标结果通知所有未中标的投标人。

第八章 合同谈判及签约

第三十二条 招标责任部门和中标人应当自中标通知书发出之日起30日内,按照招标文件、中标人的投标文件、合同谈判结果订立书面合同。合同的标的、价款、质量、履行期限等主要条款应当与招标文件及中标人的投标文件的内容一致。不得与中标人再行订立背离合同实质性内容的其他协议。

第三十三条　招标责任部门最迟应当在书面合同签订后5个工作日内办理向中标人和未中标的投标人退还投标保证金及银行同期存款利息事宜。

第三十四条　招标文件要求中标人提交履约保证金的,中标人应当按照招标文件的要求提交。履约保证金不得超过中标合同金额的10%。

第九章　招标资料归档与统计

第三十五条　招标责任部门按照档案管理要求收集和管理招标过程中形成的文件资料及合同文件。文件资料应按要求归档,不得缺失。

第三十六条　招标责任部门应在中标通知书发出后5个工作日内在小浪底综合数字办公平台的投资管理系统中完成相关招标投标信息的输入、更新,保证相关信息、数据的全面、准确、客观,需要保密的信息除外。

第十章　纪律与检查

第三十七条　招标相关工作人员应严格遵守《招标投标法》《实施条例》及相关配套法规的规定。

第三十八条　参与招标工作的人员要严守工作纪律,做好招标保密工作。凡接触招标标底、评标过程和结果的人员,不得透露投标人及潜在投标人名单、标底、评标委员会名单以及评标过程、结果等相关信息、资料。

第三十九条　小浪底管理中心规划计划处对所属公司的招标工作进行检查,所属公司对检查发现的问题要及时整改。

第四十条　招标责任部门应将投标人违反招标投标相关法规等不诚信、违规行为报小浪底管理中心,并取消投标人中标资格。规划计划处根据实际情况和造成的后果,将投标人列入小浪底管理中心、所属公司"黑名单",至少三年内不得进入小浪底管理中心建设市场,并将投标人不诚信、违规行为等市场主体信用信息上报水利部或地方人民政府。

第四十一条　招标活动中出现的异议、投诉等的处理按照小浪底管理中心另行制订的相关规定执行。

第四十二条　招标活动中出现违反本办法规定的,小浪底管理中心招标主管部门将通过通报、约谈等方式进行处理;发现违规违纪问题,报小浪底管理中心纪检监察部门处理。

第十一章　附　则

第四十三条　小浪底管理中心所属公司应参照本办法制定本公司的招标管理办法。

第四十四条　本办法由规划计划处负责解释。

第四十五条　本办法自印发之日起施行,原《水利部小浪底水利枢纽管理中心招标管理办法》(中心规计〔2018〕3号)同时废止。

水利部小浪底水利枢纽管理中心
非招标采购方式采购管理办法

（中心规计〔2019〕10号，2019年8月20日印发）

第一章　总　则

第一条　为规范水利部小浪底水利枢纽管理中心（简称小浪底管理中心）非招标采购方式采购活动的管理，参照《中华人民共和国政府采购法》（简称《采购法》）《中华人民共和国政府采购法实施条例》《政府采购非招标采购方式管理办法》《政府采购竞争性磋商采购方式管理暂行办法》《中央国家机关政府采购中心网上竞价管理办法》及相关规定，结合小浪底管理中心实际，制定本办法。

第二条　小浪底管理中心机关各部门、直属单位采用非招标采购方式采购工程、货物和服务的，适用本办法。

第三条　本办法所称采购，是指以合同方式有偿取得工程、货物和服务的行为，包括购买、租赁、委托、雇用等。

本办法所称非招标采购，是指采用招标以外的方式进行的采购活动，包括竞争性谈判、竞争性磋商、单一来源、询价及零星采购。

竞争性谈判是指通过组建竞争性谈判小组（简称谈判小组）与符合资格条件的供应商就采购货物、工程和服务事宜进行谈判，供应商按照谈判文件的要求提交响应文件和最后报价，谈判小组从质量和服务均能满足采购文件实质性响应要求的供应商中按照最后报价由低到高的顺序提出成交候选人，采购人从谈判小组提出的成交候选人中确定成交供应商的采购方式。

竞争性磋商是指通过组建竞争性磋商小组（简称磋商小组）与符合资格条件的供应商就采购货物、工程和服务事宜进行磋商，供应商按照磋商文件的要求提交响应文件和最后报价，磋商小组采用综合评分法按照评审得分由高到低顺序提出成交候选人，采购人从磋商小组提出的成交候选人中确定成交供应商的采购方式。

单一来源采购是指采购人从某一特定供应商处采购货物、工程和服务的采购方式。

询价是指询价小组向符合资格条件的供应商发出采购询价通知书，要求供应商一次报出不得更改的价格，采购人从询价小组提出的成交候选人中确定成交供应商的采购方式。

零星采购是指根据实际情况及需要在市场上直接采购的方式。

单一来源、询价、零星采购可根据采购特点和需求利用网络交易平台或电子商务平台开展网络采购。

供应商是指向采购人提供工程、货物或者服务的法人、其他组织或者自然人。

第四条　除政府集中采购目录外的采购，分散采购限额标准及《中华人民共和国招标投标法》招标限额标准以下的工程、货物和服务采购，可以采用本办法规定的非招标采购方式。

小浪底管理中心纳入年度部门预算管理的以下采购活动严格按照《采购法》《中华人民共和国招标投标法》和《政府采购非招标采购方式管理办法》有关规定执行：

1. 列入政府集中采购目录的工程、货物和服务采购；

2. 除政府集中采购目录外，分散采购限额标准或《中华人民共和国招标投标法》招标限额标准以上的工程、货物和服务采购。

政府集中采购目录、分散采购限额标准以国务院办公厅印发的中央预算单位政府集中采购目录及标准通知中规定的目录、标准为准，招标限额标准按照国务院有关规定执行。

第五条　除国家、行业、地方政府部门规定应进入相应交易场所进行交易的事项外，各部门（单位）采用竞争性谈判、竞争性磋商、询价的事项应在水利部小浪底水利枢纽管理中心电子招标与采购平台上进行。国家、行业、地方政府部门规定应进入相应交易场所进行交易的事项，按照交易市场管理规定执行。

第二章　职责划分

第六条　非招标采购责任部门

非招标采购责任部门（简称责任部门）指具体经办非招标采购工作的部门。规划计划处为小浪底管理中心机关各部门、直属单位非招标采购工作责任部门，对专业性强、时间紧急等特殊情况下的采购，经小浪底管理中心批准后可委托机关有关部门、直属单位为责任部门。集中采购的责任部门为资产财务处。责任部门主要职责为：

1. 审查非招标条件，制定非招标采购方案；

2. 组织编写及审查谈判（磋商）文件或询价通知书、发布公告或组织推荐供应商、发邀请函、发售文件、组织谈判（磋商）和评审、成交供应商报批、成交结果公告、发成交通知书；

3. 组织合同谈判，办理合同签订事宜；

4. 非招标采购事项信息统计和资料整理归档等。

第七条　项目管理部门

项目管理部门指根据部门职责范围内的工作需要提出事项需求并组织实施的部门，主要职责为：

1. 提出事项立项申请并履行报批手续；

2. 组织调研；

3. 编写非招标采购谈判（磋商）文件或询价文件的技术标准和要求、技术条款等；

4. 合同实施管理。

小浪底管理中心项目管理部门根据机关各部门、直属单位职责分工确定。按照职责分工无法确定时，由规划计划处提出意见经小浪底管理中心批准后确定。

第八条　责任部门组织非招标采购活动前，应将非招标采购方案报小浪底管理中心分管领导审批。

非招标采购方案具体内容一般包括（但不限于）事项基本情况、采购的方式及法规政策的符合性、采购已具备的条件、采购组织形式、交易场所、供应商资质（资格）条件及选择方式、谈判（磋商）或评审方法和标准、谈判（磋商）小组或询价小组组建方案、是否委托代理机构及代理的选择意见、时间安排等。

第九条　责任部门负责将建议的成交供应商报小浪底管理中心分管领导批准。

第十条　责任部门应按照国家规定的信息公开内容和程序，公开非招标采购相关信息。

第十一条　小浪底管理中心纪检监察部门负责按照非招标采购监察的相关法律、法规及有关规定对非招标采购活动进行监察，受理有关非招标采购活动的投诉，查处违法违规行为。

第三章　非招标采购方式

第十二条　符合下列情形之一的非招标采购事项，可以采用竞争性谈判方式采购：

1. 技术复杂或者性质特殊，不能确定详细规格或者具体要求的；

2. 因艺术品采购、专利、专有技术或者服务的时间、数量事先不能确定等原因不能事先计算出价格总额的。

第十三条　符合下列情形之一的非招标采购事项，可以采用竞争性磋商方式采购：

1. 服务项目；

2. 技术复杂或者性质特殊，不能确定详细规格或者具体要求的；

3. 因艺术品采购、专利、专有技术或者服务的时间、数量事先不能确定等原因不能事先计算出价格总额的；

4. 市场竞争不充分的科研项目，以及需要扶持的科技成果转化项目；

5. 工程建设项目。

第十四条　符合下列情形之一的非招标采购事项，可以采用单一来源方式采购：

1. 只能从唯一供应商处采购的；

2. 发生了不可预见的紧急情况不能从其他供应商处采购的；

3. 必须保证原有采购事项一致性或者服务配套的要求，需要继续从原供应商处添购。

第十五条　采购的工程、货物或服务技术简单、能够确定详细规格或者具体要求、规格和标准统一，且价格变化幅度小的非招标采购，可以采用询价方式。

第十六条　没有统一规格、采购数量较少且难以集中采购，单次（批）采购金额在5万元（含）以下的采购事项，可以采用零星采购方式。

第四章　非招标采购条件及程序

第十七条　非招标采购工作实施前应具备下列条件：

1. 采购事项已列入年度投资计划、固定资产采购计划或年度部门预算；

2. 非招标采购方案已经批准；

3. 已具备或基本具备需业主提供的现场条件及外部环境。

第十八条　竞争(磋商)性谈判、询价一般按下列程序进行：

1. 编制竞争性谈判(磋商)或询价方案，履行报批手续；

2. 编制谈判(磋商)文件或询价通知书，履行审查、报批手续；

3. 通过发布公告、随机抽取或推荐方式确定参加谈判(磋商)或被询价的供应商名单；

4. 发售谈判(磋商)文件或询价通知书；

5. 采购人对发出的谈判(磋商)文件或询价通知书进行必要的澄清或修改，以书面形式通知所有接受谈判(磋商)文件或询价通知书的供应商；

6. 成立谈判(磋商)小组或询价小组；

7. 按规定时间和地点接受响应文件。竞争性谈判、询价从谈判文件或询价通知书发出之日起至供应商提交响应(竞争性谈判为首次响应文件)文件截止日止不得少于3个工作日；竞争性磋商从磋商文件发出之日起至供应商提交首次响应文件截止之日止不得少于10个工作日。

8. 谈判(磋商)小组所有成员集中与实质性响应谈判(磋商)文件要求的供应商分别进行谈判(磋商)(仅适用于竞争性谈判、竞争性磋商)；

9. 谈判(磋商)小组根据谈判(磋商)文件和谈判(磋商)情况实质性变动采购需求中的技术、服务要求以及合同条款，详细列明采购标的技术、服务要求，经采购人代表确认后以书面形式通知所有参加谈判(磋商)的供应商(仅适用于竞争性谈判、竞争性磋商，若有)；

10. 谈判(磋商)结束后，所有继续参加谈判(磋商)的供应商按照谈判(磋商)文件变动情况和谈判(磋商)小组的要求，在规定时间内重新提交响应文件和最后报价，并由其法人代表或授权代表签字或加盖公章。参加最后报价的供应商应不少于2家。少于2家的，采购活动失败，应终止采购活动(仅适用于竞争性谈判、竞争性磋商)；

11. 谈判(磋商)、询价最后响应文件和报价文件应在谈判(磋商)小组或询价小组均在场时开启、记录；

12. 谈判(磋商)小组或询价小组按规定进行评审并提出成交候选人名单，编写评审报告；

13. 采购人在收到评审报告后5个工作日内，竞争性谈判、询价项目从评审报告提出的成交候选人中，根据质量和服务均能满足采购文件实质性响应要求且最后报价最低的原则确定成交供应商，竞争性磋商项目按照评审报告排序由高到低的原则确定成交供应商，履行报批手续；

14. 成交供应商确定后2个工作日内，在中国政府采购网、水利部小浪底水利枢纽管理中心电子招标与采购平台及符合规定的其他媒体上公告成交结果，同时向成交供应商发出成交通知书，通知其他供应商成交结果；

15. 签订合同。

第十九条　单一来源采购一般按下列程序进行：

1. 编制单一来源采购方案，履行报批手续；

2. 成立谈判小组；

3. 起草合同文件；

4. 谈判小组与供应商谈判；

5. 编写与供应商协商情况记录，由谈判小组全体人员签字、供应商法人代表或授权代表签字；

6. 根据协商情况确定成交供应商、合同条款、合同价格，履行报批手续；

7. 签订合同。

第二十条　零星采购事项一般按下列程序进行：

1. 编制零星采购方案，履行报批手续；

2. 制定零星采购文件，包括采购清单及要求；

3. 由两人（含）以上共同进行市场调查后，提出采购的具体项目、数量、规格型号及品牌、供应商、价格等意见，经部门负责人审查后报分管领导批准；

4. 需要签订合同的零星采购，办理合同签订手续。

第五章　谈判文件和询价通知书编制

第二十一条　谈判（磋商）文件、询价通知书应当根据采购事项的特点和实际需求由责任部门组织编制、审查，并报分管领导批准。

谈判（磋商）文件、询价通知书不得要求或者标明供应商名称或者特定的品牌，不得含有指向特定供应商的技术、服务等条件。

第二十二条　谈判（磋商）文件、询价通知书应当包括供应商资格条件、邀请函、采购方式、控制价、采购需求、采购程序、价格构成或者报价要求、响应文件编制要求、提交响应文件截止时间及地点、评定成交的标准等。

谈判（磋商）文件还应当明确谈判（磋商）小组根据与供应商谈判情况可能实质性变动的内容，包括采购需求中的技术、服务要求以及合同草案条款。

第六章　供应商

第二十三条　供应商应是具备独立承担民事责任能力的法人、其他组织或自然人。法人或其他组织（零星采购项目的供应商除外）应提供下列材料（包括但不限于）：

1. 法人或者其他组织的营业执照等证明文件；

2. 财务状况报告，依法缴纳税收和社会保障资金的相关材料；

3. 具备履行合同所必需的设备和专业技术能力的证明材料；

4. 参加采购活动前 3 年内在经营活动中没有重大违法记录的书面声明；

5. 具备法律、行政法规规定的其他条件的证明材料。

采购事项有特殊要求的，供应商还应当提供其符合特殊要求的证明材料或者情况说明。

采购人可以根据事项的特殊要求，规定供应商的特定条件，但不得以不合理的条件对供应商实行差别待遇或者歧视待遇。

第二十四条 责任部门应当通过发布公告、从省部级以上供应商库中随机抽取、采购人书面推荐的方式邀请不少于3家符合相应资格条件的供应商参与竞争性谈判（磋商）或者询价采购活动。

采取采购人书面推荐的，应写明推荐人、推荐部门及推荐的理由，报单位分管领导批准。

第七章 竞争性谈判（磋商）小组或询价小组

第二十五条 谈判（磋商）小组、询价小组或单一来源谈判小组由3人以上（含）单数组成，其中评审专家人数不得少于谈判（磋商）小组或者询价小组成员总数的2/3。

谈判（磋商）、询价评审专家可以从水利部小浪底水利枢纽管理中心电子招标与采购平台专家库内随机抽取。技术复杂、专业性强等采购事项，通过随机方式难以确定合适的评审专家的，经分管领导同意，可以自行选定评审专家。

第二十六条 谈判（磋商）小组或者询价小组应当履行下列职责：

1. 审查供应商的响应文件并作出评价；
2. 要求供应商解释或者澄清其响应文件；
3. 推荐成交候选供应商，编写评审报告；
4. 告知采购人在评审过程中发现的供应商的违法违规行为。

第二十七条 谈判（磋商）小组或者询价小组成员应当履行下列义务：

1. 遵纪守法，客观、公正、廉洁地履行职责；
2. 根据采购文件的规定独立进行评审，对个人的评审意见承担法律责任；
3. 参与评审报告的起草；
4. 配合采购人答复供应商提出的质疑；
5. 配合投诉处理和监督检查工作。

第八章 评审及评审报告

第二十八条 谈判（磋商）小组、询价小组应按照谈判（磋商）文件、询价通知书规定的程序、评定成交的标准等进行评审。未实质性响应谈判（磋商）文件、询价通知书的响应文件按无效处理，谈判（磋商）小组应当告知有关供应商。

第二十九条 谈判（磋商）小组、询价小组在对响应文件的有效性、完整性和响应程度进行审查时，可以要求供应商对响应文件中含义不明确、同类问题表述不一致或者有明显文字和计算错误的内容等做出必要的澄清、说明或者更正。供应商的澄清、说明或者更正不得超出响应文件的范围或者改变响应文件的实质性内容。

谈判（磋商）小组、询价小组要求供应商澄清、说明或者更正响应文件应当以书面形式做出。供应商的澄清、说明或者更正应当由法定代表人或其授权代表签字或加盖公章。供应商为自然人的，应当由本人签字。

第三十条　竞争性谈判或询价项目的谈判小组、询价小组从质量和服务均能满足采购文件实质性响应要求的供应商中，按照报价（竞争性谈判方式是指最后报价）由低到高的顺序提出2名以上（含）成交候选人，并编写评审报告；竞争性磋商由磋商小组采用综合评分法对提交最后报价的供应商响应文件和最后报价按规定进行综合评分，按照评审得分由高到低顺序提出2名以上（含）成交候选人，并编写评审报告。

综合评分法是指响应文件满足磋商文件全部实质性要求，且按评审因素的量化指标评审得分最高的供应商为成交候选供应商的评审方法。评审时，磋商小组各成员应当独立对每个有效响应文件进行评价、打分，然后汇总每个供应商每项评分因素的得分。

综合评分法货物采购的价格分值占总分值的比重（即权值）为30%至60%，服务采购的价格分值占总分值的比重为10%至30%。采购项目中含不同采购对象的，以占项目资金比例最高的采购对象确定其项目属性。符合本办法第十三条第3项的规定和执行统一价格标准的项目，其价格不列为评分因素。

综合评分法中的价格分统一采用低价优先法计算，即满足磋商文件要求且最后报价最低的供应商的价格为磋商基准价，其价格分为满分。其他供应商的价格分统一按照下列公式计算：

磋商报价得分＝（磋商基准价/最后磋商报价）×价格权值×100。

项目评审过程中，不得去掉最后报价中的最高报价和最低报价。

第三十一条　谈判（磋商）小组、询价小组应当根据谈判情况、评审记录和评审结果编写评审报告，其主要内容包括：

1. 供应商参加采购活动的具体方式和相关情况，以及参加采购活动的供应商名单；

2. 响应文件的开启日期和地点，评审日期和地点，谈判（磋商）小组、询价小组成员名单；

3. 评审情况记录和说明，包括对供应商的资格审查情况、供应商响应文件评审情况、谈判（磋商）情况、报价情况等；

4. 提出的成交候选人的排序名单及理由。

评审报告应当由谈判（磋商）小组、询价小组全体人员签字认可。谈判（磋商）小组、询价小组成员对评审报告有异议的，谈判小组、询价小组按照少数服从多数的原则推荐成交候选人。对评审报告有异议的谈判（磋商）小组、询价小组成员，应当在报告上签署不同意见并说明理由。谈判（磋商）小组、询价小组成员拒绝在报告上签字又不书面说明其不同意见和理由的，视为同意评审报告。

第三十二条　除资格性审查认定错误和价格计算错误外，责任部门不得以任何理由组织重新评审。发现谈判（磋商）小组、询价小组未按照采购文件规定的评定成交标准进行评审的，责任部门应当报分管领导批准后重新开展采购活动。

第九章　网络采购

第三十三条　网络采购原则上适用于规格、标准统一的货物采购。

第三十四条　责任部门可在中央国家机关政府采购中心网开展网络采购，按照规定分别采用网上竞价、网上比价、直接下单等方式。开展网上竞价的采购范围按照《中央国家机关政府采购中心网上竞价管理办法》执行，限额为50万元以下，具体采购品目以中央国家机关政府采购中心在网站上公布的年度网上竞价品目表为准。在该网站电子卖场定点供应商电子商务平台采购的具体品目、采购限额按照网站发布的通知执行。

除上述以外的5万元以下的其他零星货物采购，可在选定的知名电子商务平台上采购，可采用比选后直接下单方式。

第三十五条　网络采购程序一般为：制订采购计划—确定采购需求—进行网上竞价或比价—下单—电商供货—到货验收—资金支付。

电子商务平台上的采购流程按照平台规定执行，平台流程以外的采购立项、计划报批、采购价格审批、到货验收等应按照非网络采购相应规定履行程序。

电子商务平台提供或需要签订合同的，应签订合同。

第三十六条　货物验收按照小浪底管理中心相关规定执行。验收合格后在验收单上签字盖章或在系统中确认后打印出验收单。

第三十七条　结算时间按照相应电子商务平台的结算规定执行，争取采用先供货后付款方式。

第三十八条　除内部审批文件资料外，责任部门还应将在电子商务平台进行比选的供应商货物实时价格、下单订货记录、电子验收单（网络平台不提供的除外）等网络文件页面打印，由经办人、复核人、部门负责人签字确认并归档。

第三十九条　责任部门要严格按照规定的网络采购范围、限额标准或程序开展网络采购，不得将超过网络采购限额的项目化整为零实施网络采购。网络采购的比价、到货验收等环节原则上最少要有2人以上参加，并接受监督检查。

第四十条　责任部门在网络平台上注册的企业账号与密码、网络采购方案需报送纪检监察部门，纪检监察部门可随时登录网站进行监督检查。

第十章　合同签订

第四十一条　成交供应商应当在成交通知书发出之日起30日内，按照采购文件确定的合同文本以及采购标的、规格型号、采购数量、技术和服务要求等事项签订合同。

不得向成交供应商提出超出采购文件以外的任何要求作为签订合同的条件，不得与成交供应商订立背离采购文件确定的合同文本以及采购标的、规格型号、采购金额、采购数量、技术和服务要求等实质性内容的协议。

第四十二条　成交供应商拒绝签订合同的，可以按照评审报告成交候选供应商排序由高到低的原则确定其他供应商作为成交供应商，并签订采购合同，也可以重新开展采购活动。拒绝签订采购合同的成交供应商不得参加对该事项重新开展的采购活动。

第十一章　资料归档与统计

第四十三条　责任部门应当妥善保管每项采购活动的文件资料，按档案管理要求整理归档。采购文件包括采购方案及批示文件、控制价、谈判（磋商）文件、询价通知书、响应文件、公告文件、采购记录文件、评审报告或协商情况记录、成交供应商确定文件、单一来源采购协商情况记录、合同文本、质疑答复以及其他有关文件、资料。

第四十四条　责任部门应在非招标采购工作结束后5个工作日内在小浪底综合数字办公平台的投资管理系统中完成相关非招标采购信息的输入、更新,保证相关信息、数据的全面、准确、客观。需要保密的信息除外。

第十二章　纪律与检查

第四十五条　责任部门应当按照本办法的规定组织开展非招标采购活动,并采取必要措施,保证评审在严格保密的情况下进行。任何单位和个人不得非法干预、影响评审过程和结果。

第四十六条　责任部门负责发现采购活动中违规违纪、涉嫌违法的行为,应及时向小浪底管理中心纪检监察部门报告。

第十三章　附　则

第四十七条　出现下列情形之一的,责任部门应当终止采购活动,说明原因并报分管领导同意后,重新开展采购活动:

1. 因情况变化,不再符合规定的采购方式适用情形的;

2. 出现影响采购公正的违法、违规行为的。

竞争性谈判(磋商)采购首次递交谈判(磋商)文件符合资格条件的供应商不足3家、最后递交报价文件的供应商不足2家,或询价采购递交报价文件符合资格条件的供应商不足3家的,责任部门应重新开展采购活动。重新开展采购活动再次失败的,报分管领导批准后,可采用其他方式采购。

第四十八条　本办法由规划计划处、资产财务处负责解释。

第四十九条　本办法自印发之日起施行,原《水利部小浪底水利枢纽管理中心非招标采购方式管理办法》(中心规计〔2018〕13号)同时废止。

第四节　资产管理

一、资产业务综述

资产管理旨在规范资产管理配置、使用、处置具体工作,对资产管理的各环节提出明确的要求,以确保资产的安全和使用有效。

资产管理主要指小浪底管理中心对资金、实物(无形)资产、对外投资等资产管理。

二、资产管理机构、人员及主要职责

(一)资金管理机构及主要职责

(1)申请人:负责根据业务部门(单位)提交的支付信息,录入支付信息和金额,加盖

相关印章;负责与银行对账;负责现金和票据保管等。

(2)复核人:负责审核支付信息和金额;负责与申请人进行稽核等。

(3)批准人:负责批准支付事项,加盖相关印章等。

(二)实物(无形)资产管理机构及主要职责

(1)集体决策机构:负责资产出租、出借、处置等事项决策。

(2)综合管理部门:负责制定资产管理相关制度,实施或参与资产出租、出借、处置等事项审批。

(3)实物管理部门:负责资产实物管理等。

(4)使用部门(单位):负责资产使用管理等。

(5)财务部门:负责资产价值管理,处置资产评估等。

(三)对外投资管理机构及主要职责

(1)集体决策机构:负责对外投资建议、实施、日常管理、处置等决策。

(2)投资管理部门负责对投资建议、可行性研究、决策、处置等管理,办理投资产权变更,组织相关部门进行投资日常管理等。

(3)相关审查(核)机构:负责对外投资可行性研究进行审查和合同会签等。

(4)财务部门:负责对外投资处置资产评估等。

三、资产管理工作步骤

(一)资金管理工作步骤

资金管理工作步骤见图4-13。

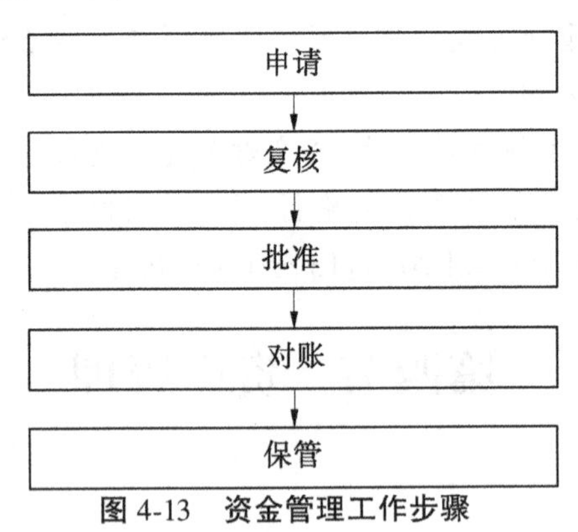

图4-13 资金管理工作步骤

(二)实物(无形)资产管理工作步骤

实物(无形)资产管理工作步骤见图4-14。

(三)对外投资管理工作步骤

对外投资管理工作步骤见图4-15。

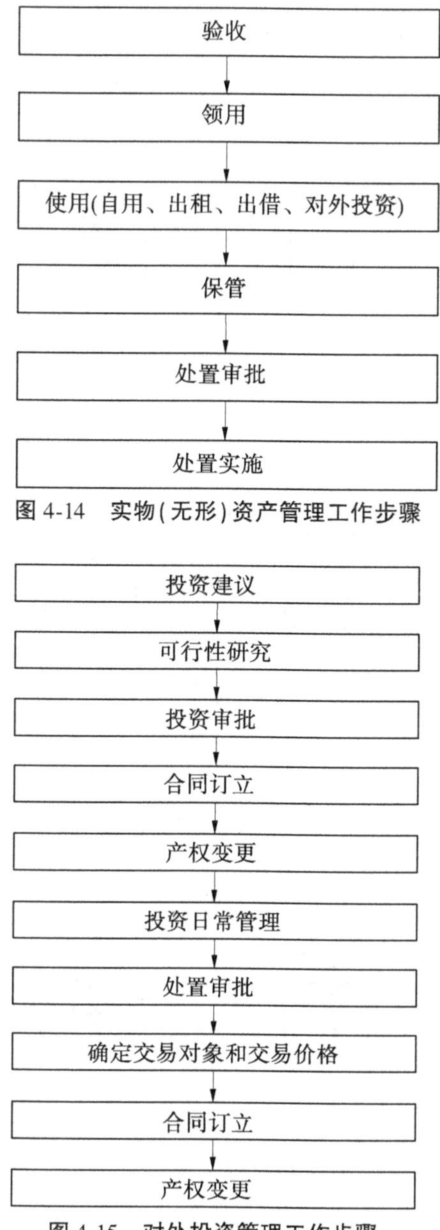

图 4-14　实物(无形)资产管理工作步骤

图 4-15　对外投资管理工作步骤

四、资产管理控制流程

(一)资金管理控制流程

资金管理控制流程见图 4-16。

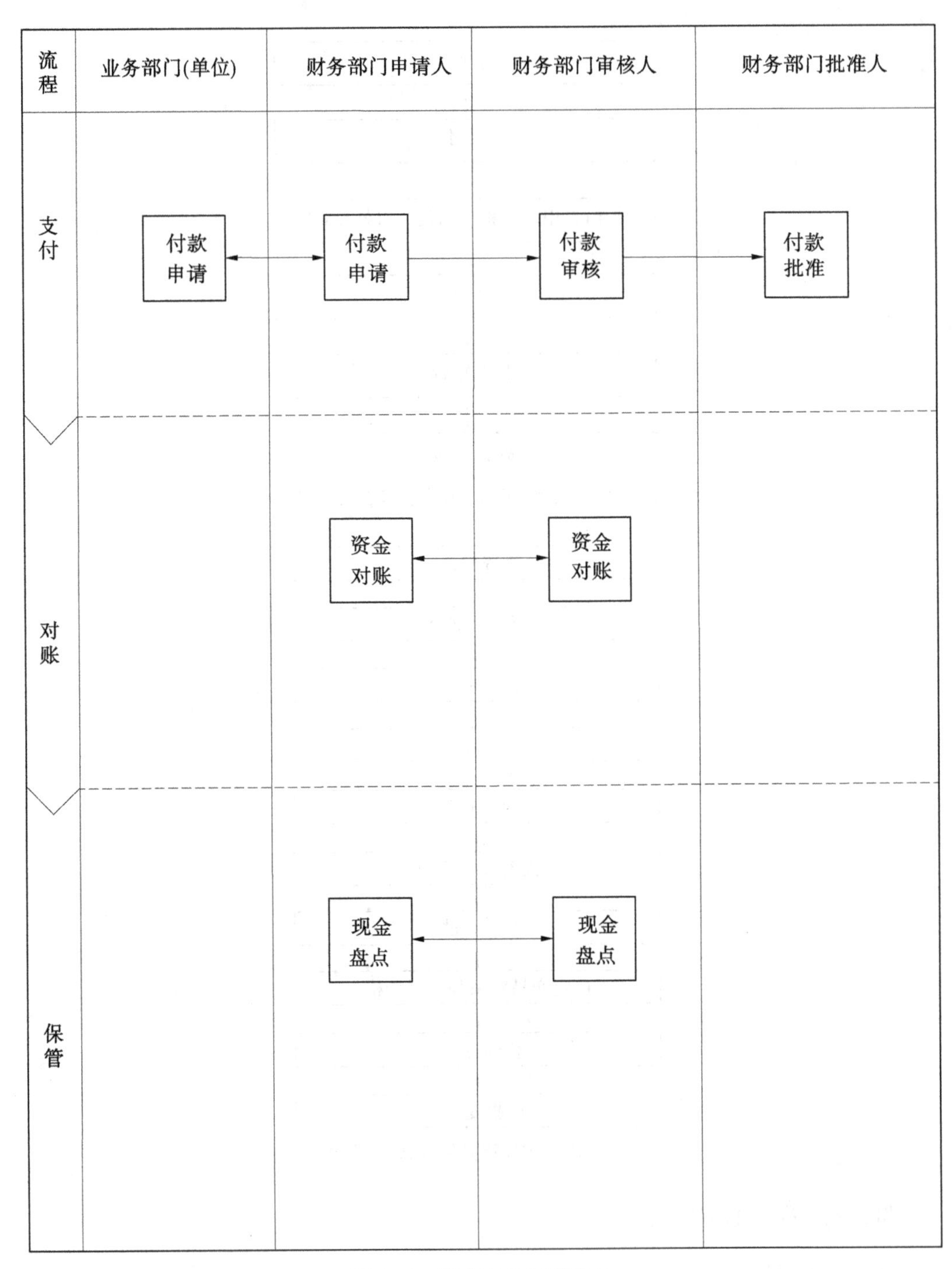

图 4-16　资金管理控制流程

(二)实物(无形)资产管理控制流程

实物(无形)资产管理控制流程见图4-17。

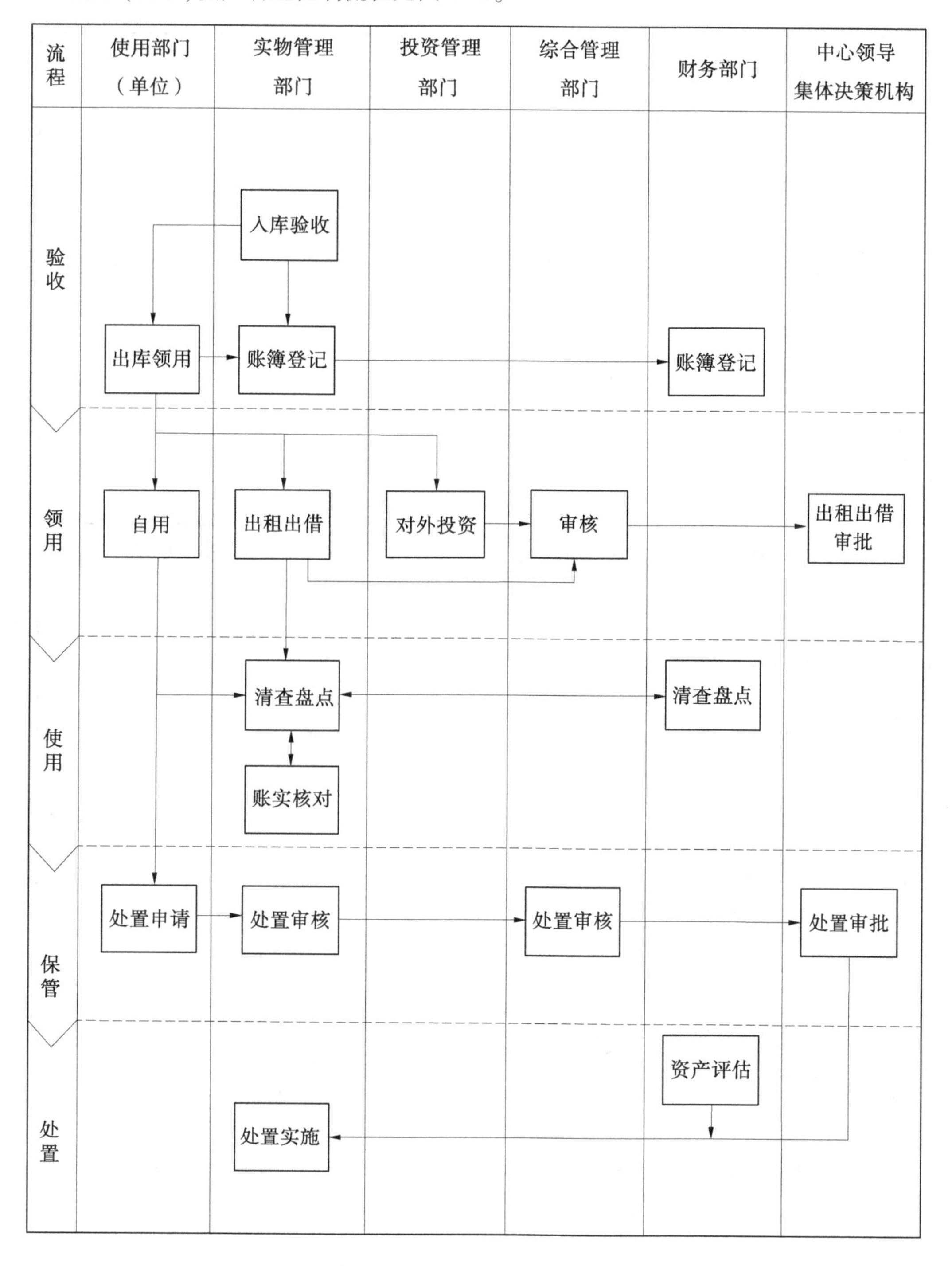

图4-17　实物(无形)资产管理控制流程

(三)对外投资管理控制流程

对外投资管理控制流程见图 4-18。

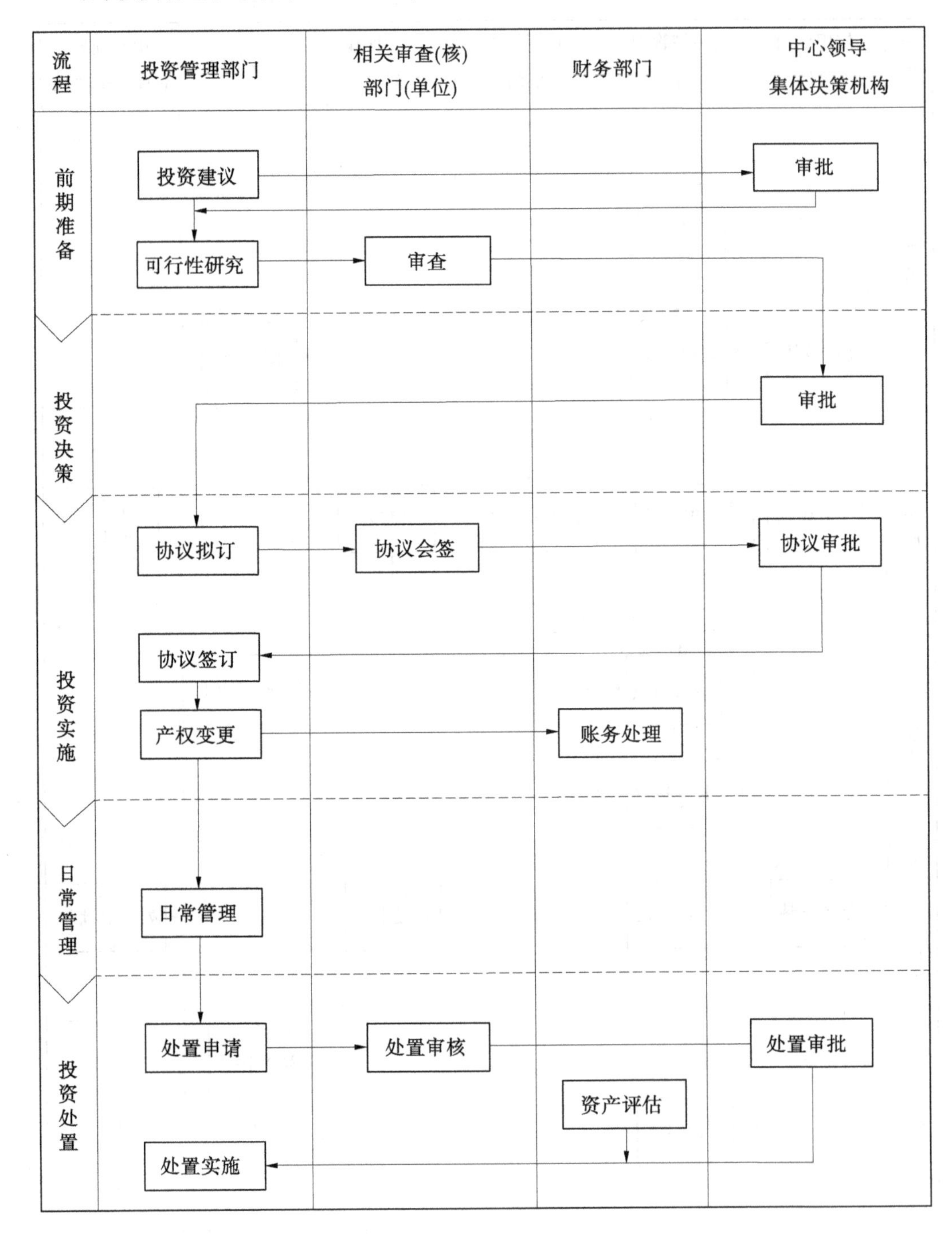

图 4-18　对外投资管理控制流程

五、资产管理控制风险矩阵

（一）资金管理控制风险矩阵

资金管理控制风险矩阵见表4-7。

表4-7　资金管理控制风险矩阵

流程	编号	关键环节	主要风险	控制措施	责任主体
支付	ZJGL01	申请	（1）业务部门未填写完整、准确的付款信息；（2）财务部门未按业务部门提供的付款的信息付款	（1）业务部门提供完整、准确的付款信息；（2）财务部门与业务部门加强沟通，按准确的付款信息付款	业务部门（单位）申请人、财务部门申请人
	ZJGL02	复核	（1）未核对付款信息；（2）网银密码未分开保管	（1）认真核对付款信息；（2）不相容岗位分离，由不同人员保管网银密码	财务部门复核人
	ZJGL03	批准	（1）未核对付款信息；（2）银行印鉴或网银密码未分开保管	（1）认真核对付款信息；（2）不相容岗位分离，由不同人员保管银行印鉴或网银密码	财务部门批准人
对账	ZJGL04	银行对账	未及时对账，发现差异未及时查明原因	（1）定期与银行对账，打印银行对账单；（2）会计与出纳定期对账和编制银行余额调节表	财务部门申请人、复核人
保管	ZJGL05	现金和票据保管	保管不慎遗失或挪用资金	（1）现金日清月结；（2）会计与出纳定期稽核	财务部门申请人

（二）实物（无形）资产管理控制风险矩阵

实物（无形）资产管理控制风险矩阵见表4-8。

表 4-8　实物(无形)资产管理控制风险矩阵

流程	编号	关键环节	主要风险	控制措施	责任主体
验收	SWZC01	合同验收或到货验收	(1)实物未实行归口管理,未配备验收人员; (2)验收内容、标准、程序不规范	(1)由实物归口管理部门配备专人负责验收; (2)严格按合同、质量标准等进行验收	实物管理部门
领用	SWZC02	领用审批及发放	(1)资产使用未履行审批程序; (2)未按批准的领用内容发放	由实物归口管理部门根据审批的领用手续进行发放	实物管理部门、使用部门(单位)
使用	SWZC03	自用	(1)未明确保管、使用责任人员; (2)未及时对资产进行维修维护; (3)未及时办理资产移交	(1)明确保管、使用责任人员; (2)及时对资产进行维修维护; (3)及时办理资产移交	使用部门(单位)
	SWZC04	出租出借	(1)未按规定履行资产出租、出借审批程序; (2)未对出租、出借资产进行后续跟踪管理	(1)按规定履行资产出租、出借审批程序; (2)明确责任部门、责任人对出租、出借资产进行后续管理	综合管理部门、实物管理部门、集体决策机构
	SWZC05	对外投资	参照对外投资管理相关内容	参照对外投资管理相关内容	参照对外投资管理相关内容
保管	SWZC06	实物保管	(1)未设置和及时登记实物账; (2)未及时进行账账核对、账实核对; (3)管理不慎导致资产损失损坏	(1)按规定设置和登记实物账; (2)定期与使用部门(单位)、财务部门进行账账核对、账实核对; (3)定期进行资产实物清查盘点	实物管理部门、使用部门(单位)

续表 4-8

流程	编号	关键环节	主要风险	控制措施	责任主体
处置	SWZC7	处置审批	(1)资产处置未履行审批程序； (2)未按规定履行资产评估	(1)按规定履行审批程序后再处置资产； (2)需要进行资产评估的聘请专业机构进行评估	综合管理部门、实物管理部门、使用部门(单位)、财务部门、集体决策机构
	SWZC8	处置实施	资产处置程序不公开、不规范	在公开交易平台处置资产，没有交易平台的应尽量采用公开交易方式处置资产	实物管理部门

(三)对外投资管理控制风险矩阵

对外投资管理控制风险矩阵见表 4-9。

表 4-9　对外投资管理控制风险矩阵

流程	编号	关键环节	主要风险	控制措施	责任主体
前期准备	TZ01	投资建议	投资内外环境发生较大变化，投资对象信息掌握不够深入全面	加强投资内外环境分析研判，加强投资前期调研	投资管理部门、集体决策机构
	TZ02	可行性研究	投资必要性、可行性分析不够全面深入，效益测算不够科学，风险分析和防范措施不够有效	(1)对重大投资建立尽职调查机制； (2)不相容岗位分离，对可行性研究与论证分离承担	投资管理部门、相关审核部门(单位)
投资决策	TZ03	投资审批	(1)未履行集体决策程序； (2)未按规定履行审批手续	(1)建立集体决策机制； (2)按规定履行审批手续	投资管理部门、集体决策机构
投资实施	TZ04	合同订立	(1)未签订合同； (2)合同签订未履行审批程序； (3)合同内容存在缺陷	(1)对外投资应签订合同； (2)履行合同会签、批准程序，需要进行合法性审查的应由法律顾问出具意见	投资管理部门、相关审核部门(单位)
	TZ05	产权变更	未及时办理权属变更手续	按合同约定及时办理权属变更手续	投资管理部门

续表 4-9

流程	编号	关键环节	主要风险	控制措施	责任主体
投资日常管理	TZ06	日常管理	对外投资日常管理主体、内容、程序不明确，日常管理不到位	建立和完善投资管理制度，明确权责并按规定加强日常管理	投资管理部门、日常管理相关部门
投资处置	TZ07	处置审批	（1）未集体决策； （2）未履行审批程序	（1）建立集体决策机制； （2）按规定履行审批手续	投资管理部门、集体决策机构
	TZ08	确定交易对象和价格	（1）符合公开交易情形未公开处置； （2）符合协议转让情形未履行审批程序； （3）未按规定履行评估手续	（1）按规定选择交易方式，确定交易对象和价格； （2）按规定履行评估手续	投资管理部门（单位）、财务部门、中心领导
	TZ09	合同订立	（1）未签订合同； （2）合同签订未履行审批程序； （3）合同内容存在缺陷	（1）对外投资应签订合同； （2）履行合同会签、批准程序，需要进行合法性审查的应由法律顾问出具意见	投资管理部门、相关审核部门（单位）
	TZ10	产权变更	未及时办理产权变更手续	按合同约定及时办理产权属变更手续	投资管理部门

六、相关制度

水利部小浪底水利枢纽管理中心
对所属企业资产财务管理办法

（中心财〔2020〕11 号，2020 年 5 月 9 日印发）

第一章　总　则

第一条　（目的和依据）为加强水利部小浪底水利枢纽管理中心（简称小浪底管理

中心)对所属企业的资产财务管理,确保所属企业经营发展符合小浪底管理中心总体战略规划,有效控制经营风险,保护出资人合法权益,根据《中华人民共和国公司法》《企业国有资产监督管理暂行条例》《关于进一步推进国有企业贯彻落实"三重一大"决策制度的意见》《企业财务通则》《水利部加强事业投资企业监督管理的意见》等规定,结合小浪底管理中心实际,制定本办法。

第二条 (适用范围)本办法适用于小浪底管理中心所属各级全资(控股)企业。

第三条 (管理内容)所属企业资产财务管理主要包括预算管理、资产管理、资金管理、会计核算管理、其他资产财务事项管理等。

第四条 (管理原则)所属企业资产财务管理遵循以下原则:

(一)坚持全面覆盖。实现所属各级企业全覆盖,切实加强主要资产财务事项监督和管理。

(二)坚持权责分明。清晰界定各级单位监督和管理职责,形成内外衔接、上下贯通的监督和管理局面。

(三)坚持放管结合。该管的管好、该放的放开,正确处理好加强监督与增强企业活力的关系。

(四)坚持依规管理。建立健全制度体系,确保各级单位依规管事、依规做事。

第五条 (管理体制)所属企业资产财务管理实行小浪底管理中心统一领导、各级出资人分级监管、所属企业具体管理的管理体制。

第二章　管理职责

第六条 (小浪底管理中心职责)小浪底管理中心负责所属企业资产财务工作的领导管理,主要包括:

(一)制定与小浪底管理中心发展战略、规划相适应的资产财务战略、规划;

(二)建立健全小浪底管理中心资产财务管理体制、机制;

(三)对全局性重要资产财务工作进行统筹安排、组织协调、监督实施;

(四)组织开展重大重要资产财务管理工作的政策研究、引领指导;

(五)对纳入小浪底管理中心"三重一大"管理的资产财务事项进行决策。

第七条 (各级出资人职责)各级出资人依据政策规定对所属企业资产财务进行监督管理,具体包括:

(一)贯彻执行国家、上级单位和本单位资产财务监督管理规定、要求;

(二)依据国家和上级单位资产财务管理规定,制(修)定本单位资产财务监督管理相关制度,并按要求报备;

(三)依据国家政策和制度规定,由控股出资人对所属企业资产财务事项履行出资人审批或授权审批职责;

(四)由控股出资人对所属企业资产财务管理进行监督检查、考核、评价等;

(五)向上级单位报告重大特殊资产财务事项;

(六)其他应由出资人履行的管理职责。

第八条 (所属企业职责)所属企业是资产财务管理的法定主体,负责下列资产财务

事项的具体管理:

（一）贯彻执行国家、上级单位和本单位资产财务管理规定、要求;

（二）依据国家和上级单位规定,制定本单位资产财务管理制度,并按要求报备;

（三）负责本单位资产财务事项日常管理和重大特殊资产财务事项的可行性研究、报批报备、组织实施等;

（四）向相关单位及时、准确、完整报告真实资产财务信息;

（五）接受、配合相关单位的资产财务监督检查、考核评价等;

（六）其他资产财务事项的具体管理。

第三章 预算管理

第九条 （管理要求）所属企业应创建和完善预算管理基础环境,选择适当的预算工具方法,充分发挥预算管理在企业规划、决策、控制和评价活动中的作用。

第十条 （管理制度）所属企业应依据国家政策、上级单位管理规定,制（修）定预算管理制度,并向出资人报备。

第十一条 （编制与上报）所属企业根据下发的预算编制方案,组织编制本级、合并预算方案及预算年度资产购置计划,及时上报出资人审批。

第十二条 （批复、分解）所属企业应对小浪底管理中心批准的年度预算逐级分解批复,明确本级和所属企业预算管理责任、预算管理目标。

第十三条 （预算执行）所属企业应建立预算执行预警、纠偏机制,采取有效措施防范预算执行风险,预计出现重大预算执行偏差时应提前向出资人报告。

第十四条 （预算分析、报告）所属企业应加强预算分析、报告管理,每月向出资人报告本级和合并预算的执行情况。

第十五条 （预算考核）所属企业应建立和完善预算考核奖惩机制,将预算管理纳入单位专项考核或综合考核。

第十六条 （预备费使用）所属企业使用预备费应按上级单位规定先履行事权审批程序,每半年结束后15个工作日内向出资人报告本级和汇总的预备费使用情况。

第十七条 （预算调整）所属企业预算原则不予调整,确实需要调整的需列明预算调整原因、内容、数额、措施、影响等,于8月底前报出资人审批后执行。二级及以下企业重大预算调整,也需在出资人批准后15个工作日内由一级企业向小浪底管理中心报备。

第四章 资产管理

第十八条 （管理要求）所属企业应当建立健全资产管理机制,依法依规配置、使用和处置资产,保障资产安全和完整,实现资产保值增值。

第十九条 （管理制度）所属企业应依据国家政策、上级单位管理规定,制（修）定涵盖货币资金、债权、存货、在建工程、固定（无形）资产、对外投资等主要资产类别的专项或综合管理制度,并向出资人报备。

第二十条 （固定资产、无形资产购置）所属企业固定（无形）资产购置应严格按照批复的预算采购,超出预算的资产购置需报出资人批准后方可执行。二级及以下企业超出预算的资产购置,也需在出资人批准后15个工作日内由一级企业向小浪底管理中心报备。

第二十一条　(固定资产、无形资产自用管理)所属企业应建立健全固定(无形)资产自用管理机制,加强验收入库、领用、使用、维护、保管、清查盘点等日常管理,保证资产安全、可持续使用,发生固定(无形)资产损失的应查明原因后予以相应处理。

第二十二条　(出租、出借审批)所属企业经营范围以外的资产出租、出借行为,出资人对是否符合国家有关政策法规和总体战略规划等进行决策,其他由企业自主决策。

所属企业出租、出借资产按以下原则审批:账面原值在100万元以上(含)的报出资人审批,账面原值在100万元以下的报出资人备案。二级及以下企业经营范围以外账面原值在100万元以上(含)的资产出租出借,也需在出资人批准后15日内由一级企业向小浪底管理中心报备。

第二十三条　(出租、出借审批依据)所属企业经营范围以外的资产出租、出借,办理审批手续时,应提供下列材料:

(一)拟出租、出借资产的申请文件;

(二)可行性论证报告;

(三)内部决策程序记录;

(四)拟出租、出借资产的名称、数量、规格、单价等清单;

(五)资产价值凭证及产权证明,如购货发票或收据、竣工决算副本、记账凭证、固定资产卡片、国有土地使用权证、房屋所有权证、股权证等凭据的复印件(加盖单位公章);

(六)签订的意向书或协议;

(七)行政事业单位法人证书、企业法人营业执照或个人身份证件复印件;

(八)其他材料。

第二十四条　(处置方式)所属企业资产处置,主要包括无偿调拨(划转)、对外捐赠、出售、出让、转让、置换、报废报损、货币性资产损失核销等。

第二十五条　(处置审批)所属企业处置资产按以下原则审批:账面原值在200万元以上(含)的报出资人审批,账面价值在200万元以下的报出资人备案。二级及以下企业账面价值在200万元以上(含)的资产处置,也需在出资人批准后15日内由一级企业向小浪底管理中心报备。

第二十六条　(处置审批依据)所属企业办理资产处置审批手续时,应提供下列材料:

(一)拟处置资产申请文件;

(二)《资产处置申请表》(见附件);

(三)可行性研究报告、相关说明文件或证明材料;

(四)内部决策程序记录;

(五)拟处置资产的名称、数量、规格、单价等清单;

(六)资产价值凭证及产权证明,如购货发票或收据、竣工决算副本、记账凭证、固定资产卡片、国有土地使用权证、房屋所有权证、股权证等凭据的复印件(加盖单位公章);

(七)行政事业单位法人证书、企业营业执照或个人身份证复印件;

(八)其他相关材料。

第二十七条 (对外投资管理)所属企业资产对外投资管理按国家政策、上级单位和本单位相关规定执行。

第二十八条 (债权管理)所属企业应建立健全债权管理机制,确保债权及时清理回收,产生坏账的应查明原因后予以相应处理。

第二十九条 (存货管理)所属企业应加强存货管理内部控制建设,有效防范存货损失风险,发生存货损失的应查明原因后予以相应处理。存货采购、库存量大的企业,应合理确定存货库存,有效控制存货采购成本、持有成本。

第三十条 (在建工程管理)所属企业新建、改建、扩建、技术改造、设备更新和大修理项目等实施前后应严格按照相关规定履行审批程序,有效控制项目投资,及时办理资产交付使用手续。

第三十一条 (涉密资产管理)所属企业涉密资产的购置、使用、处置等,应严格按涉密管理相关规定执行。

第五章　资金管理

第三十二条 (管理要求)所属企业应严格按照政策规定,统筹各级单位发展战略,进行资金筹集、调度和使用,在确保资金安全的同时提高资金使用效益。

第三十三条 (非金融机构之间资金借贷)所属企业应严格规范与非金融机构之间资金借贷,加强可行性论证和风险评估,履行民主决策后,在实施前向出资人报告。二级及以下企业与非金融机构之间资金借贷实施前也需由一级企业向小浪底管理中心报告。

第三十四条 (资金计划)所属企业应建立健全资金计划管理机制,合理筹集和使用资金。

第三十五条 (资金使用)所属企业应严格依据国家、上级单位和本单位管理规定使用资金。

所属企业预算内大额资金调动和使用、超预算资金调动和使用、对外担保、捐赠、项目支付、借款、支援、帮扶以及其他大额资金运作事项应纳入本单位"三重一大"管理并明确审批要求,达到《水利部小浪底水利枢纽管理中心贯彻落实"三重一大"决策制度的实施细则》规定额度的大额资金运作,由一级企业报小浪底管理中心审批。

第三十六条 (银行账户开设)所属企业开设银行账户实施前需报出资人审批。二级及以下企业银行账户开设,也需在出资人批准后15日内由一级企业向小浪底管理中心报备。

第三十七条 (信息报告)所属企业应按上级单位、出资人要求及时、准确、真实、完整报送本级和汇总的资金信息。

第六章　会计核算管理

第三十八条 (管理要求)所属企业应加强会计核算基础环境建设,依法依规办理经济业务,确保会计核算和财务信息及时、准确、真实、完整。

第三十九条 (管理制度)所属企业应依据国家政策要求、上级单位管理规定,制

(修)定本单位会计核算相关管理制度,并向出资人报备。

第四十条　(账簿设立和核算)所属企业应依据《会计法》和国家统一的会计制度规定设立会计账簿,进行会计核算。

第四十一条　(会计政策应用)所属企业对出资人权益影响重大的会计制度、会计政策、会计估计变更,属于国家会计政策原因的应在实施前将影响报告出资人,属于其他情形的应在实施前报出资人审批。

第四十二条　(财务分析)所属企业应加强财务分析,采用有效的分析方法和工具,定期对单位筹资、投资、经营、分配活动的盈利能力、营运能力、偿债能力和增长能力状况等进行分析与评价。

第四十三条　(财务信息报告)所属企业应按照政府部门、上级单位、出资人要求编报财务信息和财务报告。所属企业本级及合并的年度财务决算应经会计师事务所审计,会计师事务所的聘请、解聘依照公司章程规定,由出资人、股东会或董事会决定。

第四十四条　(会计档案)所属企业应按照国家、上级单位和本单位档案管理规定,妥善收集、整理、保管、使用、销毁会计档案。

第七章　其他资产财务事项管理

第四十五条　(重大特殊财务事项管理)所属企业合并、分立、增加或减少注册资本、重组改制、产权转让、上市发债、再投资新办企业、重大投资、大额担保、中外合资合作、引进战略投资者或财务投资人、利润分配和弥补亏损、解散以及申请破产等关系国有资产出资人权益的重大事项,按照《水利部小浪底水利枢纽管理中心对外投资管理办法》执行。

第四十六条　(税收管理)所属企业应加强税收政策学习研究,确保依法依规纳税。所属企业应聘请专业机构对日常经济业务进行税收咨询、审核,对重大特殊经济业务出具专项税收意见。有条件的企业可开展纳税筹划,在有效防范税收风险的同时合理降低税收成本,取得显著效益时单位应给予奖励。

第四十七条　(信息化建设)所属企业应将预算管理、资产管理、资金管理、会计核算管理、税收管理等资产财务监督和管理事项纳入各级单位信息化建设规划,统筹实施、持续完善。

第四十八条　(人员培训)所属企业每年应制定专项培训计划,支持财务人员多层次、多渠道、多方式参加专业培训。

第四十九条　(监督管理)所属企业应整合出资人、监事会、审计、纪检监察、巡查等监督力量,加强对所属企业的资产财务监管,并统筹减少重复监管、提高监管效能。

第八章　附　则

第五十条　(分公司管理要求)所属企业分公司资产财务管理参照本办法执行。

第五十一条　(解释部门)本办法由资产财务处负责解释。

第五十二条　(生效日期)本办法自发文之日起施行,原《水利部小浪底水利枢纽管理中心对所属公司资产财务管理办法》(中心财〔2019〕25号)同时废止。

附件:资产处置申请表

水利部小浪底水利枢纽管理中心国有资产管理实施细则

（中心财〔2020〕12号，2020年5月12日印发）

第一章　总　则

第一条　（目的和依据）为规范和加强水利部小浪底水利枢纽管理中心（简称小浪底管理中心）国有资产管理，维护国有资产安全完整，合理配置和有效利用国有资产，根据《中央级水利单位国有资产管理暂行办法》《中央级水利单位国有资产管理实施细则》有关规定，结合小浪底管理中心实际，制订本实施细则。

第二条　（适用范围）本实施细则适用于小浪底管理中心机关及直属单位国有资产管理。

第三条　（资产类别及定义）本实施细则所称国有资产当前主要指小浪底管理中心占有使用的固定资产、无形资产、对外投资等。

固定资产指使用年限超过1年（不含1年）、单位价值在1 000元以上（其中：专用设备单位价值在1 500元以上），并在使用过程中基本保持原有物质形态的资产。单位价值低于规定标准、使用年限超过1年（不含1年）、一次采购数量达到全部人员数量1.5倍的大批同类物资也作为固定资产，如图书、家具、用具、装具等。

无形资产指不具有实物形态而能够为使用者提供某种权利的非货币性资产，包括著作权、土地使用权、专利权、非专利技术等。购入的不构成相关硬件不可缺少组成部分的软件，也应作为无形资产。

对外投资指采用货币资金、实物、无形资产等方式，获得并准备一定时期内持有的股权资产。

第四条　（管理任务）小浪底管理中心国有资产管理的主要任务是：

（一）建立和健全各项规章制度；

（二）合理配置国有资产，依法依规使用和处置国有资产；

（三）保障国有资产的安全和完整；

（四）实现国有资产的保值增值。

第五条　（管理原则）小浪底管理中心国有资产管理应当遵循以下原则：

（一）资产管理与预算管理相结合；

（二）资产管理与财务管理相结合；

（三）实物管理与价值管理相结合。

第六条　（管理机制）小浪底管理中心国有资产实行“统一领导、分类管理、分工负责”的管理机制，各部门（单位）在小浪底管理中心领导下，按资产类别对资产综合管理、价值管理、实施管理分工负责。

第二章　管理机构及其职责

第七条　(事业法人职责)小浪底管理中心事业法人按照《中央级水利单位国有资产管理暂行办法》规定,对国有资产管理负总责。

第八条　(决策管理)小浪底管理中心集体决策机构或成立的国有资产管理领导机构负责国有资产决策管理,主要包括资产管理体制机制的顶层设计、重要资产管理政策制度的审议批准、重大资产管理事项的研究决策等。

第九条　(综合管理)固定(无形)资产由资产财务处负责综合管理,对外投资由规划计划处负责综合管理,其他国有资产的综合管理由规章制度或决策管理机构予以明确。综合管理职责包括:

(一)制(修)定资产管理政策、制度,并组织实施和监督检查;

(二)研究论证、审核上报重大资产管理事项;

(三)组织实施资产管理绩效考评等;

(四)组织产权登记、产权界定及产权纠纷调处等;

(五)及时报告资产管理情况、资产管理重大事项等;

(六)建立、完善、使用资产管理信息系统;

(七)其他涉及资产综合管理的工作。

第十条　(价值管理)资产财务处负责各类国有资产的价值管理,具体包括:

(一)审核资产配置、使用、处置等事项;

(二)对资产购建、使用、处置等事项进行账务处理;

(三)管理资产出租、对外投资、处置等收益;

(四)参与资产盘点,对资产盘盈、盘亏进行账务处理;

(五)其他涉及资产价值管理的工作。

第十一条　(实施管理)实施管理主要包括固定(无形)资产实物管理、使用管理,以及其他国有资产日常具体管理。

第十二条　(实物管理)办公室负责固定(无形)资产实物管理,具体包括:

(一)建立资产卡片、台账、档案并实施资产日常管理;

(二)办理资产入库、验收、领用、调整使用部门(单位)等手续;

(三)定期对资产进行盘点,及时查明盘盈、盘亏原因,并履行相关报告程序;

(四)定期与价值管理部门和使用部门(单位)核对资产使用状态,做到账实相符、账卡相符;

(五)提出资产配置计划,做好资产使用和处置等事项的审核工作;

(六)会同有关部门提出资产调剂、共享共用等意见和建议;

(七)协助开展资产统计、核实、报告、管理等相关工作;

(八)其他涉及资产实物管理的工作。

第十三条　(使用管理)小浪底管理中心各部门(单位)负责固定(无形)资产使用管理,具体包括:

（一）配备资产使用、保管人员，建立和完善实物账卡，负责资产日常保管和维护，确保资产安全完整；

（二）提出资产配置、使用和处置申请；

（三）参与资产验收、报废（损）鉴定，配合做好资产清查盘点；

（四）及时交还长期闲置、报废资产和办理资产领用、退还手续；

（五）其他涉及资产使用管理的工作。

第十四条 （日常具体管理）小浪底管理中心各部门（单位）根据管理制度、部门职责、工作需要等，对固定（无形）资产以外的资产进行日常具体管理，具体包括：

（一）贯彻执行资产管理制度；

（二）资产使用、处置事项的可行性研究、具体实施和日常管理；

（三）协助开展资产统计、核实、报告、管理等工作；

（四）其他涉及资产日常具体管理的工作。

第十五条 （机构和职责调整）在保证内部控制健全有效的同时，决策管理机构可根据需要调整资产管理部门和职责，本实施细则相关规定自动调整。

第三章　国有资产配置

第十六条 （配置定义）国有资产配置是指小浪底管理中心各部门（单位）根据履行职能的需要、存量资产状况和财力情况等因素，按照规定的程序，通过购置、调剂、租用、接受捐赠、基建移交、自行研制等方式配备国有资产的行为。

第十七条 （配置原则）小浪底管理中心各部门（单位）配置资产应当遵循以下原则：

（一）依法依规配置资产；

（二）与履行职能需要相适应；

（三）科学合理、结构优化；

（四）勤俭节约、从严控制；

（五）讲求绩效、绿色环保。

第十八条 （购置条件）小浪底管理中心各部门（单位）新增购置资产应当具备以下条件之一：

（一）新设机构或新增人员编制；

（二）增加工作职能或任务；

（三）现有资产按规定处置后需要更新；

（四）现有资产无法满足工作需要；

（五）其他重大特殊事项需要新增购置。

第十九条 （购置申请）资产购置按如下流程进行申请：

（一）使用部门（单位）根据工作需要和资产占有、使用情况提出下一年度资产购置计划，报实物管理部门审核；

（二）实物管理部门对使用部门（单位）是否坚持厉行节约和充分利旧原则进行审核，并根据资产存量情况确认是否可通过调剂解决使用部门购置资产需求，在此基础上编制

《年度资产购置计划申报审批表》并附详细说明(附表1);

(三)综合管理部门根据资产配置标准,复核《年度资产购置计划申报审批表》,并提交资产管理决策机构决策;

(四)综合管理部门将内部决策同意的购置计划报上级审批机构审批;

(五)需要调整购置计划的,将调整内容及相关说明材料、依据等参照上述程序审核后,报上级审批机构审批。

第二十条　(资产采购)纳入政府采购范围的资产购置实施政府采购,未纳入政府采购范围的资产购置依据小浪底管理中心采购管理制度实施。

第二十一条　(无偿调入资产)通过调剂等方式无偿调入的资产,实物管理部门办理实物资产接收、登记、领用手续后,资产财务处以批准文件和相关手续办理财务入账。

第二十二条　(租用资产)租用资产由使用部门(单位)提出租赁申请,经实物管理部门审核,使用部门(单位)分管领导批准,签订租赁协议后实施。

第二十三条　(接受捐赠资产)接受捐赠资产应当与捐赠方签订捐赠协议,捐赠协议应当包括捐赠双方名称、资产清单、价值依据和用途等。接受捐赠的资产经实物管理部门办理资产接收、登记、领用手续后,资产财务处以协议文件和相关手续办理财务入账。

第二十四条　(基建移交资产)基本建设项目竣工(完工)验收三个月后,应由建设管理部门(单位)负责归集交付使用的资产,编制《基本建设项目移交资产明细表)(附表2),经接收部门(单位)审核确认办理移交手续。基建项目移交时资产财务处负责审核资产价值,实物管理部门负责填制资产卡片并移交接收部门(单位)。

第二十五条　(自行研制资产)自行研制的软件构成硬件不可缺少的组成部分,应当将该软件价值与硬件价值一并确认为固定资产;软件可以单独计价,不构成硬件不可缺少的组成部分,应当将该软件确认为无形资产。软件上线运行并验收后,参照基建移交资产程序办理资产配置手续。

自行申请的专利权、商标权、著作权、非专利技术等无形资产获得批文后,由资产财务处负责审核资产价值,实物管理部门负责填制资产卡片并移交使用部门(单位)使用和维护。

第四章　国有资产使用

第一节　自用管理

第二十六条　(实物管理要求)实物管理部门应建立资产验收入库、领用、使用、保管、维护和归还等内部管理制度,严格加强日常管理,保证资产安全、可持续使用。

第二十七条　(资产验收入库)实物管理部门负责资产验收,必要时可请技术人员或者聘请第三方机构参与。验收人员签字确认的验收入库单,作为财务入账、登记资产卡片的依据之一。

第二十八条　(使用管理要求)使用部门(单位)需指定专人负责本部门(单位)资产的领用、保管、清查盘点工作。使用(保管)人在办理工作调动、退休、辞职、离职等手续前,应当及时办理所用资产的调出、变更、交还等手续。

第二十九条　(资产清查盘点)实物管理部门应当在年度终了前,对资产进行全面清查盘点,及时将盘点结果与财务账核对。清查盘点中发现账实差异,应逐项查明原因,按有关规定提出处理意见,批准后及时调整有关资产账目。人为造成资产丢失、毁损等,应追究赔偿等责任。

第二节　对外投资、出租、出借

第三十条　(管理原则)小浪底管理中心资产对外投资、出租、出借等应符合国家有关法律法规,遵循投资回报、风险控制和跟踪管理等原则,进行必要的可行性论证,实现国有资产保值增值。

第三十一条　(审批权限)小浪底管理中心对外投资、出租、出借等审批权限根据水利部授权确定并随授权变化自动调整,当前审批权限如下:

(一)单项价值或批量价值(账面原值,下同)50万元以下由小浪底管理中心批准,并于批准之日起15个工作日内将批复文件报水利部备案;

(二)单项价值或批量价值在800万元以下,50万元以上(含50万元)由水利部批准;

(三)单项价值或批量价值在800万元以上(含800万元)由水利部、财政部批准。

第三十二条　(对外投资办理程序)小浪底管理中心对外投资按如下程序进行审批:

(一)可行性研究。实施管理部门(单位)提出对外投资建议和投资方案,编制可行性研究报告。

(二)内部决策。综合管理部门对可行性研究报告组织论证后报小浪底管理中心决策。

(三)上报批准。需要上报水利部审批的对外投资,由综合管理部门准备审批材料并上报审批。

(四)评估备案。资产财务处负责或委托实施管理部门(单位)聘请中介机构进行资产评估,并将评估结果报水利部备案。

(五)签订协议。相关部门根据授权书、批准文件签订对外投资协议。

(六)重新申报。对外投资价值低于评估值90%的,应暂停交易,重新履行审批手续;其他重大事项影响到国有资产安全以及严重偏离经济预期的,应立即暂停交易,提出解决方案报审批部门处理。

第三十三条　(对外投资报批材料)小浪底管理中心对外投资应按照水利部要求提供材料并随要求变化自动调整,当前应提供以下材料:

(一)拟对外投资的申请文件;

(二)拟用于对外投资的资产名称、数量、规格、单价等清单;

(三)可行性论证报告;

(四)投资合作各方签订的意向书或协议;

(五)拟创办经济实体的章程;

(六)资产价值凭证及产权证明,如购货发票或收据、竣工决算副本、记账凭证、固定资产卡片、国有土地使用权证、房屋所有权证、股权证等凭据的复印件(加盖单位公章);

(七)合作各方经审计的年度财务报表复印件;

(八)合作各方的事业单位法人证书、企业法人营业执照或个人身份证件复印件;其他资料。

第三十四条　（对外投资出资人职责）综合管理、实施管理部门（单位）应制定对外投资管理制度，依照法律法规、管理制度及企业章程对投资企业履行出资人职责。

第三十五条　（出租出借办理程序）小浪底管理中心资产出租出借按以下程序办理：

（一）可行性研究。实施管理部门（单位）提出资产出租出借方案，编制可行性研究报告。

（二）内部决策。综合管理部门组织对资产出租出借可行性研究报告论证后报小浪底管理中心决策。

（三）上报批准。需要上报水利部审批的资产出租出借，综合管理部门准备审批材料并上报审批。

（四）对外招租。实施管理部门（单位）负责或委托招标管理部门（单位）办理对外招租。资产出租原则以公开竞价招租的方式确定出租价格，必要时可采取评审或资产评估的办法确定出租价。

（五）签订协议。相关部门根据授权书和批准文件签订资产出租出借协议。资产出租出借协议期限一般不得超过5年，到期后需展期的应重新办理报批手续。

（六）资产交付。实施管理部门（单位）根据协议办理资产交付手续。

第三十六条　（出租出借报批材料）小浪底管理中心资产出租出借应按照水利部要求提供材料并随要求变化自动调整，当前应提供以下材料：

（一）拟出租出借资产的申请文件；

（二）拟出租出借资产的名称、数量、规格、单价等清单；

（三）可行性论证报告；

（四）资产租借双方签订的意向书或协议；

（五）资产价值凭证及产权证明，如购货发票或收据、竣工决算副本、记账凭证、固定资产卡片、国有土地使用权证、房屋所有权证、股权证等凭据的复印件（加盖单位公章）；

（六）单位经审计的年度财务报表复印件；

（七）资产租、借双方的行政事业法人证书、企业法人营业执照或个人身份证件复印件；

（八）其他材料。

第三十七条　（收益管理）小浪底管理中心对外投资收益及资产出租出借等取得的收入应当作为预算收入纳入预算，统一核算、统一管理。

第五章　国有资产处置

第一节　一般规定

第三十八条　（资产处置定义）资产处置是指小浪底管理中心对其占有、使用的国有资产进行产权转让或者注销产权的行为，处置方式包括无偿调拨（划转）、对外捐赠、出售、出让、转让、置换、报废报损、货币性资产损失核销等。

第三十九条　（审批权限）小浪底管理中心资产处置审批权限根据水利部授权确定并随授权变化自动调整，当前审批权限如下：

（一）单项价值或批量价值（账面原值，下同）50万元以下由小浪底管理中心批准，并于批准之日起15个工作日内将批复文件报水利部备案；

（二）单项价值或批量价值在800万元以下，50万元以上（含50万元）由水利部批准；

（三）单项价值或批量价值在800万元以上（含800万元）由水利部、财政部批准。

第四十条 （一般处置程序）小浪底管理中心资产处置一般按以下程序办理：

（一）处置申请。固定（无形）资产处置由资产使用部门（单位）提出处置申请，实物管理部门审核后填写《中央级事业单位国有资产处置申请表》（附表3、附表4）；对外投资处置由日常具体管理部门（单位）填写《中央级事业单位国有资产处置申请表》，编制可行性研究报告。

（二）内部决策。综合管理部门对资产处置申请进行审核，对可行性研究报告组织论证，报小浪底管理中心决策。

（三）上报批准。需要上报水利部批准的资产处置，由综合管理部门准备审批材料并上报审批。

（四）评估备案。需要进行资产评估的资产处置，由资产财务处负责或委托实施管理部门（单位）聘请中介机构进行评估，并将评估结果报水利部备案。

（五）公开处置。符合公开处置条件的资产处置由实施管理部门（单位）通过公开处置平台处置，没有公开处置平台的按照公开、公正、公平和竞争、择优的原则处置。

（六）签订协议。出售、出让、转让、置换等资产处置，由相关部门根据授权书和批准文件签订协议。

（七）资产交付。实施管理部门（单位）将资产交付接收单位。

第四十一条 （报批材料）小浪底管理中心资产出租出借应按照水利部要求提供材料并随要求变化自动调整，当前应提供以下材料：

（一）拟处置资产申请文件；

（二）《中央级事业单位国有资产处置申请表》；

（三）可行性研究报告、相关说明文件或证明材料；

（四）拟处置资产的名称、数量、规格、单价等清单；

（五）资产价值凭证及产权证明，如购货发票或收据、竣工决算副本、记账凭证、固定资产卡片、国有土地使用权证、房屋所有权证、股权证等凭据的复印件（加盖单位公章）；

（六）经审计的年度财务报表复印件；

（七）行政事业单位法人证书、企业营业执照或个人身份证件复印件；

（八）其他材料。

第四十二条 （固定资产、无形资产处置收益管理）固定（无形）资产处置收入在扣除相关税金、评估费、拍卖佣金等费用后，实行“收支两条线”管理。

第四十三条 （对外投资处置收益管理）对外投资形成的股权出售、出让、转让收入，按以下规定办理：

（一）利用现金对外投资形成的股权（权益）出售、出让、转让，属于收回对外投资，股权（权益）出售、出让、转让收入纳入单位预算，统一核算，统一管理。

（二）利用实物资产、形成资产对外投资形成的股权（权益）出售、出让、转让收入，按以下情形分别处理：

1. 收入形式为现金的，扣除投资收益，以及税金、评估费等相关费用后，实行“收支两条线”管理；投资收益纳入预算，统一核算，统一管理；

2. 收入形式为资产和现金的，现金部分扣除投资收益，以及税金、评估费等相关费用后，实行“收支两条线”管理。

（三）利用现金、实物资产、无形资产混合对外投资形成的股权（权益）出售、出让、转让收入，按照本条第（一）、（二）项的有关规定分别管理。

第二节　报　废

第四十四条　（资产范围）报废一般适用于固定资产处置。

第四十五条　（报废条件）达到《常用固定资产使用年限表》（附表5）规定使用年限且不能继续使用、按照国家有关规定应当报废的固定资产，可办理报废处置手续。

第四十六条　（报废鉴定）没有规定使用年限或未达到使用年限，严重损坏无法修复或虽能修复但性能技术指标无法满足工作要求，以及技术严重落后，必须用新的、先进的设备设施替换的固定资产，由实物管理部门会同资产财务处、使用部门、技术部门等组成鉴定小组，对拟报废资产进行审核鉴定并提交《固定资产报废鉴定表》（附表6）。

第四十七条　（专业鉴定）下列拟报废固定资产需提交专业部门鉴定报告：

（一）船舶报废，提交船舶检验或有关部门鉴定报告书；

（二）电梯、锅炉等专业设备报废，提交技术质量鉴定机构鉴定报告书；

（三）因房屋拆除等原因需办理资产报废手续的，提交相关职能部门的房屋拆除批复文件、建设项目拆建立项文件、双方签订的房屋拆除补偿协议等；

（四）因技术落后被淘汰或技术指标无法满足要求的水文、水保专用计量器具等设备报废的，提交技术质量部门或第三方检验机构出具的包含技术数据的鉴定报告；

（五）属国家主管部门发布淘汰的汽车、仪器设备等，提交相关职能部门的证明文件。

第四十八条　（处置方式）经批准报废的资产，由实物管理部门按以下方式进行处置：

（一）国家有规定需统一回收的车辆、涉密的固定资产，按照国家有关规定执行；没有规定需统一回收的固定资产，应选择“中央和国家机关行政事业单位资产处置服务平台（以下简称处置平台）”进行处置；

（二）不能通过处置平台进行处置、处置金额较大的资产，一般应通过产权交易机构进行公开处置；

（三）无法通过上述方式进行的资产处置，应当遵循公开、公平、公正的原则，采取拍卖、招投标、竞价以及国家法律、行政法规规定的其他方式进行处置。

第三节　无偿调出

第四十九条　（审批要求）资产无偿调出的审批要求：

（一）水利部机关与事业单位之间、事业单位之间资产无偿划转的，由其共同上级主管部门按照审批权限予以审批；

（二）事业单位将资产无偿划转所属企业的，由事业单位按照审批权限予以审批。接收资产的企业，其直接出资人或间接出资人必须全部为水利部所属事业单位及其全资企

业,否则不允许无偿划转;

(三)水利部所属事业单位资产无偿调出给其他中央部门所属单位的,按照有关规定并附双方协商一致意见书,由调出方和调入方分别报上级主管部门,最后由水利部和有关中央部委分别报财政部或国家机关事务管理局审批;

(四)水利部所属事业单位资产无偿调出给地方的,按照有关规定并附双方协商一致意见书,由调出方和调入方分别报上级主管部门,最后由水利部和地方财政厅分别报财政部审批。

第五十条 (办理要求)综合管理部门负责办理无偿划转审批手续,实施管理部门办理实物资产交接确认手续,财务部门根据批复文件进行账务处理。

第四节 出售、出让、转让

第五十一条 (处置方式)资产出售、出让、转让,除符合政策规定可协议转让外,应当通过产权交易机构、证券交易系统以及国家法律、行政法规规定的其他公开方式进行。

第五十二条 (出售价格)出售价格不应低于经备案的资产评估价值的90%,低于评估结果90%的应当暂停交易,报有权限审批单位或部门重新确认后方可进行交易。

第五节 置 换

第五十三条 (特别程序)资产置换按以下程序办理:

(一)预评估。资产财务处对拟置换资产进行预评估。

(二)集体决策。实施管理部门(单位)负责可行性研究,综合管理部门在预评估和充分论证的基础上,报小浪底管理中心决策。

(三)草签协议。相关部门在资产置换双方协商一致的基础上,根据授权书草签置换协议。

(四)上报批准。需要上报水利部审批的,综合管理部门准备审批材料并上报水利部审批。

(五)正式评估。资产财务处负责或委托实施管理部门(单位)聘请中介机构进行资产评估,并将评估结果报水利部备案,经备案的资产评估结果作为资产置换的价值基础。

(六)实施置换。实施管理部门(单位)负责办理交接、签字确认等手续,资产财务处进行相应账务处理。

第五十四条 (专业咨询)重大资产置换事项必要时可聘请专业律师或中介机构参与。

第六节 报 损

第五十五条 (损失分类)报损分为不可抗力致损和人为致损:不可抗力致损主要指由于发生无法预见、无法预防、无法避免和无法控制的事件,以致发生资产损失;人为致损主要指致损人故意或过失导致资产损失。

第五十六条 (报损鉴定)实物管理部门应当对损失的资产组织鉴定,向相关政府部门申请出具鉴定报告,如消防部门出具的受灾证明;公安部门出具的事故现场处理报告、车辆损失证明、被盗资产立案、破案和结案的证明等;房产部门的房屋毁损证明;锅炉、电梯等安检部门的检验报告等。

第五十七条　(人为损失责任)非正常损失的资产,使用部门、使用(保管)人应当及时将资产报损的原因向实物管理部门报告,由实物资产管理部门会同技术部门进行技术鉴定,落实资产丢失、毁损行为责任人,结合保险赔偿等因素,确定责任人应当承担的损失。

第七节　对外捐赠

第五十八条　(对外捐赠途径)捐赠的资产履行审批程序后,受赠方应提供同级财政部门统一印(监)制的捐赠收据;无法取得受赠方同级财政部门捐赠收据的,受赠方应当提供所在地城镇街道、乡镇等基层政府组织出具的证明。

第六章　产权登记与产权纠纷处理

第五十九条　(产权登记定义)产权登记是指国家对小浪底管理中心占有、使用的国有资产进行登记,依法确认国家对国有资产的所有权、占有权、使用权的行为。

第六十条　(产权登记)小浪底管理中心国有资产产权登记,由综合管理部门按照上级单位要求组织开展。

第六十一条　(产权纠纷处理)小浪底管理中心国有资产所有权、经营权、使用权等产权归属不清而发生争议,按以下原则处理:

(一)小浪底管理中心与其他国有单位之间发生的国有资产产权纠纷,由双方协商解决;协商不能解决的,可以向上级单位申请调解,调解不成的,报水利部、财政部调解或者依法裁定;

(二)小浪底管理中心与非国有单位或者个人之间发生的产权纠纷,小浪底管理中心提出拟处理意见,经水利部审核并报财政部同意后,与对方当事人协商解决。协商不能解决的,依照司法程序处理。

第七章　资产评估与资产清查

第六十二条　(需要评估情形)有下列情形之一的,资产财务处负责或委托实施管理部门(单位)聘请中介机构对相关的国有资产进行评估:

(一)取得的没有原始价值凭证的资产;

(二)整体或者部分改制为企业;

(三)以非货币性资产对外投资;

(四)合并、分立、清算;

(五)拍卖、有偿转让、置换国有资产;

(六)整体或者部分资产租赁给非国有单位;

(七)确定涉讼资产价值;

(八)法律、行政法规规定的其他需要进行评估的事项。

第六十三条　(不需要评估情形)有下列情形之一的,可以不进行资产评估:

(一)依据上级批复意见,整体或者部分资产无偿划转;

(二)下属事业单位之间合并、资产划转、置换和转让;

（三）其他不影响国有资产权益的特殊产权变动行为，报水利部确认可以不进行资产评估的。

第六十四条 （评估备案）资产评估项目涉及的经济行为按照规定报经批准后方可开展资产评估，评估结果由资产财务处负责向水利部备案。

第六十五条 （资产清查）资产清查由资产财务处提出申请并报水利部审核同意后实施。

第八章 资产信息管理与报告

第六十六条 （信息系统建设和使用）综合管理部门、实施管理部门（单位）按照国有资产管理信息建设的要求，建立资产管理信息系统，及时录入资产变动信息，做好国有资产统计和信息报告工作。

第六十七条 （资产财务报告）资产财务处按照规定的财务会计报告格式、内容及要求，对占有、使用的国有资产状况做出报告，对相关信息进行充分披露。

第九章 附 则

第六十八条 （未明确事项管理）本实施细则未明确的国有资产管理事项，按国家法律法规和小浪底管理中心相关规定执行，没有规定的由国有资产决策管理机构研究后执行。

第六十九条 （解释单位）本实施细则由资产财务处负责解释。

第七十条 （生效日期）本实施细则自印发之日起施行，原《水利部小浪底水利枢纽管理中心国有资产管理实施细则》（中心财〔2016〕8号）同时废止。

附件：《水利部小浪底水利枢纽管理中心国有资产管理实施细则》附表1-6

水利部小浪底水利枢纽管理中心
对外投资管理办法

（中心规计〔2018〕5号，2018年1月10日印发）

第一章 总 则

第一条 为了加强水利部小浪底水利枢纽管理中心（简称小浪底管理中心）对外投资管理，规范投资行为，防范投资风险，提高投资效益，实现对外投资资产的保值增值，根据国家有关法律、法规，结合小浪底管理中心实际，制定本办法。

第二条 本办法所称对外投资是指小浪底管理中心和黄河水利水电开发总公司、黄河小浪底水资源投资有限公司(简称所属公司,包括小浪底管理中心投资的其他企业)根据国家法律、法规,采用货币资金、实物、无形资产等方式,获得并准备长期持有被投资单位所有权、经营管理权及其他相关权益的活动。

第三条　对外投资应遵循下列原则:

1. 符合国家法律、法规及发展规划、产业政策;

2. 符合小浪底管理中心发展战略和发展总体规划;

3. 突出主业,有利于提高小浪底管理中心及所属公司的综合实力和核心竞争力;

4. 经充分研究论证,预期收益合理;

5. 投资规模与资产经营规模、资产负债水平和实际筹资能力相适应;

6. 决策程序完备。

第四条　对外投资形式包括设立、并购企业(具体包括新设、参控股、并购、重组、股权置换、股份增持或减持等),股权投资,委托管理等国家法律法规允许的投资形式。

小浪底管理中心不得买卖期货、股票,不得购买各种企业债券、各类投资基金和其他任何形式的金融衍生产品或进行任何形式金融风险投资;所属公司原则上不得进行上述投资;小浪底管理中心及所属公司不得有违反法律法规的其他投资行为。

第五条　对外投资由小浪底管理中心统一决策。规划计划处、所属公司分别负责小浪底管理中心、所属公司对外投资的具体管理,包括提出对外投资建议、制订投资方案、组织签订对外投资协议、对外投资的日常管理工作等。

第二章　对外投资决策

第六条　规划计划处、所属公司分别依据小浪底管理中心的发展总体规划、公司发展规划,以投资效益为导向,结合实际,提出小浪底管理中心或所属公司对外投资建议。

第七条　对外投资建议经出资单位决策同意进行下一阶段工作后,规划计划处或所属公司组织对投资对象进行调研、分析,制订对外投资方案。对外投资方案应包括但不限于:

1. 基本情况(投资背景、被投资标的情况、合作方情况);

2. 投资必要性分析;

3. 投资可行性分析;

4. 投资收益测算依据、方法和结果(测算结果应包括投资回收期、内含报酬率、净现值等基本指标);

5. 风险分析与风险防范措施(包括政策风险、管理风险、市场风险、财务风险、法律风险等方面);

6. 具体投资方案,包括经营目标、投资规模和资金来源、股权结构、税务筹划、资金支付方式、融资计划及投资安排、有关建议或意见等。

第八条　小浪底管理中心对外投资方案由规划计划处组织制订,会同资产财务处、建设与管理处充分论证后,500万元(含)以上对外投资方案报小浪底管理中心党委会决策,500万元以下的对外投资方案报小浪底管理中心党政联席会议决策。

第九条 所属公司对外投资方案制订完成并经充分论证后,按照《关于进一步推进国有企业贯彻落实“三重一大”决策制度的意见》(中办发〔2010〕17号)规定履行公司领导班子民主决策程序,将对外投资方案及公司领导班子民主决策材料报小浪底管理中心审批。

民主决策材料包括:会议纪要、决策过程完整的书面记录及对决策结果有不同意见的详细记录。民主决策过程的有关材料要归档备查(本办法凡涉及民主决策的同此要求)。

第十条 规划计划处组织,资产财务处、建设与管理处参加,对所属公司报送的对外投资方案进行审查,提出审查意见。3 000万元(含)以上对外投资方案报小浪底管理中心党委会决策,3 000万元以下的对外投资方案报小浪底管理中心党政联席会议决策。

第十一条 小浪底管理中心领导班子对投资方案进行民主决策。规划计划处负责将决策意见书面通知小浪底管理中心机关相关部门、所属公司。

对外投资方案同意实施的,在实施前,由规划计划处负责将可行性论证情况和民主决策意见报水利部审批或备案。

第十二条 对外投资以非货币性资产出资的,资产产权应归属清晰,按照国家有关规定进行资产评估和备案管理,出资作价原则上不应低于出资资产的评估价值;以承担债务方式出资的,应明确债务负担金额、清偿期限和清偿方式等。

第三章 对外投资实施管理

第十三条 对外投资方案经小浪底管理中心领导班子民主决策批准后,由出资单位负责组织拟定投资协议、章程、决议等相关法律文件。需要签订对外投资协议的,规划计划处或所属公司应在协议签订前报小浪底管理中心审批。

第十四条 为开发工程项目而进行的投资,由出资单位组织成立相应的投资项目管理机构或选派股东代表,对投资项目进行管理。所属公司应将经国家相关部门审批或核准的项目投资概算报小浪底管理中心备案。

第十五条 为开发工程项目而进行的投资,所属公司应在每季度第一个月15日前将上季度对外投资项目实施情况报告报小浪底管理中心。

第十六条 所属公司合并、分立、增加或减少注册资本、重组改制、产权转让、上市发债、再投资新办企业、其他重大投资、大额担保、中外合资合作、解散以及申请破产等关系国有资产出资人权益的重大事项,按以下程序和要求办理:

1. 所属公司进行充分论证提出可行性论证报告和方案,履行公司领导班子民主决策程序后报小浪底管理中心;

2. 小浪底管理中心相关部门按照职责分工,对所属公司报送的重大事项组织审查,提出审查意见;

3. 小浪底管理中心党委会对重大事项进行民主决策;

4. 重大事项同意实施的,在实施前,小浪底管理中心组织审查的部门负责将可行性论证情况和民主决策意见报水利部备案。

第十七条 所属公司全资子公司、控股公司重组改制、重大产权转让、上市发债、再投资新办企业、其他重大投资、大额担保、中外合资合作、引进战略投资者或财务投资人等关系国有资产出资人权益以及可能引发风险的重大事项,按以下程序和要求办理:

1. 所属公司进行充分论证提出可行性论证报告和方案,履行公司领导班子民主决策程序后报小浪底管理中心;

2. 小浪底管理中心相关部门按照职责分工,对所属公司报送的重大事项组织审查,提出审查意见;

3. 小浪底管理中心党委会对重大事项进行民主决策;

4. 重大事项同意实施的,在实施前,小浪底管理中心组织审查的部门负责向水利部报告。

第十八条　小浪底管理中心、所属公司(含其全资子公司)对外投资的独资企业发生以下重大事项,由小浪底管理中心相关职能部门或所属公司分别组织初审并提出意见,报小浪底管理中心审批。

1. 投资和融资计划;

2. 公司年度财务预算、决算方案;

3. 公司利润分配方案和弥补亏损方案;

4. 增加或减少注册资本;

5. 修改公司章程;

6. 公司解散、申请破产、清算;

7. 资产处置;

8. 招标方案;

9. 需要调整国家有关部门批复或批准的工程概算、预算;

10. 使用预备费;

11. 重大变更。重大变更是指项目建设规模、设计标准、总体布局、布置方案、主要建筑物结构形式、重要设备、重大技术问题的处理措施、施工组织设计等方面发生变化,对项目的质量、安全、工期、投资、效益产生重大影响的变更。重大变更的具体范围可参照项目所属行业有关重大变更的有关规定执行;

12. 重大质量问题、重大安全事故及其处理方案;

13. 公司涉及重大诉讼事项。

需要履行小浪底管理中心领导班子民主决策的事项,按照《水利部小浪底水利枢纽管理中心贯彻落实“三重一大”决策制度的实施细则》(中心党〔2017〕80号)执行。

第十九条　小浪底管理中心、所属公司(含其全资子公司)对外投资的参、控股公司需要股东会决策的以下重大事项,由小浪底管理中心相关职能部门或所属公司初审并提出股东意见,报小浪底管理中心审批。

1. 投资和融资计划;

2. 公司年度财务预算、决算方案;

3. 公司利润分配方案和弥补亏损方案；

4. 公司增加或减少注册资本；

5. 修改公司章程；

6. 公司解散、申请破产、清算；

7. 股东以其股权设定质押等他项物权；

8. 公司为公司股东提供担保；

9. 资产处置；

10. 招标方案(工程标招标估算价 1 000 万元以上，其他标招标估算价在 300 万元以上)；

11. 需要调整国家有关部门批复或批准的工程概算、预算；

12. 工程进度重要节点或里程碑日期调整；

13. 重大质量问题、重大安全事故及其处理方案；

14. 公司涉及重大诉讼事项。

需要履行小浪底管理中心领导班子民主决策的事项，按照《水利部小浪底水利枢纽管理中心贯彻落实“三重一大”决策制度的实施细则》(中心党〔2017〕80 号)执行。

第二十条　小浪底管理中心、所属公司(含其全资子公司)应加强对投资企业的财务监管与风险控制，严格对投资企业的年度审计和综合绩效评价，强化对外投资收益管理。

第四章　对外投资处置

第二十一条　对外投资处置形式主要包括清算回收投资、产权划转和产权转让等形式。清算回收投资是指依照法定程序对被投资单位实施解散清算并回收投资；产权划转是指将出资单位所持股权等权益无偿划转至其他主体；产权转让是指出资单位将有关股权等权益有偿转让给其他主体。

第二十二条　对外投资处置由出资单位组织编制对外投资处置方案，经所属公司初审后提出审查意见，报小浪底管理中心党委会决策。

第二十三条　对外投资处置方案应包括但不限于如下内容：

1. 处置的必要性与可行性；

2. 处置数量、处置方式、定价方法；

3. 处置的成本效益分析；

4. 涉及人员安置的对外投资处置，应列明人员安置具体措施；

5. 风险分析与应对措施。

第二十四条　所属公司(含其全资子公司)、所属公司对外投资的独资企业国有产权因管理体制改革、组织形式调整、资产重组等原因需要划转的，按照有关规定，可在所属公司内部、所属公司之间无偿划转，由所属公司报小浪底管理中心党委会决策。

第二十五条　经批准实施的产权转让事项，所属公司应当进行资产评估，评估结果报小浪底管理中心资产财务处备案。产权转让应在依法设立的产权交易场所公开进行交易，转让价格应以经备案的资产评估价值作为参考依据。符合《关于中央企业国有产权协议转让有关事项的通知》(国资发产权〔2012〕11号)有关规定的，可采取协议方式转让产权。

第五章　监督检查

第二十六条　小浪底管理中心机关各部门、所属公司(含其全资子公司)应严格履行对外投资管理职责，切实加强对外投资的事前、事中和事后管理，确保对外投资管理规范有序和国有资产保值增值。

第二十七条　小浪底管理中心相关部门按职责分工对对外投资管理、企业国有资产保值增值和重大事项报告情况等进行检查，对发现的问题及时制定整改措施并组织落实，形成监督检查及整改工作情况报告。

第二十八条　对外投资活动中，发现违反本办法规定的，小浪底管理中心对外投资主管部门将通过通报、约谈等方式督促整改；情节严重、导致重大损失或发现违规违纪问题，报小浪底管理中心纪检监察部门依照有关规定追究有关人员责任。

第六章　附　则

第二十九条　小浪底管理中心所属公司应参照本办法制定本公司的对外投资管理办法。

第三十条　本办法由规划计划处负责解释。

第三十一条　本办法自印发之日起施行，原《水利部小浪底水利枢纽管理中心对外投资管理办法》(中心规计〔2014〕5号)同时废止。

第五节　合同管理

一、合同业务综述

合同管理旨在规范合同管理中的各项具体工作，促进小浪底管理中心加强合同管理，以规避法律风险的发生，确保经济活动合法合规开展。

合同管理主要指小浪底管理中心与平等主体的自然人、法人、其他组织之间设立、变更、终止民事权利义务关系的协议。

二、合同管理机构、人员及主要职责

(1)中心领导：负责批准合同文件，直接或授权代理人签订合同，合同重大事项的审批等。

(2)合同管理部门：负责合同文件起草、报批、签订等，合同的日常履约管理，处理合同变更事宜，合同资料登记、归档等。

(3)项目管理部门(单位):负责合同文本相关内容的拟订、审核,合同履行时的计量管理,根据需要组织或参与合同验收,对合同结算支付进行审核。

(4)合同会签部门(单位):负责按职责分工对合同文件中的相关条款进行审查并提出会签意见等。

三、合同管理工作步骤

合同管理工作步骤见图 4-19。

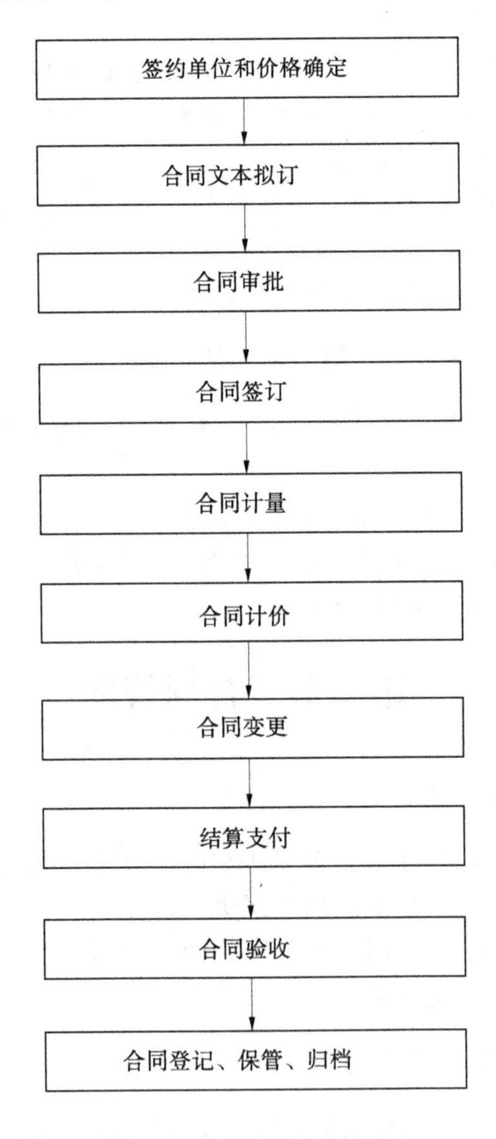

图 4-19　合同管理工作步骤

四、合同管理控制流程

合同管理控制流程见图4-20。

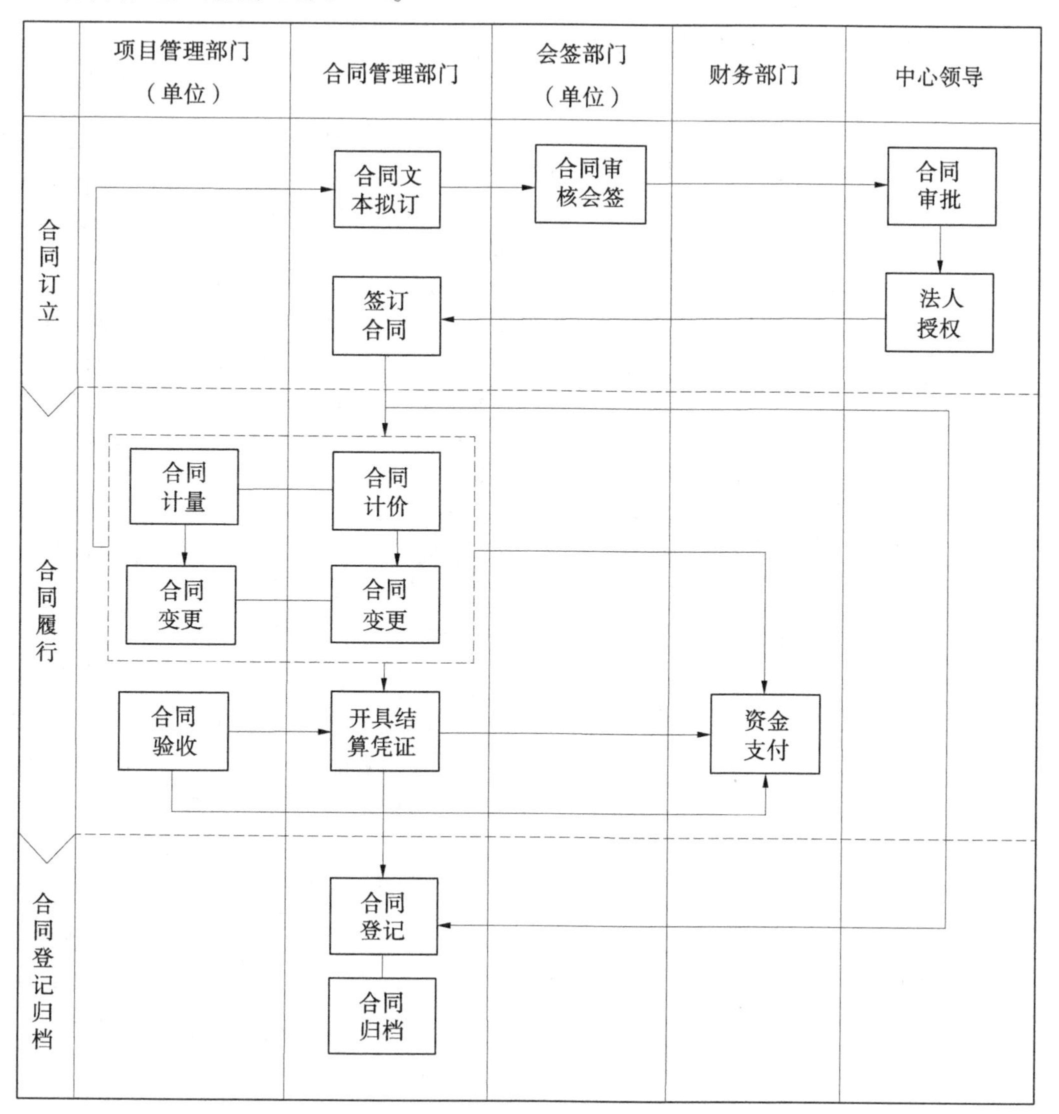

图4-20　合同管理控制流程

五、合同管理控制风险矩阵

合同管理控制风险矩阵见表4-10。

表 4-10 合同管理控制风险矩阵

流程	编号	关键环节	主要风险	控制措施	责任主体
合同订立	HT01	签约单位和合同价格确定	参考采购管理、对外投资管理相关内容	参考采购管理、对外投资管理相关内容	参考采购管理、对外投资管理相关内容
	HT02	合同文本拟订	合同条款存在缺陷	(1)依据审批的方案或文件拟订合同文本; (2)有条件时可制定标准合同文本	合同管理部门、项目管理部门(单位)
	HT03	合同审批	合同未按规定审批,合同内容存在缺陷	(1)建立不相容岗位分离机制,合同拟订、审核、批准实现分离; (2)建立合同会签机制,由相关部门参与合同会签; (3)根据需要聘请法律顾问审查	合同管理部门、合同会签部门(单位)、中心领导
	HT04	合同签订	合同签订未履行授权程序	由法人出具书面授权后签订合同	合同管理部门、中心领导
合同履行	HT05	合同计量	计量不准确	(1)由专人进行计量签认; (2)建立计量复核机制; (3)如有监理单位,由监理单位签认	项目管理部门(单位)
	HT05	合同计价	计价不准确	(1)由专人进行计价签认; (2)建立计价复核机制; (3)如有监理单位,由监理单位签认	合同管理部门
	HT06	合同变更	变更依据不充分,变更未履行审批程序	(1)变更前按规定履行批准程序; (2)变更计量、计价履行相应签认程序; (3)变更结果按规定履行批准程序	合同管理部门、项目管理部门(单位)
	HT07	结算支付	参见支出管理相关内容	参见支出管理相关内容	参见支出管理相关内容
	HT08	合同验收	参照资产管理、项目管理相关内容	参照资产管理、项目管理相关内容	参照资产管理、项目管理相关内容
合同登记归档	HT09	合同登记归档	合同登记和归档不及时、不完整	(1)由专人负责合同登记与归档; (2)严格按规定进行登记和归档	合同管理部门

水利部小浪底水利枢纽管理中心
合同管理办法

（中心规计〔2019〕18号，2019年12月10日印发）

第一章　总　则

第一条　为加强水利部小浪底水利枢纽管理中心（简称小浪底管理中心）的合同管理，维护国家、单位的合法权益，根据《中华人民共和国合同法》（简称《合同法》）及有关法律、法规，结合小浪底管理中心实际，制定本办法。

第二条　本办法适用于小浪底管理中心机关各部门、直属单位、所属公司（含其全资子公司、控股公司）签订的以下各类合同（劳动人事合同除外）：建设工程合同、买卖合同、供用电或水合同、赠与合同、借款合同、租赁合同、融资租赁合同、承揽合同、运输合同、技术合同、保管合同、仓储合同、委托合同等。

第三条　小浪底管理中心各部门（单位）签订合同必须采用书面形式。

第四条　订立合同必须遵守国家的法律法规，贯彻平等互利、协商一致、等价有偿的原则。

第五条　合同管理严格实行立项、招标、合同会签、法人授权、签字盖章、实施管理、验收移交、支付审签等程序，不得超越权限或擅自改变管理程序。

第六条　合同管理实行回避制，有关领导、合同经办人员与对方存在亲属关系或其他利益关系的应回避。

第七条　参与合同签订、管理的人员对合同信息承担保密义务。

第八条　小浪底管理中心、所属公司应分别建立健全合同管理机构，配备专职的合同管理人员。

第九条　合同管理实行责任制。合同签订部门（单位）应明确合同的具体责任人，负责合同的日常管理工作，包括（但不限于）合同准备及签订、变更处理、支付结算、沟通协调、参加验收移交、资料整理、合同执行情况报告编写等。

第二章　职责划分

第十条　法定代表人的职责

1. 审批合同文件；

2. 直接或授权代理人签订合同；

3. 负责合同重大事项的审批。

第十一条　小浪底管理中心合同主管部门

规划计划处为小浪底管理中心的合同主管部门,全面负责小浪底管理中心合同管理工作。主要职责为:

1. 宣传、贯彻《合同法》及有关法律、法规;

2. 规范合同文本,推广不同行业的标准合同文本格式;

3. 签订责任范围内的合同;

4. 办理小浪底管理中心机关部门、直属单位的合同支付有关事宜;

5. 指导、监督、检查合同签订、管理及履约情况;

6. 汇总合同台账;

7. 配合人事部门组织合同管理人员业务培训。

第十二条　合同签订部门(单位)

小浪底管理中心及所属公司负责各自职责范围内的合同签订及管理。规划计划处为小浪底管理中心机关部门、直属单位的合同签订部门,负责合同签订工作。对专业性强、时间紧急等特殊情况,经小浪底管理中心领导批准后可委托机关有关部门或直属单位为合同签订部门。合同签订部门主要职责为:

1. 审查签约条件,报批合同签订方式并组织实施;

2. 负责合同项目的招标、谈判、报批、合同文件起草、合同签订等工作;

3. 负责合同的日常管理,并定期核查合同项目的履约情况;

4. 处理合同项目的变更等事宜;

5. 负责合同资料归档;

6. 组织或参加合同纠纷的调解、仲裁或诉讼有关准备工作及善后工作。

第十三条　项目管理部门(单位)

小浪底管理中心及所属公司负责各自职责范围内的合同项目管理。项目管理部门(单位)主要职责为:

1. 负责合同项目立项,组织制订合同技术文件;

2. 按合同规定向承包单位提供履约所需的条件或资料,协调解决项目开工相关问题,审查批准项目开工申请;

3. 负责协调设计、监理、承包单位等各方关系;

4. 协调解决技术问题或合同问题;

5. 负责合同实施阶段的监督管理;

6. 审查承包单位支付申请资料;

7. 对合同变更提出审查或审批意见;

8. 负责组织或协调项目的相关验收。

小浪底管理中心项目管理部门根据机关各部门、直属单位职责分工确定。按照职责分工无法确定时,由规划计划处提出意见经小浪底管理中心领导批准后确定。

第十四条　合同会签部门(单位)的职责

1. 合同会签部门(单位)按职责分工,对合同文件中的相关条款进行审查并在2个工作日内提出会签意见;

2. 合同会签意见由部门(单位)主要负责人签署。主要负责人出差或其他原因不能签署意见时,可委托本部门(单位)其他人员签署。

第三章　合同订立

第十五条　签订合同的条件

1. 项目已列入年度投资计划、固定资产采购计划,或按照小浪底管理中心有关管理办法完成立项审批手续。

2. 技术方案、施工图或合同签订所需相关技术工作已完成并得到批准。

第十六条　签约单位的选择

签约单位的选择应严格遵循《中华人民共和国招标投标法》《中华人民共和国招标投标法实施条例》及有关配套法规的规定,符合招标条件的项目,应通过招标方式选择签约单位;不招标的项目,应按照小浪底管理中心、所属公司非招标采购方式管理办法选择签约单位。

第十七条　合同价的确定

1. 通过招标或其他竞争性方式选择签约单位的项目合同价按中标价或择优竞价确定。

2. 单一来源或直接委托方式选择签约单位的项目,合同价格应依据相关行业的定额、取费标准以及市场价格等协商确定。该合同价由合同签订部门(单位)负责审查、协商。合同价的审核应当经过审核、复核、批准等程序,协商谈判应有谈判人员的签字。

项目合同价或单个项目多个合同累计合同价超出批准的项目投资计划金额,合同签订部门(单位)在签订前应说明超出计划金额的原因,按照《水利部小浪底水利枢纽管理中心投资计划管理办法》规定的投资计划调整的程序和要求履行审批手续,并将合同文件及相关资料一起报送。

第十八条　合同文本

(一)重大、重要项目合同文本应采用相应行业的合同文件范本,其他项目可在相应合同文件范本基础上适当简化。

(二)合同一般包括以下条款:

1. 当事人的名称或者姓名和住所;

2. 标的;

3. 数量;

4. 质量;

5. 价款或者报酬;

6. 履行期限、地点和方式;

7. 违约责任;

8. 解决争议的方法。

(三)重要合同应要求对方提交合同履约保证金。

(四)在签订合同时,合同双方签订合同项目廉洁自律责任书。

(五)每一份合同应当有且仅有一个编号,不得重复或遗漏。小浪底管理中心及所属公司分别建立合同编号。

第十九条　合同的批准和签订程序

1. 合同签订部门(单位)将拟签订合同的承包单位、合同价款和合同期限等主要内容书面报部门(单位)分管负责人批准;

2. 拟签订的合同文本连同完整合同附件送合同有关部门(单位)依次会签;需要进行合法性审查的合同,在会签前,由合同签订部门(单位)提请常年法律顾问出具合法性审查意见;

3. 经会签的合同文本,送单位法定代表人签字或办理法人授权;

4. 批准的合同文本经双方法定代表人或委托代理人签字并加盖公章生效。要求对方提交合同履约保证金的,合同条款应规定在收到对方的合同履约保证金后合同才能生效。

第二十条　除应急抢险、涉及设备设施安全等紧急项目外,严禁先实施后签合同。

第四章　合同履行阶段管理

第二十一条　合同实施过程中,项目管理部门(单位)应明确履行合同的具体责任人和相应权限。合同管理相关人员只能在权限范围内履行职责,超出权限范围的事项,要及时按程序报批。

第二十二条　严禁合同转包、违法分包。如需分包,必须符合国家及行业允许分包的有关规定,且在合同条款中要明确分包范围与内容、发包人对分包的审批要求等。转包、违法分包等违法行为认定查处按照国家及行业有关规定执行。

第二十三条　采购、验收、计量及支付等业务应分别由不同人员承担。

第二十四条　合同变更处理

1. 对外投资项目的合同变更处理按照《水利部小浪底水利枢纽管理中心对外投资管理办法》执行。

2. 小浪底管理中心机关、直属单位重大项目发生重大变更、累计变更金额超过合同价款20%或单项变更金额超过60万元的,其他项目变更累计金额超过60万元的,由项目管理部门(单位)向合同签订部门(单位)提交项目变更报告,由合同签订部门(单位)在10个工作日内提出审查意见。变更导致项目计划投资调整超过100万元(含)的报小浪底管理中心主任办公会决策,不超过100万元的变更及其他项目变更,报小浪底管理中心分管合同领导、主要负责领导审批。

3. 所属公司重大、重要项目发生重大变更,由所属公司向小浪底管理中心提交项目变更报告,规划计划处组织审查,建设与管理处参加,在10个工作日内提出审查意见。变更导致项目计划投资调整超过500万元(含)的报小浪底管理中心主任办公会决策,不超过500万元的报小浪底管理中心分管合同领导、主要负责领导审批。所属公司其他项目的变更,应履行内部审批、决策程序。

重大变更是指项目建设规模、设计标准、总体布局、布置方案、主要建筑物结构形式、重要设备、重大技术问题的处理措施、施工组织设计等发生重大调整,对工程的质量、安全、工期、投资、效益产生重大影响的变更。重大变更的具体范围参照项目所属行业有关重大变更的规定执行。

需要报批的变更报告主要内容包括:变更原因及必要性、变更技术方案、变更费用、变更分析、变更程序、变更结果，变更后的技术方案、变更价格确定文件（包括证明材料）、报送单位对变更的审查意见等。所属公司还要附公司领导班子民主决策材料，民主决策材料包括：会议纪要、决策过程完整的书面记录及对决策结果有不同意见的详细记录。

第二十五条　合同实施中发生变更，应严格按照本办法、所属公司合同管理相关规定及合同规定的程序、标准和要求处理，任何人不得违反程序和权限进行合同变更。合同变更要先履行审批、决策程序再实施。

第二十六条　补充协议的签订

1. 小浪底管理中心机关各部门、直属单位签订的合同在履行过程中，累计变更金额超过合同价款20%或单项变更金额超过60万元的，应签订补充协议。补充协议签订程序与原合同签订程序相同。

2. 小浪底管理中心所属公司根据本公司实际自行确定合同变更处理程序、签订补充协议的条件、标准。

第二十七条　项目管理部门（单位）应严格按照合同和国家相关规程规范组织合同执行过程中的相关验收和签认，及时办理各项书面验收和签认手续，按要求进行归档。

第二十八条　合同价款支付程序

小浪底管理中心机关部门、直属单位签订的合同按照以下程序办理合同支付：

1. 基建项目，由承包单位按照规定的格式报送投资完成情况表、支付申请表及相关资料；非基建项目由承包单位按照合同要求的支付条件提出书面支付申请；

2. 监理单位（如果有）和项目管理部门（单位）审核项目完成情况（有工程量的合同应当审核工程量）、支付条件后签署审查意见并加盖公章，并报合同主管部门，审查意见要有项目总监或部门（单位）负责人签字；

3. 合同主管部门审查支付条件、支付金额后，开具合同价款支付凭证。合同支付凭证由经办人、部门负责人签字，分管合同领导、主要负责人签字批准后交财务部门；

4. 财务部门审核支付凭证，按规定办理支付。

所属公司参照本条并结合公司实际明确相应的支付程序。

第二十九条　合同支付应按照合同规定的条件、程序、时间等执行，不得违反合同办理支付，也不得无故拖延办理支付。

第三十条　合同项目的竣工验收及缺陷责任期满验收按照小浪底管理中心相关验收管理办法执行。

第五章　合同文件管理

第三十一条　合同一般要有两份正本，不超过十份副本。

第三十二条　合同正本、附件和合同签订前审批、签订后履行形成的原始资料均应归档。

合同签订前审批资料包括（但不限于）立项资料、招标文件、投标文件、评标报告、会签记录、法人授权书等；合同签订后履行资料包括（但不限于）实施方案、来往信函、支付结算资料、变更资料、索赔资料等。

合同签订部门（单位）、项目管理部门（单位）、监理单位、财务部门按照合同管理职责分别将以上资料移交档案部门。

第三十三条 合同签订部门(单位)应在合同签订后5个工作日内在小浪底综合数字办公平台的投资管理系统中完成合同签订相关信息的输入,并及时更新合同支付结算信息,项目管理部门(单位)负责合同履行过程中建设管理相关信息的输入、更新。输入人员应保证输入信息、数据的全面、准确、客观,需要保密的信息除外。

第六章 监督检查

第三十四条 规划计划处负责组织对所属公司签订的合同每半年或不定期监督、检查,所属公司应积极配合。对监督检查发现的问题,所属公司应及时整改,并向小浪底管理中心提交整改情况报告。

第三十五条 合同监督检查包括(但不限于)以下内容:

1. 按照水利部有关水利工程合同监督检查办法的规定和要求进行监督检查,并对发现的问题按照其分类标准进行认定。规划计划处、建设与管理处按照职责分工负责相应监督检查内容;

2. 立项手续是否齐全;

3. 按国家相关法规及小浪底管理中心有关管理办法,应该招标的项目是否进行招标;招标、评标过程及相关的招标评标文件是否符合规定程序和要求;不需要招标的项目,实施单位的选择、合同价款的确定是否合理等;

4. 合同文件的完整性、公正性、合法性;合同是否按规定履行了会签程序等;

5. 是否按合同规定履行职责、义务;

6. 合同签订及履行信息输入、更新等情况;

7. 竣工验收过程中遗留的问题是否得到及时处理;

8. 合同资料归档是否及时、齐全等。

第七章 奖　惩

第三十六条 按照水利部有关水利工程合同监督检查办法的规定和要求,对监督检查发现合同问题的责任单位发书面整改通知并实施责任追究。责任单位应建立问题台账,明确整改措施、时限、责任部门和责任人等,限期组织整改落实。

第三十七条 合同签订部门(单位)要根据合同对方及其工作人员违反合同项目廉洁自律责任书规定的实际情况及造成的后果,取消或终止项目合同,向其要求合理经济赔偿,并将有关情况报告小浪底管理中心;小浪底管理中心、所属公司将合同对方列入小浪底管理中心、所属公司"黑名单",至少三年内不得进入小浪底管理中心、所属公司建设市场,并将其违反廉洁自律规定等市场主体信用信息报告水利部或地方人民政府。

第三十八条 有下列情形之一,情节严重造成较大经济损失(影响)或扩大经济损失的,由小浪底管理中心纪检监察部门按有关规定对相关部门(单位)和责任人给予经济处罚或党纪、政纪处分,构成犯罪的移交司法机关依法追究相关法律责任。

1. 不按国家规定及本办法规定签订合同;

2. 超越授权或滥用授权签订合同;

3. 签订有重大缺陷合同造成较大损失；

4. 除应急抢险、涉及设备设施安全等紧急情况外，先实施后签合同；

5. 发生纠纷后，隐瞒或不及时向有关领导报告、或处理不及时造成损失扩大的；

6. 不履行重大变更管理程序；

7. 在合同签订或履行当中，与对方或第三人恶意串通或收受贿赂；

8. 由于主观过错，给单位带来重大经济损失；

9. 泄漏商业秘密或有关机密；

10. 私自刻制或擅用公章；

11. 使用非法手段签订合同；

12. 利用合同进行犯罪活动。

第三十九条　对在合同管理工作中成绩突出、消除重大合同隐患及避免或挽回经济损失者给予表彰或奖励。

第八章　附　则

第四十条　小浪底管理中心所属公司应参照本办法制订本公司的合同管理办法。

第四十一条　本办法由规划计划处负责解释。

第四十二条　本办法自印发之日起施行，原《水利部小浪底水利枢纽管理中心合同管理办法》（中心规计〔2019〕12号）同时废止。

水利部小浪底水利枢纽管理中心
立项、采购、招标及合同管理
监察工作实施办法

（中心监〔2015〕5号，2015年8月19日印发）

第一章　总　则

第一条　为进一步强化对项目立项、物资采购、招标投标及合同管理等的监察，推动水利部小浪底水利枢纽管理中心（简称枢纽管理中心）各相关工作更加规范、有序进行，根据《中华人民共和国招标投标法》及其实施条例、《中华人民共和国政府采购法》，水利部《水利工程建设项目招标投标管理规定》和《关于对水利工程建设项目招标投标监察工作的实施意见》等有关法规制度，结合实际，制定本办法。

第二条　开展项目立项、物资采购、招标投标及合同管理监察，旨在推动建立“公开、透明、规范、有效”的工作机制及相互约束的制衡机制，有效防范各种风险。

第三条 对项目立项、物资采购、招标投标及合同管理等的监察在枢纽管理中心统一领导下，由监察部门依照相对独立的原则开展，重点对在政策、法规、程序等方面以及具体工作当中是否存在不当行为或违纪、违规、违法问题进行监察，是对相关责任部门（单位）及人员监督的再监督。监察部门的监察工作不替代项目、采购、招标、合同等的监督管理部门（单位）的监督、检查和管理。

第四条 项目立项、物资采购、招标投标及合同管理监察工作，针对项目立项、物资采购、招标投标及合同管理等的前期工作、招标投标、评标、中标及合同签订、合同执行、验收等环节采取以下四种方式进行：

1. 事前监察。对相关责任部门（单位）及人员贯彻政策法规、执行制度规定、履行程序义务等进行事前监察。

2. 事中监察。对相关责任部门（单位）及人员在专家选取、开标、评标、合同谈判及签订、合同执行及项目验收等工作环节中依法依规情况，有重点地进行现场监察或过程监察。

3. 事后监察。依据有关问题线索、信访举报等，有针对性地对相关责任部门（单位）及人员依法依规情况或存在的问题开展监察。

4. 专项监察。针对特定事项开展专项监督检查。

根据实际工作需要及有关安排，上述四种方式主要采取跟踪了解、列席相关会议、资料备案备查、座谈、约谈、调阅审核相关资料等方法，定期或不定期，有选择、有针对性地组织开展，可以单独进行，也可合并进行。

第二章　监察工作范围和职责

第五条 本办法规定的监察范围包括枢纽管理中心机关、直属单位及所属公司的项目立项、物资采购、招标投标及合同管理等。其中，枢纽管理中心监察部门负责对枢纽管理中心作为项目法人的所有项目立项、物资采购、招标投标及合同管理，以及所属公司重大项目、重要采购的立项、招标评标及合同管理等进行监察；所属公司监察部门负责对本公司及全资子公司、控股公司全部项目立项、物资采购、招标投标及合同管理等进行监察。枢纽管理中心监察部门对所属公司重大项目、重要采购的监察不替代所属公司内部监察工作。

第六条 监察部门在监察过程中履行以下职责：

1. 监察当事人的行为是否依法合规，工作程序是否符合规定，及时针对项目立项、物资采购、招标投标及合同管理等过程中存在的问题，向责任部门（单位）及人员提出监察意见或决定，并督促整改落实。

2. 受理投诉和举报。

3. 按照有关规定，调查核实项目立项、物资采购、招标投标及合同管理等过程中发生的各类违规违纪行为和问题，提出处理意见报请枢纽管理中心批准后执行。

4. 根据有关要求和实际工作需要，组织开展专项监察，提出监察建议。

第七条 监察部门及人员在履行监察职责过程中，相关实施、管理、参与等部门（单位）及人员应根据要求和工作进展情况，及时向监察部门及人员提交以下有关文件和材料，并如实提供相关情况。

1. 立项决策审批相关材料。

2. 项目招标及采购相关文件，招标、评标日程安排，评标委员会确定，招标公告及发布，邀请招标或其他方式采购的文件材料等。

3. 合同及其变更相关文件材料。

4. 验收相关报批材料。

5. 其他有关材料。

第八条　监察部门在监察过程中不得越权干预或无故影响招标、采购和合同管理等活动的正常组织开展，不得泄露知悉的保密事项，不得作为评标委员会成员直接参与评标，不得作为采购成员直接参与采购活动。对监察部门正常组织开展监察工作，相关部门（单位）及人员应给予积极配合，并如实、及时提供相关资料、文件和情况。部门（单位）及人员（包括监察部门及人员）违反上述规定，造成后果及影响的，依据有关规定给予严肃处理。

第九条　项目招标及采购监察工作结束后，监察部门应出具专题监察报告。专项监察结束后，监察部门应形成专项监察报告。

第三章　前期监察重点内容

第十条　在立项程序方面，重点监察项目立项是否符合国家政策和枢纽管理中心的规定，决策程序是否依法合规、手续是否齐全。

第十一条　在招标、采购方式方面，重点监察依法必须招标的是否采取招标方式，应公开招标的是否公开招标；是否通过化整为零、分标过细或者以其他方式规避招标；是否按照规定将采购方式履行了审批手续；是否按照批准的方式进行采购招标；是否按要求利用枢纽管理中心采购与招标电子平台进行采购招标（国家、行业、地方政府部门规定应进入相应招标投标交易场所进行交易的项目除外）。

第十二条　在招标、采购文件方面，重点监察是否有以不合理的条件限制或者排斥潜在投标人，以及要求或者标明特定的生产供应者的内容；评标标准与方法是否列入招标文件、是否合理、是否向所有潜在投标人公开；资格预审、招标文件中对投标人的资格要求是否与招标项目规模、标准相符，是否存在无故提高或降低资质标准将工程发包给不具备相应资质的单位承担的问题；资格预审文件、招标文件发售期、发售到递交的时间间隔、中标候选人公示时间等是否严格按招投标法规执行。

第十三条　在商业地产房屋出租方面，重点监察责任部门（单位）在房屋出租前是否聘请专业技术鉴定部门审核或社会中介机构评估鉴定，招租实施过程中是否存在串标、围标问题。

第十四条　在招标、采购公告方面，重点监察公告发布的媒介是否属国家或水利部指定的媒介、公告内容是否完整准确。

第十五条　在标底编制方面，重点监察标底编制过程及结果在开标前是否保密、标底（或招标控制价、标底产生办法）是否唯一等。

第十六条　在投标人资格审查方面，重点监察是否按照有关资格预审文件对投标人的资格进行审查。

第四章　投标和开标监察重点内容

第十七条　监察招标人或招标代理机构是否按规定的投标截止时间终止接收投标文件。

第十八条　监察有效投标人是否满足三个以上的要求。

第十九条　监察开标时间与接收投标文件的截止时间是否为同一时间，开标地点是否为招标文件中预先确定的地点。

第二十条　监察拟定的开标程序是否体现合法、公开、公平、公正的原则。

第二十一条　监察招标人或招标代理机构是否按照法定程序当场进行以下检查：

1. 投标法人或其授权代表的合法身份。

2. 投标人递交的投标文件的密封情况。

3. 投标文件中的投标函是否加盖投标人企业及企业法人印章，或是否出具企业法人委托代理人合法、有效的授权委托书原件及委托代理人印章。

4. 投标人是否按照招标文件的要求提供投标保函或投标保证金。

第二十二条　监察是否按程序进行公开唱标，并确保每个投标人递交的投标文件全部当场拆封宣读。设有标底（或者标底产生办法）的，是否当场宣布标底（或者标底产生办法）。

第五章　评标监察重点内容

第二十三条　监察选取的评标地点是否符合封闭式评标要求。

第二十四条　对评标纪律的监察

1. 招标人或招标代理机构是否制定明确的评标纪律。

2. 在进驻评标地点后，评标委员会主任是否宣读或明示评标纪律。

3. 评标是否严格执行封闭式管理，指定活动范围，人员是否擅自离开指定的活动区域。

4. 评标开始前是否由招标人或招标代理机构收缴和封存所有相关人员的通信工具。确需对外联系的，是否征得同意，并当场联系。

第二十五条　对评标专家选聘和评标委员会的监察

1. 评标委员会人数是否符合规定；专家是否在枢纽管理中心采购与招标电子平台评标专家库中随机抽取（进入地方或行业招标投标交易场所的项目除外）；评标委员会专业组成及比例是否符合规定；招标人代表是否至少有一人为熟悉招标项目情况的副处级或以上职务人员。

2. 评标委员会成员名单的产生时间是否符合有关规定；评标委员会成员名单在中标结果确定前是否保密，并实行泄密问责制。

3. 专家评委的产生是否根据专业分工从符合规定的评标专家库中随机抽取产生（技术特别复杂、专业性要求特别高或者有特殊要求的招标项目，采取随机抽取方式确定的专家难以胜任的除外）。

4. 最终选聘的评标专家是否具有必需的技术资格、是否符合回避制度的要求。

第二十六条　对评标过程的监察

1. 评标程序是否符合有关规定。

2. 评标办法及评分标准是否与招标文件一致，是否存在增加或超越评审（标）程序、提高或降低评审（标）标准和办法等进行评审（标）的问题。

3. 招标人或招标代理机构是否采取必要措施，保证评标在严格保密的情况下进行。

4. 评标结束后，评标委员会是否出具评标报告，评标报告的讨论及通过、中标候选人的推荐及其排序是否符合有关规定。

第六章　中标及合同订立监察重点内容

第二十七条　监察招标人是否按要求对中标候选人进行公示（不少于3天）。

第二十八条　监察招标人是否在规定的时间内向中标人发出中标通知书，并将中标结果通知所有未中标的投标人。

第二十九条　监察招标人是否进行合同谈判（包括采取竞争性谈判、询价、单一来源等非招标方式选取服务单位情况），合同谈判过程是否合规。

第三十条　监察招标人是否在规定的时间内与中标人按照招标文件和中标人的投标文件订立书面合同。订立合同标的、价款、质量、履约期限等是否违背招标文件和中标人投标文件的实质内容；招标人和中标人是否再订立背离合同实质性内容的其他协议。

第三十一条　监察是否存在先实施后签订合同问题（应急抢险等项目除外）；合同签订和合同实施管理是否满足非同一部门的要求。

第七章　合同执行监察重点内容

第三十二条　在合同管理方面，监察是否违法分包，是否存在以专业或劳务分包名义实施非法转包和违法分包，分包单位是否具有相应的资质和能力。

第三十三条　在合同变更方面，监察是否严格按照规定的程序、标准和要求进行处理和审批，是否存在不当程序、行为或问题。

第三十四条　在合同工程量认定方面，监察是否严格按合同规定及有关程序履行相关签认和审核程序；是否存在不当程序、行为或问题。

第三十五条　在合同结算方面，监察是否严格按照合同规定的条件、程序、时间等执行；是否严格落实结算经办、审核和批准程序；验收、计量签认和结算职责是否相互分开；是否存在不当程序、行为或问题。

第八章　验收监察重点内容

第三十六条　重点监察项目是否按规定组织验收，是否存在不当程序、行为或问题。

第九章　举报及处罚

第三十七条　监察部门常设举报电话和举报信箱，受理对项目立项、物资采购、招标投标、合同执行中违纪违法行为的举报投诉。

第三十八条　在监察过程中发现问题，监察部门有权现场责令相关部门（单位）及人员立时整改。情节较重、可能造成较大不良影响或后果的，经报请枢纽管理中心相关领导批准同意后，及时下达监察意见书或监察决定书。

第三十九条 对项目立项、物资采购、招标投标、合同管理等的各类违法违纪问题的投诉检举,监察部门应当及时受理,认真调查核实,提出处理意见。重大事项和问题及时上报。

第四十条 对在项目立项、物资采购、招标投标、合同管理等过程中,相关责任部门(单位)及工作人员(包括监察人员)出现违规违纪行为和问题,一经查实,按照有关规定和干部管理权限给予相应责任部门(单位)和责任人诫勉谈话、通报批评、公开检讨、降低绩效考核奖金等级、停职检查、调离工作岗位、降职、撤职、解除聘用(劳动)合同等党纪政纪处分。涉嫌违法的移交司法机关处理。

第十章 附 则

第四十一条 所属公司要结合实际建立健全相关制度和办法,强化监督,促进公司项目立项、物资采购、招标投标及合同管理等工作合法、有序、规范进行,重要事项要及时报告枢纽管理中心。枢纽管理中心监察部门对所属公司监察工作要加强指导、监督和检查。

第四十二条 本办法由枢纽管理中心监察部门负责解释。

第四十三条 本办法自印发之日起施行,原《水利部小浪底水利枢纽管理中心招标及集中采购监察工作实施办法》(中心监〔2013〕2 号)同时废止。

第六节 项目管理

一、项目管理综述

项目管理旨在规范项目管理中的各项具体工作,促进小浪底管理中心加强项目管理,以规避法律风险的发生,确保建设项目活动合法合规地开展。

项目管理主要指小浪底管理中心实施的新建、大修、技术改造、更新改造、科研、咨询服务等项目管理。

二、项目管理机构、人员及主要职责

(1)集体决策机构:负责项目立项、初步设计与概算、投资计划等决策。

(2)项目归口管理部门:负责项目立项、可行性研究、初步设计等管理;负责项目实施监管;根据规定组织项目验收等。

(3)项目管理部门(单位):负责项目具体实施管理等。

(4)相关审查机构:负责项目建议书、可行性研究、初步设计与概算等的审查。

(5)投资管理部门:负责初步设计概算、投资计划等管理。

(6)合同管理部门:负责项目实施阶段合同管理等。

(7)财务部门:负责办理项目结算支付,对竣工财务决算进行管理等。

三、项目管理工作步骤

项目管理工作步骤见图 4-21。

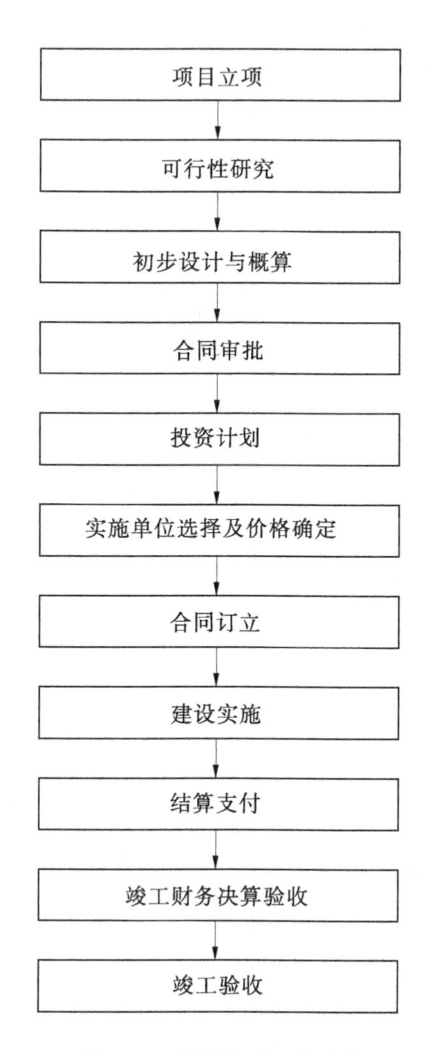

图 4-21　项目管理工作步骤

四、项目管理控制流程

项目管理控制流程见图 4-22。

五、项目管理控制风险矩阵

项目管理控制风险矩阵见表 4-11。

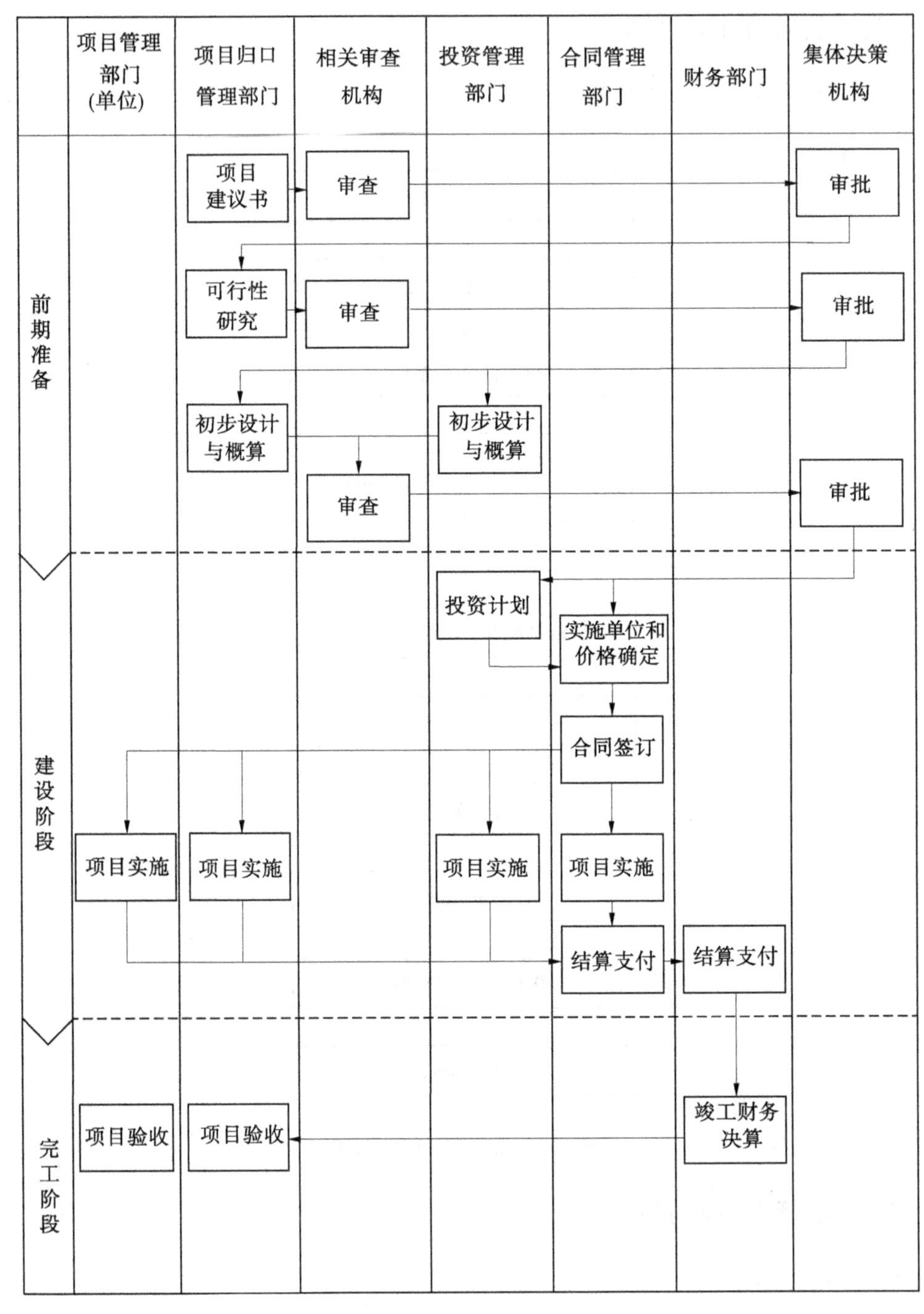

图 4-22　项目管理控制流程

表 4-11　项目管理控制风险矩阵

流程	编号	关键环节	主要风险	控制措施	责任主体
前期准备	XM01	项目立项	(1)项目风险、前景、效益等未充分论证; (2)未按规定履行审批程序	(1)加强前期调研和论证,必要时聘请专业机构进行尽职调查; (2)按规定履行内部决策程序和审批程序	项目归口管理部门、集体决策机构
	XM02	可行性研究	(1)项目未进行可行性研究或研究深度不够; (2)未按规定履行审批程序	(1)按规定编制和审查可行性研究报告; (2)建立不相容岗位分离机制,项目建议、可行性研究、立项决策分离	项目归口管理部门、相关审查机构
	XM03	初步设计与概算	(1)项目设计单位资质和能力未达到要求; (2)设计深度不够,概预算脱离实际	(1)按照规定选择设计单位; (2)建立审查机制,组织相关部门进行审查,也可聘请专业咨询机构进行审查	投资管理部门、项目归口管理部门、集体决策机构
建设阶段	XM04	投资计划	未列入投资计划或投资计划执行偏差较大	按规定执行投资计划管理,计划偏差较大时履行相应的管理程序	投资管理部门、项目归口管理部门、项目管理部门(单位)、集体决策机构
	XM05	实施单位选择及价格确定	参照采购管理相关内容	参照采购管理相关内容	参照采购管理相关内容
	XM06	合同订立	参照合同管理相关内容	参照合同管理相关内容	参照合同管理相关内容
	XM07	建设实施	(1)未签合同先施工; (2)项目管理人员配置不到位; (3)进度达不到合同要求,现场出现质量、安全等问题; (4)项目计量、计价不准确; (5)合同变更处理依据不充分,费用不合理,程序不完整	(1)严格履行先签合同后施工程序; (2)配备充足的专业管理人员,加强现场进度、投资、质量安全等监管; (3)建立计量、计价复核制度,有监理的需监理对计量、投资进行审核; (4)严格履行变更审批程序	项目管理部门(单位)项目归口管理部门、合同管理部门
	XM08	结算支付	参照支出管理相关规定	参照支出管理相关规定	参照支出管理相关规定
完工阶段	XM09	竣工财务决算(如需要)	未按规定完整、准确编制竣工财务决算并履行相应的审批程序	按规定编制竣工财务决算和履行审批程序	财务部门
	XM10	竣工验收	项目验收、档案归档不及时、不规范,资产不能及时交付和使用	按相关规定办理项目验收和资产交付	项目归口管理部门、项目管理部门(单位)

六、相关制度

水利部小浪底水利枢纽管理中心规划管理办法

(中心规计〔2013〕1 号,2013 年 3 月 29 日印发)

第一章　总　则

第一条　为加强水利部小浪底水利枢纽管理中心(简称枢纽管理中心)规划管理,提高决策和管理水平,提升决策效果和投资效益,促进枢纽管理中心的可持续发展,制定本办法。

第二条　枢纽管理中心机关各部门、直属单位、所属公司编制和实施的相关规划,适用本办法。

第三条　本办法所称规划一般是指期限五年或五年以上的中长期规划。

第四条　规划编制应当坚持可持续发展、经济效益与社会效益相结合的原则,注重对资源和环境的保护,因地制宜、突出特点、合理利用,提高枢纽管理中心的社会、经济和环境效益。

第五条　规划计划处为枢纽管理中心的规划主管部门。枢纽管理中心各部门(单位)按照各自职责分工负责相应的规划管理工作。

第二章　规划分类

第六条　枢纽管理中心机关各部门、直属单位负责编制并组织实施枢纽管理中心发展总体规划和技术、安全、人力资源、文化等专业规划。

第七条　枢纽管理中心所属公司负责编制并组织实施公司发展规划、区域规划和专业规划。公司发展规划是指黄河水利水电开发总公司(简称开发公司)及黄河小浪底水资源投资有限公司(简称投资公司)发展规划。区域规划主要是指小浪底水利枢纽和西霞院反调节水库管理区的规划。专业规划是指枢纽管理中心所属公司针对相关业务编制的专项规划。

第三章　规划编制和审批

第八条　枢纽管理中心发展总体规划由规划计划处负责组织编制,枢纽管理中心各专业规划由枢纽管理中心机关各部门、直属单位按照职责分工分别组织编制。枢纽管理中心所属公司的规划由各公司分别组织编制。

第九条　规划编制采用自行编制或委托有相应资质、能力的咨询单位编制的方式。

第十条　枢纽管理中心专业规划,所属公司发展规划、区域规划及相应的专业规划应与枢纽管理中心发展总体规划相衔接,不得与枢纽管理中心发展总体规划相抵触。

第十一条　规划编制完成后,由规划编制部门(单位)报枢纽管理中心,经规划计划处组织审查后报枢纽管理中心批准。

第四章　规划实施

第十二条　规划经枢纽管理中心批准后的2个月内,规划编制部门(单位)组织编制规划实施计划,报枢纽管理中心备案。

第十三条　规划实施责任部门(单位)应严格按照批准的规划组织实施,确保规划的严肃性、约束力。

第十四条　规划编制部门(单位)每年应组织编制年度规划实施情况报告,于次年1月底前报枢纽管理中心。

第十五条　规划期限到达或规划内容基本完成后,规划原编制部门(单位)负责组织编制规划实施总结报告,于规划期限到达或规划内容完成后的3个月内报枢纽管理中心。

第五章　规划调整

第十六条　规划实施过程中,发展方向、规划目标、任务或保障措施等发生重大变化,需要对规划进行调整时,规划原编制部门(单位)负责组织编制规划调整方案,按原规划审批程序报批。

第六章　附　则

第十七条　枢纽管理中心所属公司应参照本办法制订本公司的规划管理办法。

第十八条　本办法由规划计划处负责解释。

第十九条　本办法自印发之日起施行。

水利部小浪底水利枢纽管理中心
投资计划管理办法

(中心规计〔2019〕13号,2019年9月4日印发)

第一章　总　则

第一条　为加强水利部小浪底水利枢纽管理中心(简称小浪底管理中心)投资计划管理工作,充分发挥投资效益,增强投资计划对项目建设、生产运行和经营管理工作的指导作用,提高投资计划管理的科学性,保证投资计划的有效实施,制定本办法。

第二条　投资计划管理实行滚动编制、统一审批、分工负责的管理机制,即投资计划的编制实行年度计划、建议计划和框架计划三年滚动的方式。规划计划处为小浪底管理中心投资计划的主管部门,负责汇总并组织审查投资计划报小浪底管理中心批准,小浪底管理中心机关各部门、直属单位(简称中心机关及直属单位)、所属公司负责职责范围内的计划申报和实施管理工作。

第三条　三年投资滚动计划中的年度计划、建议计划、框架计划分别是指三年滚动周期中第一个、第二个、第三个年度的投资计划。

年度投资计划是年度项目实施的依据,列入年度投资计划的项目需要编制完成相当于初步设计报告深度的技术文件。项目管理部门应严格按照年度投资计划确定的项目、实施方案、年度实施内容及目标、年度投资组织项目实施,完成项目年度任务及投资。

建议计划是下一个三年滚动周期年度计划项目开展前期工作及申报的重要依据,列入建议投资计划的项目需编制完成至少相当于可行性研究报告深度的技术文件。

框架计划是下一个三年滚动周期建议计划项目开展前期工作及申报的重要依据,列入建议投资计划的项目需要编制完成至少相当于项目建议书深度的技术文件。

上述项目前期工作文件可以合并编制,直接达到相当于初步设计的深度。

第四条　列入小浪底管理中心投资计划管理的项目包括:

1. 小浪底管理中心机关及直属单位、黄河水利水电开发总公司(简称开发公司,含其全资子公司、控股公司)、黄河小浪底水资源投资有限公司(简称投资公司,含其全资子公司、控股公司)计划投资在30万元(含)以上的基建项目、20万元(含)以上的科研与咨询服务项目、30万元(含)以上的维修维护类长期项目(不包括开发公司、投资公司自行组织实施的维修维护类项目);

2. 小浪底管理中心、开发公司、投资公司的对外投资项目;

基建项目是指新建、大修、技术改造、更新改造、绿化、环境保护等项目;

科研项目是指科学研究项目;

咨询服务项目是指规划、勘察、设计、技术咨询、软件开发等项目;

维修维护类长期项目是指生产经营建筑物及设施的维修维护、内外部监测、辅助管理和公共事务管理等项目。

第五条　列入小浪底管理中心投资计划管理的项目分为重大项目、重要项目、一般项目和维修维护类长期项目。

重大项目是指小浪底管理中心机关及直属单位计划总投资200万元(含)以上的项目,所属公司计划总投资3 000万元(含)以上的基建项目、500万元(含)以上的科研和咨询服务项目;对外投资项目;小浪底管理中心明确的其他重大项目。

重要项目是指所属公司计划总投资800万元以上(含)的基建项目;计划总投资200万元以上(含)的科研项目、咨询服务项目;小浪底管理中心明确的其他重要项目。

一般项目是指除重大项目、重要项目和维修维护类长期项目以外的项目。

第六条　所属公司向小浪底管理中心报送的审批事项,在报送前要履行公司领导班子民主决策程序,并将决策材料作为报批文件附件。其他事项应履行公司内部审批、决策程序。

第七条　小浪底管理中心、所属公司领导班子民主决策材料包括:会议纪要、决策过程完整的书面记录及对决策结果有不同意见的详细记录。民主决策过程的有关材料要归档备查。

第八条　所属公司控股公司向小浪底管理中心报送的审批事项,经审批后应按规定履行公司相关决策程序。

第二章　职责划分

第九条　小浪底管理中心投资计划主管部门为规划计划处,主要职责为:

1. 宣传、贯彻投资计划管理的有关法规、政策、文件;

2. 起草、制订小浪底管理中心投资计划管理相关制度;

3. 组织投资计划项目技术文件的审查、批复；组织投资计划及调整文件的审查、批复或下达；

4. 组织制订小浪底管理中心机关及直属单位投资计划的实施计划，对所属公司实施计划等备案管理；

5. 对投资计划的实施进行指导、监督和检查。

第十条　小浪底管理中心机关及直属单位、所属公司按照各自职责分工，负责职责范围内投资计划项目的申报和实施管理，为投资计划项目管理部门或单位（简称项目管理部门）。项目管理部门的主要职责为：

1. 组织编制项目建议书、可行性研究报告、初步设计、施工图设计等各阶段技术文件，组织审查并履行报批程序；

2. 申报项目投资计划，履行报批程序；

3. 编制三年投资滚动计划实施计划（仅适用所属公司）；

4. 组织、协调计划项目的开工，负责开工后的实施管理；

5. 报送计划项目执行情况信息；

6. 申请投资计划调整，履行报批程序。

第十一条　小浪底管理中心机关及直属单位基建、技术服务类项目管理部门为建设与管理处，宣传、广告、文化建设类项目管理部门为党群工作处，规划类项目管理部门为规划计划处，涉及小浪底水库、西霞院水库水政监察及库区管理的项目管理部门为库区管理中心，其他项目按职责分工由机关各部门及直属单位分别负责。

第三章　投资计划决策与审批

第十二条　投资计划项目技术文件的决策、审批权限划分如下：

1. 小浪底管理中心机关及直属单位项目

500万元（含）以上的重大项目相当于可行性研究报告深度的技术文件由小浪底管理中心党委会决策，相当于初步设计深度的技术文件由小浪底管理中心分管计划的领导审批；500万元以下的重大项目相当于可行性研究报告深度的技术文件由小浪底管理中心主任办公会决策，相当于初步设计深度的技术文件由小浪底管理中心分管计划的领导审批；重大项目相当于项目建议书深度的技术文件、一般项目的所有技术文件由小浪底管理中心分管部门领导审批。

重大项目初步设计概算超过可行性研究报告批准的投资估算百分之十的，或者项目性质、建设地点、规模与标准、技术方案等发生重大变更的，500万元（含）以上的重大项目由小浪底管理中心党委会决策，500万元以下的重大项目由小浪底管理中心主任办公会决策。

2. 所属公司项目

重大项目相当于可行性研究报告深度的技术文件由小浪底管理中心党委会决策，相当于初步设计深度的技术文件由小浪底管理中心分管计划的领导审批；重要项目相当于可行性研究报告深度的技术文件由小浪底管理中心分管计划的领导审批，相当于初步设计深度的技术文件由公司领导班子民主决策；重大、重要项目相当于项目建议书深度的技术文件、一般项目的所有技术文件由所属公司按照公司管理办法履行审批、决策程序。

重大、重要项目初步设计概算超过可行性研究报告批准的投资估算百分之十的，或者项目性质、建设地点、规模与标准、技术方案等发生重大变更的，分别由小浪底管理中心党委会、主任办公会决策或分管计划的领导审批。

3. 小浪底管理中心机关及直属单位200万元以下、所属公司3 000万元以下的非生产性房屋建筑新建、改建、扩建的项目建议书、可行性研究报告由小浪底管理中心主任办公会决策。初步设计报告由小浪底管理中心分管计划的领导审批。

前期工作文件合并编制的项目，应提请具有按照本条规定的前期工作决策、审批权限的最高决策、审批机构决策、审批。

第十三条　三年投资滚动计划和小浪底管理中心机关及直属单位100万元(含)以上、所属公司500万元(含)以上的投资计划调整报小浪底管理中心党委会决策，其他调整报小浪底管理中心分管投资计划领导、主要负责领导审批。

第十四条　小浪底管理中心和所属公司年度计划招标方案提请小浪底管理中心主任办公会决策。

第十五条　小浪底管理中心机关及直属单位三年投资滚动计划的实施计划报小浪底管理中心分管计划的领导批准，所属公司三年投资滚动计划的实施计划报小浪底管理中心备案。

第十六条　小浪底管理中心机关及直属单位重大、重要项目竣工结算结果报分管领导审批，所属公司重大、重要项目竣工结算结果报小浪底管理中心备案。

第十七条　小浪底管理中心机关、直属单位和所属公司重大项目竣工决算报小浪底管理中心主任办公会决策，审计报告报小浪底管理中心党委会决策。

第四章　投资计划项目管理程序

第十八条　重大项目、重要项目管理程序

重大项目管理程序为：

1. 项目管理部门将项目相当于可行性研究报告及初步设计深度的技术文件报小浪底管理中心审批；

2. 需要向水利部报批、备案或报告的项目，经小浪底管理中心领导班子民主决策后，按照管理中心内部部门职责分工，由相关部门将技术文件和民主决策意见报水利部；

3. 项目管理部门将项目列入三年投资滚动计划报小浪底管理中心；

4. 小浪底管理中心组织审查后下达或批复；

5. 项目管理部门编制年度投资计划项目招标方案报小浪底管理中心审批；

6. 项目管理部门编制实施计划，报小浪底管理中心审批或备案；

7. 中标结果审批或备案；

8. 项目发生重大变更、使用预备费、调整投资计划，履行审批手续；

9. 项目管理单位委托有资质的中介机构对竣工结算(不包括重要科研项目、咨询服务项目)进行审核，报小浪底管理中心审批或备案；

10. 组织竣工决算编制和竣工审计，报送小浪底管理中心审批；

11. 竣工验收。

重要项目管理程序不包括本条第10款，其他同重大项目管理程序。

第十九条　一般项目管理程序

1.项目管理部门将项目申请及技术文件履行小浪底管理中心或所属公司内部审批程序后,纳入三年投资滚动计划报小浪底管理中心;

2.小浪底管理中心组织审查后下达或批复;

3.项目管理部门编制年度投资计划项目招标方案报小浪底管理中心审批;

4.项目管理部门编制实施计划,报小浪底管理中心审批或备案;

5.中标结果审批或备案;

6.项目发生重大变更(不包括所属公司项目)、使用预备费、调整投资计划报小浪底管理中心审批;

7.竣工结算和竣工验收。

第二十条　维修维护类长期项目管理程序

1.项目管理部门将项目列入三年投资滚动计划报小浪底管理中心;

2.小浪底管理中心组织审查后下达或批复;

3.项目管理部门编制年度投资计划项目招标方案报小浪底管理中心审批;

4.中标结果审批或备案;

5.项目使用预备费、发生超计划投资报小浪底管理中心审批;

6.组织验收和结算。

第五章　投资计划项目前期工作

第二十一条　投资计划项目前期工作一般包括项目建议书、可行性研究报告、初步设计。项目前期工作各阶段技术文件,以相关法律法规、设计规程、技术标准、批准的规划和上一阶段设计文件为依据。

第二十二条　项目前期工作技术文件应满足以下要求:

1.基建项目相当于初步设计深度的技术文件应当符合国家、行业的有关规定和要求,明确建设地点、内容、规模、标准、主要材料、设备规格和技术参数等设计方案、施工组织设计、进度安排、投资概算、资金筹措方案等;科研及咨询服务项目任务书要明确项目名称、项目背景、研究目标及任务、技术路线、主要工作内容、预期成果、组织管理与进度安排、投资概算等;

2.基建项目相当于可行性研究报告深度的技术文件应当符合国家、行业的有关规定和要求,对项目建设背景、必要性、技术可行性和经济合理性、方案比选、节能、生态环境影响、风险等进行全面分析论证,明确建设内容、规模、标准、进度安排、投资估算、资金筹措方案,落实各项建设和运行保障条件,并按照有关规定取得相关许可、审查意见。文件编制格式、内容和深度应当达到规定要求;科研及咨询服务项目工作大纲应包括项目名称、主要内容、完成主要方式、所需时间、预期目标、投资估算等;

3.基建项目相当于项目建议书深度的技术文件要对项目建设的必要性、建设条件、主要建设内容、拟建地点、拟建规模、投资匡算、资金筹措及社会效益和经济效益等进行初步分析,并附相关文件资料。文件编制格式、内容和深度应当达到规定要求;科研及咨询服务项目选题报告应明确选题、拟达到的目的、初步设想和投资匡算等。

第二十三条　对涉及安全,技术较复杂,投资较大或国家、行业规定应当由具备相应资质的咨询机构编制技术文件的项目,应委托具备相应资质的咨询机构或设计单位编制。重大、重要项目可行性研究报告、初步设计完成后,项目管理部门应组织专业机构或专家咨询、审查。

第二十四条 项目管理部门须在每年的9月15日前,将列入下一个三年投资滚动计划项目及需审批的技术文件报小浪底管理中心。

第六章 投资计划编制

第二十五条 三年投资滚动计划的编制应坚持围绕中心、立足规划、科学安排、重点突出、注重效益的原则。

第二十六条 各部门(单位)应根据国家政策、规划和项目前期工作情况,按项目的轻重缓急和总体进度安排编制本部门(单位)的三年投资滚动计划,并于每年10月15日前将计划申报资料报小浪底管理中心。

第二十七条 上一年度继续实施的维修维护类长期项目在申报时仅需列出具体的项目名称和计划金额(计划金额有调整的,应说明原因、依据和相应的技术方案);新增的维修维护类长期项目要列出项目名称、内容、主要工程量、进度安排、计划金额等,并附上相应的技术方案。其他项目的申报,应满足以下条件。

1. 申报列入下一个年度计划的项目应已列入当年小浪底管理中心下达或批复的建议计划,其中:

(1)重大项目相当于初步设计报告深度的技术文件已经小浪底管理中心批准;

(2)所属公司重要项目相当于初步设计报告深度的技术文件已经公司批准;

(3)小浪底管理中心机关及直属单位一般项目相当于初步设计深度的技术文件经分管计划的领导批准。所属公司一般项目相当于初步设计报告深度的技术文件已经公司批准。

2. 申报列入下一个年度建议计划的项目应已列入当年小浪底管理中心下达或批复的框架计划,其中:

(1)重大项目相当于可行性研究报告深度的技术文件已经小浪底管理中心领导班子民主决策同意;

(2)所属公司重要项目相当于可行性研究报告深度的技术文件已经小浪底管理中心分管计划的领导批准;

(3)小浪底管理中心机关及直属单位一般项目相当于可行性研究报告深度的技术文件已经分管计划的领导批准。所属公司一般项目相当于可行性研究报告深度的技术文件经公司批准。

3. 申报列入下一个年度框架计划的项目,小浪底管理中心机关及直属单位项目相当于项目建议书深度的技术文件已经项目管理部门分管领导批准。所属公司项目相当于项目建议书深度的技术文件经公司批准。

4. 申报列入下一个年度计划、建议计划的项目如未列入当年小浪底管理中心下达或批复的建议计划、框架计划中,应说明增加项目的原因和依据,并按照项目前期工作程序履行审批手续。

第二十八条 申报三年投资滚动计划时应报送以下材料:

1. 三年投资滚动计划汇总表;

2. 列入年度计划的项目报送申请报告、申报审批表、基建项目相当于初步设计深度的技术文件、科研及咨询服务项目任务书、对外投资项目投资方案及相关审批文件；

3. 列入建议计划的项目报送基建项目相当于可行性研究报告深度的技术文件、科研及咨询服务项目工作大纲、对外投资项目项目建议书及相关审批文件；

4. 列入框架计划的项目报送基建项目相当于项目建议书深度的技术文件、科研及咨询服务项目选题报告、对外投资项目项目建议书及相关审批文件。

申报材料深度和质量达不到要求的项目，一般不得列入投资计划。

第二十九条　规划计划处组织，资产财务处、建设与管理处参加，对三年投资计划包括申报文件、履行程序的完备性等进行审查，提出审查报告，报小浪底管理中心决策同意后下达或批复项目管理部门(单位)。

第七章　年度计划实施管理

第三十条　在年度计划下达或批复后21日内，项目管理部门(单位)编制年度计划项目的招标方案，规划计划处汇总审查后履行决策、审批程序。

第三十一条　在年度计划下达或批复后35日内，规划计划处负责编制小浪底管理中心机关及直属单位三年投资滚动计划的实施计划报小浪底管理中心批准，所属公司编制本单位三年投资滚动计划的实施计划报小浪底管理中心备案。

第三十二条　项目管理部门(单位)应严格按照年度实施计划组织年度计划项目的实施。

第三十三条　项目管理部门(单位)应组织在小浪底综合数字办公平台的投资管理系统中及时输入、更新投资计划执行过程中产生的实时信息，保证相关信息、数据的全面、准确、客观。下一年1月底前将前一年年度投资计划执行情况包括取得的经验、存在的问题等书面报小浪底管理中心。

第三十四条　年度投资计划发生项目增减、项目计划投资或进度需要调整的，按以下程序和要求办理：

1. 年度投资计划外新增项目，由项目管理(部门)单位按投资计划审批程序和申报材料要求提出新增项目的申报材料报小浪底管理中心。

2. 年度投资计划项目不再实施的，项目管理部门(单位)应说明原因并提出处理意见报小浪底管理中心。

3. 重大、重要项目投资计划发生变化且超出计划投资时，项目管理部门(单位)将变化后的技术方案、计划投资调整情况报小浪底管理中心；其他项目发生变化且超出计划投资时，项目管理部门(单位)将变化的原因、计划投资调整情况报小浪底管理中心。

4. 年度投资计划需要进行总体调整时，项目管理部门将调整后的投资计划、新增项目和总投资发生变化的项目技术方案(初步设计)等文件报小浪底管理中心。年度投资计划调整申请应于当年8月31日前报小浪底管理中心。

上述调整，由小浪底管理中心规划计划处组织资产财务处、建设与管理处提出审查意见，按照第十三条的规定履行决策、审批程序。

第三十五条　重要项目(不包括科研项目、咨询服务项目)、重大项目完工后，项目管理部门(单位)委托有资质的中介机构对项目完成总投资进行评审，项目管理部门(单位)

根据评审意见提出竣工结算意见。小浪底管理中心机关及直属单位的竣工结算结果报分管领导审批,所属公司的竣工结算结果报小浪底管理中心备案。

第三十六条　重大项目竣工验收前,资产财务处负责小浪底管理中心机关及直属单位重大项目竣工决算编制和组织竣工审计,履行决策、审批手续;所属公司负责公司重大项目竣工决算编制和组织竣工审计,将审计报告报小浪底管理中心,由资产财务处复核后履行决策、审批手续。小浪底管理中心机关及直属单位、所属公司要按批准后的审计意见进行整改。

第三十七条　涉及安全、防汛、抢险等特殊情况的项目,项目管理部门(单位)应按投资计划审批程序报小浪底管理中心审批。紧急情况下,项目管理部门(单位)可先组织实施并及时向小浪底管理中心报告,项目实施完成后28日内,项目管理部门(单位)将项目建设方案和预算报小浪底管理中心审批,列入年度投资计划。

第三十八条　小浪底管理中心投资计划主管部门组织对投资计划执行情况每月开展现场督查,每季度召开工作例会,每半年进行全面检查,督促、指导项目管理部门(单位)落实年度投资计划目标、任务,及时协调、督促解决投资计划执行过程中存在的问题。

第八章　建议计划和框架计划管理

第三十九条　列入建议计划和框架计划的项目,项目管理部门应按照实施计划组织开展项目前期工作,达到相应阶段深度后立即履行审批程序。

第四十条　严格控制年度计划和建议计划新增项目。各部门(单位)申报列入下一个年度计划、建议计划的项目(不含对外投资项目)数量原则上分别不得超过当年小浪底管理中心下达的建议计划、框架计划项目数量(不含对外投资项目)的130%(含)。申报单位应说明新增项目的原因,项目的前期工作应达到相应阶段的深度。

第九章　奖　惩

第四十一条　在投资计划管理中,出现未按规定时间和要求提交投资计划申报材料,申报材料深度、质量未达到要求,不按时报送实施计划,不及时填报、更新投资计划管理信息,投资计划调整未按规定程序报批,年度计划、建议计划新增项目数量超出规定的限额,未完成年度计划任务等情况的,小浪底管理中心投资计划主管部门将通过发监管函、开展约谈等方式进行督查督办,并将相关情况纳入部门(单位)季度绩效考核、年度绩效考核或公司经营业绩考核中进行处罚。发现违规违纪问题,报小浪底管理中心纪检监察部门处理。

第十章　附　则

第四十二条　小浪底管理中心所属公司应参照本办法制订本公司的投资计划管理办法。

第四十三条　本办法由规划计划处负责解释。

第四十四条　本办法自印发之日起施行,原《水利部小浪底水利枢纽管理中心投资计划管理办法》(中心规计〔2018〕2号)同时废止。

附件:1. 水利部小浪底水利枢纽管理中心三年投资滚动计划汇总表

2. 水利部小浪底水利枢纽管理中心项目申报审批表

3. ________年度实施计划表

4. ________年建议计划实施计划表
5. ________年框架计划实施计划表
6. ________年年度投资计划执行情况汇总表

水利部小浪底水利枢纽管理中心
信息化项目建设管理办法(试行)

(中心办〔2019〕50号,2019年12月31日印发)

第一章　总　则

第一条　为进一步加强水利部小浪底水利枢纽管理中心(简称小浪底管理中心)信息化项目建设管理,规范信息化项目建设工作,保证项目建设质量,依据《水利信息化建设与管理办法》(水信息〔2016〕196号)与《水利部小浪底水利枢纽管理中心基建项目管理办法》(中心建管〔2019〕10号),结合小浪底管理中心实际,制定本办法。

第二条　信息化项目建设原则是:服务生产,需求主导;创新引领,成熟应用;整合共享,保障安全。

第三条　信息化项目应基于小浪底管理中心现有统一的网络、云计算服务和数据中心基础设施设备,统一使用已有的存储、数据交互、云GIS等服务,原则上不新购硬件设备或基础软件(除需专网和专业设备的工控系统、视频监控等特殊项目)。

第四条　本办法适用于小浪底管理中心《智慧小浪底建设规划报告》中规划的项目及其他管理、生产过程中的信息化项目建设管理。

第二章　机构与职责

第五条　小浪底管理中心网络安全与信息化管理委员会(简称网信委)是小浪底管理中心信息化项目建设领导机构。网信委下设办公室(简称网信办),承担网信委的日常工作。其中信息化方面的技术支持由信息中心提供。

第六条　信息化项目建设管理部门负责项目的立项申报、实施、验收和移交等。

第三章　项目前期

第七条　项目建设管理部门应按照《水利部小浪底水利枢纽管理中心投资计划管理办法》相关要求开展项目前期工作。

第八条　信息化项目审批前,规划计划部门就项目建设的必要性、设计方案等方面征求网信办意见。

第九条　项目建设管理部门按照国家网络安全等级保护(简称等保)相关要求对信息化项目进行系统网络安全定级,报网信办审批备案。

第十条 信息化项目采购应按照小浪底管理中心有关规定执行，同等条件下应选取行业领先、成熟并符合国家国产化政策导向的软硬件产品。

第四章 项目实施

第十一条 信息化项目建设管理部门应按照批复的设计方案组织项目实施，如需变更设计方案应征求网信办意见。

第十二条 项目建设管理部门应定期组织相关部门、人员召开会议，解决项目执行过程中存在的问题。

信息化项目主体建设任务完成后应进行系统试运行，试运行时间原则上不少于3个月。系统正式上线运行前，应进行恶意代码和漏洞扫描。

第十三条 根据项目实施进度，项目管理单位应要求项目实施单位提交软硬件产品电子文档。提交的文档主要包括：

(1)生产厂家授权文件、入网许可证、产品合格证等；

(2)设备设施出厂测试报告；

(3)《软件需求规格说明书》；

(4)《软件设计说明书(含数据库设计说明、接口设计说明)》；

(5)数据字典和二次开发源代码；

(6)《系统测试方案(含软件测试说明及测试用例)》；

(7)《系统测试报告》(含系统压力测试及全功能测试)；

(8)《试运行报告》；

(9)《系统说明书》；

其中三、四、五项只适用于软件类项目。

第五章 项目验收

第十四条 信息化项目竣工验收前，项目管理单位应对等保定级为三级及以上的系统进行等保测评，测评合格方可进行竣工验收。

信息化项目竣工验收后，建设成果应报网信办备案，并按照《水利部小浪底水利枢纽管理中心信息资源共享管理办法》要求进行数据资源申报，接入数据交互平台，实现数据共享。

第十五条 信息化项目验收时，项目验收组织部门通知网信办参加。

第六章 监督检查

第十六条 项目建设监管部门对信息化项目进行检查时，通知网信办参加。

第十七条 网信办将对信息化项目建设管理工作开展日常监督和检查，对不符合本办法规定的项目责令限期整改。

第七章 附 则

第十八条 本办法由网信办负责解释。

第十九条 本办法自印发之日起施行。

第五章　内部控制评价与监督

第一节　内部控制自我评价

一、内部控制自我评价综述

内部控制评价旨在确保内部控制自我评价有效实施，明确相关部门(单位)在内部控制自我评价中的职责权限，并规范相关程序、方法和要求。

内部控制自我评价是指由主要负责人负责，对内部控制有效性进行评价，形成评价结论并出具评价报告的过程。评价主要目的是通过内部控制自我评价发现内部控制的高风险点和薄弱环节，有针对性地修补管控过程的漏洞，从而实现内部控制的不断完善。

二、内部控制自我评价关注重点

(一)单位层面内部控制自我评价重点

1. 内部控制工作的组织情况

关注内部控制主管部门(单位)是否已经确定、是否建立各部门(单位)在内部控制中的沟通协调和联动机制、在组织及人员方面是否有充分的保障等。

2. 内部控制机制的建设情况

关注经济活动的决策、执行、监督是否有效分离；关注权责机制、议事决策机制、岗位责任制、内部监督等机制是否健全有效。

3. 内部管理制度的完善情况

关注内部管理制度是否健全有效，是否明确经济活动流程、岗位职责和审批权限。

4. 内部控制关键岗位工作人员的管理情况

关注是否建立工作人员的培训、评价、轮岗等机制，工作人员是否具备相应的资格和能力等。

5. 财务信息的编报情况

关注是否按照国家统一的会计制度对经济业务进行账务处理，是否按照国家统一的会计制度编制财务会计报告，是否能够真实、全面、准确地反映所有经济活动。

6. 其他情况

关注其他与经济活动风险有关的制度安排和机制设计。

(二)业务层面内部控制自我评价重点

1. 预算管理情况

预算管理情况包括但不限于在预算编制过程中各部门(单位)间沟通协调是否充分，预算编制与资产配置是否相结合、与具体工作是否相对应；是否按照批复的额度和开支范围执行预算，进度是否合理，是否存在无预算、超预算支出等问题；决算编报是否真实、完整、准确、及时等。

2. 收支管理情况

收支管理情况包括但不限于收支是否按照“收支两条线”管理，是否合法、真实办理各项经济业务，是否对支付依据的合法性、真实性、准确性、完整性进行审核，是否按照资金管理内部控制程序办理资金支付等。

3. 采购管理情况

采购管理情况包括但不限于是否按照预算和计划组织采购业务，是否按照规定组织采购活动，是否按照规定保存政府采购业务相关档案等。

4. 资产管理情况

资产管理情况包括但不限于是否实现资产归口管理并明确使用责任，是否明确资产使用部门职责并有效履行，是否定期对资产进行清查盘点，是否按照规定处置资产等。

5. 合同管理情况

合同管理情况包括但不限于是否实现合同归口管理，是否明确应签订合同的经济活动范围和条件；是否有效监控合同履行情况，是否建立合同纠纷协调机制等。

6. 项目管理情况

项目管理情况包括但不限于项目审批手续是否合法、完整，项目投资、进度、质量、安全是否到位，项目验收和资产交付是否及时、准确、完整等。

7. 其他情况

在业务层面还存在与经济活动风险有关的其他制度安排、内部控制措施设计及执行情况。

三、内部控制自我评价工作组织与分工

为了保证内部控制评价的客观性和公正性，保证决策权、执行权、监督权的相互制约、相互协调，内部控制自我评价机构与内部控制建设机构相对独立。内部控制自我评价工作需小浪底管理中心领导班子高度重视和大力支持，确保内部控制自我评价的权威性。

小浪底管理中心主要负责人对内部控制自我评价承担最终责任，对内部控制自我评价报告的真实性负责。内部控制自我评价由负责纪检、监察、审计的中心领导负责，并成立跨部门（单位）的内部控制评价机构，在授权范围内组织、领导、监督自我评价工作，也可以委托具有专业能力的中介机构实施内部控制评价。

四、自我评价方法与程序

内部控制自我评价综合运用个别访谈、调查问卷、专题讨论、穿行测试、实地查验、抽样和比较分析等方法，充分收集内部控制设计和运行是否有效的证据，按照评价的具体内容，如实填写评价工作底稿，研究分析内部控制缺陷。

内部控制自我评价程序一般包括：制订评价工作方案、组成评价工作组、实施现场测试、汇总评价结果、编报评价报告等。概括而言，主要分为以下几个阶段。

（一）准备阶段

1. 制订评价工作方案

内部控制自我评价机构根据日常监督与专项监督情况和管理要求，分析经济活动管理过程中的高风险领域和重要业务事项，确定检查评价方法，制定科学合理的评价工作方案，经主要负责人批准后实施。评价工作方案需明确评价主体范围、工作任务、人员组织、进度安排和费用预算等相关内容。评价工作方案既可以以全面评价为主，也可以根据需要采用重点评价的方式。

2. 组成评价工作组

评价工作组是在内部控制自我评价机构领导下，具体承担内部控制检查评价任务。内部控制自我评价机构根据经批准的评价方案，挑选具备独立性、业务胜任能力和职业道德素养的评价人员实施评价。

（二）实施阶段

（1）评价工作组了解小浪底管理中心基本情况，沟通组织文化和发展战略、组织机构设置及职责分工、领导班子成员构成及分工等基本情况。

（2）确定检查评价范围和重点：评价工作组根据掌握的情况进一步确定评价范围、检查重点和抽样数量，并结合评价人员的专业背景进行合理分工，检查重点和分工情况可以根据需要进行适时调整。

（3）开展现场检查测试：评价工作组根据评价人员分工，综合运用各种评价方法对内部控制设计与运行的有效性进行现场检查测试，按要求填写工作底稿、记录相关测试结果，并对发现的内部控制缺陷进行初步认定。

（三）汇总评价结果、编制评价报告阶段

（1）评价工作组汇总评价人员的工作底稿，初步认定内部控制缺陷，形成现场评价报告。评价工作底稿须进行交叉复核签字，并由评价工作组负责人审核后签字确认。评价工作组将评价结果及现场评价报告在小浪底管理中心进行通报，由相关责任人签字确认后，提交内部控制自我评价机构。

（2）内部控制自我评价机构汇总各评价工作组的评价结果，对工作组现场初步认定的内部控制缺陷进行全面复核、分类汇总；对缺陷的成因、表现形式及风险程度进行定量或定性的综合分析，按照对控制目标的影响程度判定缺陷等级。

（3）内部控制自我评价机构以汇总的评价结果和认定的内部控制缺陷为基础，综合内部控制工作整体情况，客观、公正、完整地编制内部控制评价报告，并报送小浪底管理中心领导班子。

（四）报告反馈和跟踪阶段

对于认定的内部控制缺陷，内部控制自我评价机构结合小浪底管理中心领导班子要求，提出整改建议，要求及时整改并跟踪其整改落实情况，已经造成损失或负面影响的，追究相关人员的责任。

五、自我评价报告内容要点

小浪底管理中心每年至少应该进行一次全面性自我评价，以每年年末作为年度内部

控制自我评价报告的基准日，于基准日后一定时间内与审计报告一同报出内部控制自我评价报告。内部控制评价报告是内部控制评价的最终体现，内部控制评价对外报告一般包括以下内容：

(1)小浪底管理中心领导班子声明：小浪底管理中心领导班子对报告内容的真实性、准确性、完整性承担个别及连带责任，保证报告内容不存在任何虚假记载、误导性陈述或重大遗漏。

(2)内部控制自我评价工作的总体情况：明确内部控制自我评价工作的组织、领导体制、进度安排。

(3)内部控制自我评价的依据：说明开展内部控制自我评价工作所依据的法律法规和规章制度。

(4)内部控制自我评价的范围：描述内部控制自我评价所涵盖的部门(单位)，以及纳入评价范围的业务事项和重点关注的高风险领域。内部控制自我评价的范围如有所遗漏的需说明原因，以及其对内部控制自我评价报告真实完整性产生的重大影响等。

(5)内部控制自我评价的程序和方法：描述内部控制自我评价工作遵循的基本流程，以及评价过程中采用的主要方法。

(6)内部控制效果分析：分析内部控制实施后，对小浪底管理中心各项业务与内部管理提升的促进作用。

(7)内部控制缺陷及其认定：描述适用内部控制缺陷具体认定标准，并声明与以前年度保持一致或做出的调整及相应原因；根据内部控制缺陷认定标准，确定评价期末存在的重大缺陷、重要缺陷和一般缺陷，并对缺陷进行分析，阐述发生原因与源头，提出详细的整改方式与计划。

(8)内部控制缺陷的整改情况：对于评价期间发现、期末已完成整改的重大缺陷，阐述整改结果。对于评价期末存在的内部控制缺陷，阐述拟采取的整改措施及预期效果。

(9)内部控制有效性的结论与完善对策：对不存在重大缺陷的情形，出具评价期末内部控制有效结论；对存在重大缺陷的情形，不得做出内部控制有效的结论，需描述该重大缺陷的性质及其对实现相关控制目标的影响程度，以及可能给小浪底管理中心未来运行带来的相关风险。自内部控制评价报告基准日至内部控制评价报告发出日之间发生重大缺陷的，需责成内部控制评价机构予以核实，并根据核查结果对评价结论进行相应调整，说明拟采取的措施。无论内部控制是否有效，都需针对内部控制建设中遇到的障碍与问题提出建议。

六、自我评价缺陷整改

对于认定的内部控制缺陷，及时采取整改措施，切实将风险控制在可承受度之内，并落实有关机构或相关人员的整改责任。

内部控制自我评价机构就发现的内部控制缺陷与各部门(单位)共同商议，提出整改建议，并报小浪底管理中心领导班子批准。各部门(单位)需制定切实可行的整改措施，包括整改目标、内容、步骤、措施、方法、期限和责任人等，整改期限超过一年的，整改目标须明确近期和远期目标以及相应的整改工作内容。

内部控制自我评价机构需跟进内部控制缺陷的整改情况，对整改效果进行评价，督促各部门(单位)不断完善自身的内部控制流程。

第二节　内部审计

一、内部审计业务综述

内部审计旨在确保建立完善的内部审计工作机制，促进形成有效的经济活动监督机制，通过建立内部审计制度、审计标准，为内部审计工作的科学性、规范性提供支持，通过建立精干、高效的内部审计队伍，促进内部审计工作的有序开展。

内部审计是小浪底管理中心内部开展的、独立的、客观的监督和评价活动，是内部控制的重要手段。内部审计通过应用系统的、规范的方法，评价并改善风险管理、控制及治理过程的效果，帮助小浪底管理中心实现其目标。

二、内部审计关注重点

(1)在内部审计工作准备阶段，应避免无内部审计计划、未能有序组织的内部审计工作，造成内部审计人力、物力的浪费，影响内部审计工作目标的实现。

(2)在内部审计项目组建时，应注意内部审计人员的甄选，避免未具备审计专业能力、素质水平要求的人员负责内部审计工作，影响内部审计工作质量。

(3)在内部审计实施过程中，应注意避免内部审计实施方案制定不完整，审计实施程序不明确，影响内部审计工作的实施。

(4)在内部审计现场工作完成后，应避免未能与被内部审计进行充分沟通，或没有针对内部审计问题进行反馈和改进，达不到促进相关部门和责任人进一步完善工作的目的。

三、制订内部审计计划

小浪底管理中心每年初根据具体情况及相关负责人要求，确定审计重点，编制年度审计工作计划。审计计划内容包括：纳入内部审计范围的部门(单位)、责任人、经费类别等；时间安排；内部审计项目的组织形式，即自行评价、委托中介机构评价、其他方式的评价；拟聘内部审计项目的负责人等。年度审计工作计划根据小浪底管理中心授权情况，经相关负责人审批后执行。

四、组建内部审计项目组

根据经批准的年度审计工作计划，结合具体情况，组织成立审计小组，并确定项目负责人。当内部力量不足以完成工作任务时，可提出申请，由外聘专家或者其他专业人士协助完成审计工作，或经批准后委托中介机构独立完成。

五、实施内部审计工作

(1)审计项目负责人在初步了解被审计单位的情况的基础上,编制项目审计方案,确定具体审计时间、范围和方式等内容,经相关负责人审批后执行。

(2)根据批准的项目审计方案,在项目审计开始前的规定时间,将审计的时间、范围、内容、方式、要求及审计人员名单等事项通知被审计单位。

(3)审计小组依据工作计划,实施各项审计程序,收集审计证据。审计人员收集审计证据时需根据审计工作的具体要求,科学、严密地收集分析审计证据,认真编写审计工作底稿,记录审计过程,获取有价值的审计证据。审计工作底稿编制应做到内容完整、记录清晰、结论明确、客观公正。

(4)在对审计事项进行审计后,应进行综合分析,写出审计报告初稿,征求被审计单位意见。被审计单位应当自接到审计报告初稿之日起的规定时间内提出书面意见;在规定时间内未提出书面意见的,视同无异议。当被审计单位对审计结论有不同意见时,首先对事实和数据是否确切可以提出补充意见,经审计小组查明后修改或补充,对审计报告的法规依据、处理建议的内容也可提出不同的看法,党群工作处(监察审计处)可以采纳或维持原报告结论。

(5)在征求被审计单位意见后,提出正式审计报告,由小浪底管理中心相关负责人审批后,相关负责人做出审计决定或由党群工作处(监察审计处)做出审计意见书,抄送被审计单位并通知其执行;若需其他有关单位协助执行的,应当制发协助执行审计决定通知书。被审计单位对审计结论和决议如有异议,可在规定时间内向相关负责人提出书面的复核申请。

六、监督内部审计问题整改

被审计单位或协助执行的有关部门(单位)应当自审计意见书和审计决定送达之日起的规定时间内,将审计决定和执行情况书面报告党群工作处(监察审计处)。党群工作处(监察审计处)自审计意见书和审计决定送达之日起的规定时间内,检查审计决定的执行情况。被审计单位未按规定期限和要求执行审计决定的,党群工作处(监察审计处)应当责令执行。

七、内部审计档案归档

党群工作处(监察审计处)办理的审计事项都必须按规定要求在审计结论和决定后的规定时间内建立审计档案,并妥善保管,以备考察。审计档案未经相关负责人批准不得销毁,亦不得擅自外借和调阅。

八、相关制度

水利部小浪底水利枢纽管理中心
委托社会审计业务管理办法

（中心审〔2013〕2号，2013年4月25日印发）

第一章　总　则

第一条　为规范水利部小浪底水利枢纽管理中心（简称枢纽管理中心）委托社会中介机构从事审计等业务，扩大审计覆盖面，维护枢纽管理中心合法权益，依据《水利部委托社会审计业务管理办法》《关于印发〈水利审计进点操作指南〉和〈水利项目委托社会审计业务操作指南〉的通知》《中华人民共和国招标投标法》和《中华人民共和国政府采购法》等相关规定，结合枢纽管理中心工作实际，制定本办法。

第二条　本办法适用于枢纽管理中心委托社会审计机构对所属公司开展的审计业务，以及枢纽管理中心自身必须委托的事项，如验资、资产评估、清产核资等。

第三条　本办法所称社会审计机构，是指依法设立的具备相应资质及能力的审计、检验、认证、评估机构。

第四条　枢纽管理中心委托社会审计的责任部门是资产财务处。

第二章　委托社会审计的范围

第五条　委托社会审计的范围：

（一）枢纽管理中心对所属公司开展的财务收支审计、预算执行情况审计、经济效益审计、经济责任审计和建设项目全过程跟踪审计等项目。

（二）枢纽管理中心年报审计、验资、资产评估和清产核资等项目。

（三）资产财务处因缺乏相关专业技术人才无法自行审计的项目。

第六条　枢纽管理中心主要负责人专门批示交办、受单位内部纪检监察部门委托或涉及被审计单位重大商业机密的审计业务原则上不对外委托。

第七条　枢纽管理中心各部门（单位）开展业务需要进行委托审计的，应在年初向资产财务处提出委托审计的申请，由资产财务处将委托审计项目纳入年度审计计划，报枢纽管理中心批准后实施；根据实际工作需要，资产财务处也可直接编制委托审计计划，报枢纽管理中心批准后实施。

第三章　社会审计机构的选择

第八条　资产财务处负责收集社会审计机构的资信、业务质量、收费标准等信息，建立社会审计机构信息库。

第九条　选定的社会审计机构资格、资质、以往工作经历应满足委托审计项目的需求。

第十条　委托一般性的社会审计业务，应当初选两个以上的社会审计机构，在审查资格资质，比质量、比信誉、比服务的基础上，在枢纽管理中心纪检监察部门的监督指导下，选定社会审计机构。

第十一条　委托社会审计一般采用竞争性谈判、询价或指定方式选择社会审计机构；对大型和有特殊要求的审计项目，采取招标方式选择。

采用招标方式时，应按照《中华人民共和国招标投标法》和枢纽管理中心招标工作制度有关规定办理。

采用竞争性谈判或询价方式时，应按照《中华人民共和国政府采购法》有关规定办理。

在时间紧急等特殊情况下，资产财务处可报枢纽管理中心批准，指定具备相应资质的社会审计机构开展审计业务。

第十二条　按照委托方付费原则，委托社会审计取费标准按委托方当地物价部门核准的社会审计取费标准或双方商定的取费标准，由委托方承担。

第四章　委托社会审计的实施

第十三条　社会审计机构进驻前，资产财务处应与其进行充分沟通，明确委托审计项目的目标、任务及工作质量要求等，签订审计业务约定书，并要求社会审计机构出具承诺函。

第十四条　审计实施前，社会审计机构应当对被委托审计事项进行审前调查，制定审计方案，报资产财务处审查后实施，以保证按照国家有关规定和委托方要求完成受托审计项目。

第十五条　审计实施过程中，资产财务处负责社会审计机构与被审计单位之间的协调，并对社会审计机构的审计过程进行监督，以保证审计质量。

第十六条　受托审计业务完成后，社会审计机构应及时向资产财务处提交审计报告。资产财务处对审计报告和有关审计资料进行审核，若发现受托社会审计机构未能正确有效履行审计职责，审计报告不实或有重大遗漏、差错的，资产财务处应予以纠正，受托社会审计机构拒绝纠正的，枢纽管理中心有权终止委托审计合同。

第十七条　社会审计机构应保守被审计单位的商业秘密，不得在资产财务处主持场所之外使用委托审计业务资料。若发现未经枢纽管理中心同意私自对外泄露单位信息并造成重大影响的，资产财务处可对其违规行为进行内部通报，必要时向社会审计机构行业管理部门反映。被通报的社会审计机构五年内不得在枢纽管理中心及所属公司承办审计业务。

第十八条　资产财务处应根据社会审计机构提交的正式审计报告形成审计意见，报枢纽管理中心批准后实施，必要时可以组织跟踪审计。

第五章　委托社会审计的质量评价

第十九条　资产财务处负责对社会审计机构的审计质量和服务情况进行评价。评价时，应听取被审计单位的意见。

第二十条　审计质量和服务评价的内容主要包括审计工作的时效性、审计沟通的及时性、审计程序的完整性、审计报告的公正性和审计报告的建设性等五个方面。

第二十一条　资产财务处应加强对委托审计项目的管理，建立社会审计机构工作质量评价机制，并将其记入社会中介机构信息库，作为今后委托社会审计业务的参考依据。

第六章　附　则

第二十二条　所属公司应根据本办法制定委托社会审计业务管理办法，并将管理办法和实施的委托审计业务向资产财务处备案。

第二十三条　本办法由资产财务处负责解释。

第二十四条　本办法自枢纽管理中心正式运行之日起施行。

水利部小浪底水利枢纽管理中心
领导干部经济责任审计管理办法

（中心审〔2013〕3号，2013年4月26日印发）

第一章　总　则

第一条　为加强对水利部小浪底水利枢纽管理中心（简称枢纽管理中心）领导干部的监督和管理，客观评价枢纽管理中心领导干部的工作业绩和经济责任，促进领导干部廉洁从业、正确履行职责，根据《中华人民共和国审计法》《党政主要领导干部和国有企业领导人员经济责任审计规定》《中央企业经济责任审计管理暂行办法》《水利部直属单位领导干部任期经济责任审计暂行规定》等法律法规，结合枢纽管理中心工作实际，制定本办法。

第二条　本办法所称领导干部经济责任审计，是指依据国家规定的程序、方法和要求，对领导干部任职期间其所在部门（单位）资产、负债、权益和损益的真实性、合法性和效益性及重大经营决策等有关经济活动，以及执行国家有关法律法规情况进行的监督和评价活动。

第三条　本办法所称领导干部是指枢纽管理中心人事管理权限范围内的领导干部，主要包括：

（一）枢纽管理中心机关各部门及直属单位负有直接经济责任的正职或主持工作一年以上的副职领导干部；

（二）枢纽管理中心所属公司负有直接经济责任的处级干部。

第二章　审计工作组织

第四条　枢纽管理中心领导干部经济责任审计，实行统一管理、分级审计的办法，即枢纽管理中心机关部门、直属单位领导干部及所属公司本级的领导干部经济责任审计由资产财务处负责，对所属公司下属单位处级干部的经济责任审计，既可由枢纽管理中心资产财务处直接组织实施，也可以由枢纽管理中心委托所属公司的审计部门或社会审计机构开展审计。

第五条　枢纽管理中心成立领导干部经济责任审计领导小组（简称领导小组），领导小组组长由枢纽管理中心主任担任，小组成员由党群工作处、规划计划处、资产财务处、人事处主要负责人组成。领导小组负责审定经济责任审计计划，协调解决经济责任审计中的重大问题。

领导小组办公室设在资产财务处，主要负责领导干部经济责任审计日常工作，拟订经济责任审计工作计划，组织落实枢纽管理中心和领导小组决定的有关事项。

第六条　领导干部任期届满，或者拟调任、解聘、辞职、退休等履（解）职之前，应进行经济责任审计。遇到特殊情况不能按期进行的，或需要离任后审计或暂缓审计的，由领导小组办公室提出意见报领导小组审核、枢纽管理中心批准。

对任职达到一定年限的领导干部，由领导小组办公室拟订任职期间经济责任审计计划，报领导小组审核、枢纽管理中心批准后实施。

第三章　审计内容

第七条　领导干部经济责任审计的主要内容包括：

（一）任职期间所在部门（单位）经营成果的真实性。

（二）任职期间所在部门（单位）财务收支核算的合规性。

（三）任职期间所在部门（单位）资产质量变动状况。

（四）任职期间对所在部门（单位）有关经营活动和重大经营决策负有的经济责任。

（五）任职期间所在部门（单位）经营绩效变动情况。

（六）任职期间所在部门（单位）执行国家有关法律法规情况。

第八条　经营成果的真实性是指会计核算是否准确，财务决算编报范围是否完整，经济成果是否真实可靠，以及计提资产减值准备与资产质量是否相匹配。主要内容包括：

（一）财务会计核算是否准确、真实，是否存在经营成果不实问题。

（二）年度财务决算报告合并范围、方法、内容和编报质量是否符合规定，有无存在故意编造虚假财务决算报告等问题。

（三）是否正确采用会计确认标准或计量方法，有无随意变更或者滥用会计估计和会计政策，故意编造虚假利润等问题。

第九条　财务收支核算合规性是指财务收支管理是否符合国家有关法律法规规定，会计核算是否符合国家有关财务会计制度，年度财务决算是否全面、真实地反映所在部门（单位）财务收支状况。主要内容包括：

（一）收入确认和核算是否完整、准确，是否符合国家财务会计制度规定，有无公款私存、私设"小金库"，以及以个人账户从事股票交易、违规对外拆借资金、对外资金担保和出借账户等问题。

（二）成本开支范围和开支标准是否符合国家有关财务会计制度规定，有无多列、少列或不列成本费用等问题，以及工资总额来源、发放、结余和领导干部收入情况。

（三）会计核算是否符合国家有关财务会计制度规定，是否随意改变资产、负债、所有者权益的确认标准或计量方法，有无虚列、多列、不列或者少列资产、负债、所有者权益的问题。

（四）会计账簿记录与实物、款项和有关资料是否相符，有无存在账外资产、潜亏挂账等问题，有无存在劳动工资核算不实等问题。

第十条　资产质量变动情况是指各项资产质量是否得到改善，是否存在严重损失、重大潜亏或资产流失等问题，国有资本是否安全、完整，以及对所在部门（单位）未来发展能力的影响。主要内容包括：

（一）资产负债结构合理性及变化情况，以及对所在部门（单位）未来发展的影响。

（二）资产运营效率及变化情况，以及对所在部门（单位）未来发展的影响。

（三）有效资产及不良资产的变化情况，以及对所在部门（单位）未来发展的影响。

（四）国有资产保值增值结果，及在所处行业中水平变化的对比分析。

第十一条　有关经营活动和重大经营决策是指领导干部任职期间做出的有关对内对外投资、经济担保、出借资金和大额合同等重大经营决策是否符合国家有关法律法规规定及内部控制程序，是否存在较多问题或者造成重大损失。主要内容包括：

（一）重大投资的资金来源、决策程序、管理方式和投资收益的核算情况，以及是否造成重大损失。

（二）对外担保、对外投资、大额采购与租赁等经营行为的决策程序、风险控制及其对单位的影响情况。

（三）涉及的证券、期货、外汇买卖等高风险投资决策的审批手续、决策程序、风险控制、经营收益或损失情况等。

（四）改组改制、上市融资、发行债券、兼并破产、股权转让、资产重组等行为的审批程序、操作方式和对企业财务状况的影响情况等，有无造成损失或国有资产流失问题。

第十二条　领导干部经济责任审计应当认真检查领导干部及其所在部门（单位）执行国家有关法律法规情况，核实领导干部及其所在部门（单位）有无违反国家财经法纪，以权谋私，贪污、挪用、私分公款，转移国家资财，行贿受贿和挥霍浪费等行为，以及弄虚作假、骗取荣誉和蓄意编制虚假会计信息等重大问题。

第十三条　领导干部经济责任审计在全面核实领导干部所在部门（单位）各项资产、负债、权益、收入、费用、利润等账务的基础上，依据国家有关经营绩效评价政策规定，对领导干部任职期间经营成果和经营业绩，以及资产运营和收益情况进行客观、公正和准确的综合评价。

第四章　审计程序

第十四条　属于枢纽管理中心经济责任审计范围的领导干部任期满3年的，由领导小组办公室拟订需要进行经济责任审计的领导干部名单和审计工作计划，报经领导小组审核后报枢纽管理中心批准后实施。

调任、离任、解聘等事项需要进行经济责任审计的，由领导小组办公室按照枢纽管理中心决定组织实施。

第十五条　领导小组办公室负责分解落实审计工作计划。

第十六条　领导小组办公室针对审计项目组建审计组，审计组具体实施经济责任审计工作。

第十七条　审计组应提前3日向被审计的领导干部所在部门(单位)送达审计通知书，同时抄送被审计的领导干部。被审计的领导干部及其所在部门(单位)应认真做好迎审准备工作。

实施审计前，审计组应当就被审计领导干部及其所在部门(单位)的情况与枢纽管理中心人事、纪检监察等部门交换意见，相关部门应当向审计组通报有关情况。

第十八条　审计组进驻后，被审计领导干部及其所在部门(单位)应当向审计组提供与被审计领导干部履行经济责任有关的下列资料：

(一)财务收支相关资料。

(二)工作计划、工作总结、会议纪要、经济合同、考核结果、业务档案等资料。

(三)被审计领导干部履行经济责任情况的述职报告。

(四)其他有关资料。

第十九条　被审计领导干部及其所在部门(单位)应当对所提供资料的真实性、完整性负责，并做出书面承诺(承诺书样式见附件)。

第二十条　审计组在实施审计过程中，可以采取书面、座谈等形式向有关部门(单位)和个人就被审计领导干部经济责任审计内容中的有关情况进行审计调查，有关部门(单位)和个人应予积极配合。

第二十一条　审计组实施领导干部经济责任审计，应当通过对其所在部门(单位)财务收支、资产、负债、损益的真实、合法效益情况审计，分清领导干部所在部门(单位)资产、负债、损益的真实性，投资项目的效益性以及法律法规、规章制度的遵循性等方面应负的责任。

第二十二条　审计组实施审计后，应当将审计报告书面征求被审计领导干部及其所在部门(单位)、枢纽管理中心有关部门的意见。

被审计领导干部及其所在部门(单位)应当自接到审计报告之日起10日内反馈意见，到期未反馈的，视为无异议。

第二十三条　审计报告的内容包括：

(一)实施审计的依据、范围、内容和方式。

(二)被审计领导干部及所在部门(单位)的基本情况。

(三)财务绩效分析。主要包括审计前后企业的主要财务指标及调整数，审计后企业基本财务数据的变化及原因、任期内的企业基本财务绩效状况等。

（四）领导干部任期的主要业绩。主要为任职期间所做的主要工作及成效。

（五）审计发现的主要问题及审计建议。结合审计发现的主要问题提出相关改进建议。

（六）审计结论。通过对领导干部所在部门（单位）资产、负债、损益的真实性，投资项目的效益性以及法律法规、规章制度的遵循性等方面的审计，客观评价被审计领导干部任职期间的经营业绩与经济责任，并明确其应当承担的责任。

（七）其他需要在审计报告中反映的情况。

第二十四条　审计报告经领导小组审核后，报枢纽管理中心批准，形成正式审计意见，并将审计意见送达被审计领导干部及其所在部门（单位）。

第二十五条　被审计单位应在收到审计意见后3个月内落实审计意见，并将整改落实情况书面报枢纽管理中心。

被审计领导干部或所在部门（单位）有异议的，可在收文之日起15日内，向枢纽管理中心申请复议，受理负责人应当按照有关规定及时处理。

第二十六条　审计工作结束后，审计组应当按照工作分工和审计档案管理的相关规定，整理经济责任审计工作档案并妥善保管。

第五章　审计成果的运用

第二十七条　领导干部经济责任审计结果作为领导干部任用、解聘事项考察的重要依据，归入被审计领导干部的个人档案。对于违反党纪政纪需要给予处分的，移交纪检监察部门处理。

第六章　审计责任与工作纪律

第二十八条　在经济责任审计工作中，审计组和被审计领导干部及其所在部门（单位）应当协调配合共同做好经济责任审计工作。

（一）领导小组办公室应做好整个审计工作的组织协调工作，对审计项目实施过程进行监控，对审计过程中出现的有关问题进行协调解决。

（二）被审计领导干部及其所在部门（单位）应积极做好审计配合工作，为审计组提供必要的工作条件，如实反映经营管理中与审计内容相关的事项，不得拒绝、阻碍审计组工作。

第二十九条　审计组应对审计报告的真实性、合法性等承担相应的责任。

第三十条　审计组在审计过程中应认真遵守以下工作要求和工作纪律：

（一）审计人员应按照国家相关法律法规和枢纽管理中心的相关要求，按时完成审计工作。

（二）审计报告应当如实反映审计结果，不得出具虚假报告，不得避重就轻、回避问题或者明知有重要事项不予披露。

（三）审计人员应当严格保守被审计领导干部所在部门（单位）的商业机密。

第七章　附　则

第三十一条　本办法由资产财务处负责解释。

第三十二条　本办法自枢纽管理中心正式运行之日起施行。

附件:1. 经济责任审计承诺书(个人)

2. 经济责任审计承诺书(单位)

水利部小浪底水利枢纽管理中心
内部审计管理办法

(中心审〔2019〕4号,2019年8月26日印发)

第一章　总　则

第一条　为加强内部审计工作,建立健全内部审计制度,提升内部审计工作质量,充分发挥内部审计作用,防范廉政风险,根据《中华人民共和国审计法》《中华人民共和国国家审计准则》和《审计署关于内部审计工作的规定》,结合小浪底管理中心实际情况,制定本办法。

第二条　本办法所称内部审计,是指对小浪底管理中心所属一级子公司财务收支、经济活动、内部控制、风险管理实施独立、客观的监督、评价和建议,以促进单位完善治理、实现目标的活动。

第三条　内部审计机构和内部审计人员从事内部审计工作,应当严格遵守有关法律法规、内部审计职业规范和本办法规定,忠于职守,做到独立、客观、公正、保密。

第二章　审计机构和审计人员

第四条　党群工作处(监察审计处)是小浪底管理中心内部审计责任部门,在小浪底管理中心党委领导下,负责依照国家法律和政策对所属公司经济业务进行审计监督。

第五条　内部审计人员应当具备从事审计工作所需要的专业能力。各有关部门(单位)应当严格内部审计人员选用标准,支持和保障审计责任部门通过多种途径开展继续教育,提高内部审计人员的职业胜任能力;应当保障内部审计部门和内部审计人员依法依规独立履行职责,任何组织和个人不得打击报复。

第三章　审计组织和管理

第六条　根据水利部审计室的工作部署和小浪底管理中心的工作要求,党群工作处(监察审计处)拟定年度审计计划,报小浪底管理中心批准后执行。

第七条　根据审计计划，党群工作处（监察审计处）提出组建审计组建议，经小浪底管理中心领导审定后组建。审计组成员可为本单位相关业务部门人员，也可借助社会中介机构力量；审计组人员的数量、专业知识和业务能力应当适应完成审计任务的实际需要。

第八条　审计组实行组长负责制和主审制。审计组组长负责审定审计方案、组织审计项目实施、审计组内部协调、监督审计纪律的执行、与被审计单位沟通协调、审定审计报告和审计底稿，并对审计质量负责。审计组在审计实施前，应做好审前准备工作，主要包括：审前培训、审前调查、拟定审计方案和下达审计通知书。

第九条　审计实施时，需提前3天向被审计单位发出审计通知书，要求被审计单位做好迎审准备。小浪底管理中心或上级审计部门临时安排的审计任务，也可临时通知被审计单位，审计通知书在审计组进驻时送达。

审计通知书应包括以下内容：被审计单位名称，审计的范围、内容、方式、要求、时限，审计组负责人和成员，对被审计单位资料准备和工作条件的要求，发文时间和审计机构名称等。

第十条　开展审计工作所需经费，应列入小浪底管理中心年度财务预算，保证审计工作的正常开展。

第十一条　党群工作处（监察审计处）应当按审计项目建立审计档案，依照小浪底管理中心档案管理规定进行管理。

第四章　审计职责和权限

第十二条　审计监督的范围：

（一）所属公司财务收支及其有关的经济活动。

（二）与财务收支有关的经济合同、经济管理和经济效益情况。

（三）内部控制制度的健全性、有效性及合理性情况。

（四）资产管理和保值增值情况。

（五）人事管理权限范围内领导干部任期或离任经济责任履行情况。

（六）工程概（预）算执行、工程项目管理和竣工项目决算情况。

（七）国家财经法律法规执行情况。

（八）领导交办和上级审计部门指定或委托的其他事项。

第十三条　审计工作的主要方式：

（一）要求被审计单位及时提供发展规划、战略决策、重大措施、内部控制、风险管理、年度财务计划或财务预算、年度基建投资计划及批复文件、财务会计报表和决算报表、经济活动分析资料、财务收支资料等；

（二）参加被审计单位有关会议，召开与审计事项有关的会议；

（三）参与研究制定有关的规章制度，提出制定内部审计规章制度的建议；

（四）检查有关财务收支、经济活动、内部控制、风险管理的资料、文件和现场勘察实物；

（五）检查有关计算机系统及其电子数据和资料；

（六）就审计事项中的有关问题，向有关单位和个人开展调查和询问，取得相关证明材料；

（七）对正在进行的严重违法违规、严重损失浪费行为及时向单位主要负责人报告，经同意做出临时制止决定；

（八）对可能转移、隐匿、篡改、毁弃会计凭证、会计账簿、会计报表以及与经济活动有关的资料，经小浪底管理中心领导批准，有权予以暂时封存；

（九）提出纠正、处理违法违规行为的意见和改进管理、提高绩效的建议；

（十）对违法违规和造成损失浪费的被审计单位和人员，给予通报批评或者提出追究责任的建议；

（十一）对严格遵守财经法规、经济效益显著、贡献突出的被审计单位和个人，可以向单位党组织提出表彰建议。

第五章　审计实施

第十四条　审计实行审计承诺制。审计组实施审计前，被审计单位应当书面承诺提供资料的真实性和完整性，并对其提供资料的真实性和完整性负责。

第十五条　审计获取的审计证据应具备充分性、相关性和可靠性的特点，审计证据应由证据提供者签名或盖章；不能取得提供者签名或者盖章的，审计人员应当注明原因。

第十六条　审计应认真编写审计底稿，具体内容包括：被审计单位名称、审计项目名称、审计期间和时间、各类型审计证据、审计依据、审计意见、审计人员和复核人员姓名、复核日期和复核意见、审计底稿编号或索引号等。

第十七条　对审计事项进行调查时，审计人员不得少于二人。审计人员对审计底稿的真实性、准确性和完整性负责。

第六章　审计报告

第十八条　审计组在审计工作结束后，应及时编制审计报告。审计报告内容应包括：审计范围、审计依据、审计方式、审计时间、被审计单位或审计项目基本情况、审计发现的主要问题和审计意见等。

第十九条　审计报告应先征求被审计单位的意见，被审计单位应当在收到审计报告征求意见书之日起 10 个工作日内反馈意见，逾期不反馈的，视为无异议。被审计单位提出异议时，审计组应认真研究，对异议事项予以核实，对合理意见予以采纳，完善审计报告。

第二十条　审计报告由审计组提交，党群工作处（监察审计处）复核，小浪底管理中心批准。

第二十一条　根据批准后的审计报告，党群工作处形成审计意见，送达被审计单位，被审计单位应当遵照执行。

第二十二条　被审计单位对审计意见不服的，可在收文之日起 15 日内申请复议，党群工作处（监察审计处）收到复议申请后应及时核实，提出意见报小浪底管理中心领导批准后在 30 日内做出复议决定。

第二十三条　复议期间，审计意见照常执行。但有下列情形之一的，可以停止执行：

（一）认为需要停止执行的。

（二）遇不可抗力因素不得不停止的。

（三）被审计单位申请停止执行，受理裁决的认为其要求合理，决定停止执行的。

第七章　审计结果应用

第二十四条　被审计单位主要负责人为整改第一责任人。被审计单位应在审计意见下达之日起3个月内书面报告审计意见整改落实情况。

第二十五条　对内部审计发现的典型性、普遍性、倾向性问题，党群工作处（监察审计处）负责及时分析研究，提出制定和完善相关管理制度的意见建议报小浪底管理中心领导审批后执行。

第二十六条　党群工作处（监察审计处）负责加强与内部纪检监察、巡察、组织人事等其他内部监督力量的协作配合，建立信息共享、结果共用、重要事项共同实施、问题整改问责共同落实等工作机制。

第二十七条　党群工作处（监察审计处）负责跟踪审计整改情况，对被审计单位未整改或整改不彻底事项，应视具体情况提出进一步处理意见，经小浪底管理中心领导批准后执行。对审计中发现的重大违纪违法问题线索，由党群工作处（监察审计处）按照有关规定提出处理意见，报小浪底管理中心领导批准后执行。

第二十八条　内部审计结果及整改情况作为干部考核、被审计单位经营业绩考核的重要内容，依据有关考核办法执行。

第八章　审计纪律

第二十九条　对违反本办法，有下列行为之一的单位或个人，小浪底管理中心可根据情节轻重，给予行政或纪律处分：

（一）拒绝提供财务资料、合同等有关材料者。

（二）阻挠审计人员依法行使职权、抗拒破坏监督检查者。

（三）弄虚作假、隐瞒事实真相者。

（四）拒不执行或者拖延执行审计意见者。

（五）打击报复审计人员者。

第三十条　对违反本办法，有下列行为之一的审计人员，小浪底管理中心可视情节轻重给予批评教育、行政处分、经济处罚或交有关部门处理：

（一）利用职权谋取私利者。

（二）实施审计过程中，弄虚作假、徇私舞弊者。

（三）不遵守职业道德，玩忽职守，给国家和单位造成重大经济损失者。

（四）违反审计纪律，有意泄露国家秘密和被审计单位商业秘密者。

第三十一条　审计人员办理审计事项，有下列情形之一的，应当申请回避。审计人员的回避，由审计责任部门提出建议报小浪底管理中心领导决定，被审计单位也有权申请审计人员回避：

（一）与被审计单位负责人或者有关主管人员有夫妻关系、直系血亲关系、三代以内旁系血亲或者近姻亲关系的。

（二）与被审计单位或者审计事项有经济利益关系的。

（三）与被审计单位、审计事项、被审计单位负责人或者有关主管人员有其他利害关系，可能影响公正执行公务的。

第三十二条 审计人员不得违法违纪收取被审计单位的财物。对已经收取的财物，依法予以追缴、没收或者责令退赔，并根据有关规定严肃问责。

第九章 附 则

第三十三条 所属一级子公司可参照本办法制定适用于子公司的内部审计管理办法，并将内部审计相关管理办法、年度审计计划和审计结果报小浪底管理中心备案。

第三十四条 本办法由党群工作处（监察审计处）负责解释。

第三十五条 本办法自印发之日起施行。原《水利部小浪底水利枢纽管理中心内部审计管理办法》（中心审〔2013〕1号）同时废止。

水利部小浪底水利枢纽管理中心审计发现问题追责问责办法（试行）

（中心党〔2020〕34号，2020年4月20日印发）

第一条 为加强对水利部小浪底水利枢纽管理中心（简称小浪底管理中心）各类经济活动的管理，严肃财经纪律，强化对审计发现问题的问责，充分发挥审计的预防免疫功能，按照《中国共产党问责条例》《中国共产党纪律处分条例》《中共水利部党组关于印发审计发现问题追责问责办法（试行）的通知》和小浪底管理中心内部审计管理办法等，结合实际，制定本办法。

第二条 小浪底管理中心所属各级党组织及党员干部被审计发现问题，存在应予问责情形的，适用本办法。

第三条 对党员干部问责按照干部管理权限和职责分级实施。涉及党内问责的，对小浪底管理中心党委管理的党员干部的问责，由中心纪检监察部门按照有关规定及时启动问责程序，中心人事部门配合，依规依纪依法开展调查，查明问题，综合考虑主客观因素、情节严重程度、挽回损失情况及配合问责调查情况等，提出处理意见，报中心党委做出问责决定；需要进行组织调整或组织处理的，报请中心党委做出决定后，按照干部管理权限交人事部门负责实施；所属公司党委、三门峡疗养院党委管理的党员干部的问责，由所在单位党组织启动问责程序。

涉及政务处分的，小浪底管理中心党委管理的党员干部由中心纪检监察部门、人事部门依据《事业单位工作人员处分暂行规定》等制度执行，三门峡疗养院、所属公司管理的党员干部由其纪检监察部门、人事部门分别按照相关规定执行。

第四条　对党组织采取检查、通报、改组方式问责。对党员干部采取通报、诫勉、组织调整或组织处理、纪律处分方式问责；情节较轻的，采取提醒谈话、批评教育、口头或书面检查等方式处理。

第五条　小浪底管理中心审计部门或者委托所属公司出具的经济责任审计等报告，应根据发现的主要问题，认定被审计党员干部应承担的责任，提出审计意见和建议，转送相关纪检监察部门、人事部门。

上级审计部门审计过程中要求问责的，或者小浪底管理中心审计部门开展审计时发现涉嫌违规违纪问题线索的，中心审计部门及时转送中心纪检监察部门。

第六条　审计发现主要问题问责处理方式参照附表。

(一)有下列情形之一的，从重处理

1. 屡查屡犯、屡改屡犯的，从重问责，累计2次的，加重一级问责等级；累计3次及以上的，加重两级问责等级。对于一份审计报告反映同一单位3个及以上一般问题的，加重一级问责等级；2个及以上较重或严重问题的，加重一级问责等级。

2. 强制下属工作人员违反纪律、制度和财经法规的。

3. 涂改、伪造、毁灭原始资料的。

4. 阻挠或拒不接受检查和纠正错误的。

(二)有下列情形之一的，可以从轻处理

1. 经办人员抵制无效，被迫执行错误决定的。

2. 违规金额较小、情节轻微的。

3. 对在审计过程中发现的问题，及时纠正或主动采取措施降低影响、减少损失的。

特殊情形及新出现的审计问题问责处理方式由纪检监察部门研究认定。

第七条　问责决定做出后，小浪底管理中心纪检监察部门向被问责单位党组织或党员干部及其所在党组织宣布，并督促执行；需归入干部人事档案的问责决定材料，交人事部门归入干部本人档案。

第八条　中心机关、直属单位和三门峡疗养院非党员干部被审计发现问题需要问责的，由纪检监察部门、人事部门依照《事业单位工作人员纪律处分暂行规定》等制度执行。所属公司非党员干部被审计发现问题需要问责的，由纪检监察部门、人事部门依据职工管理相关规定执行。

第九条　本办法由监察审计部门负责解释。

第十条　本办法自印发之日起施行。《水利部小浪底水利枢纽管理中心审计问题责任追究办法》(中心监〔2015〕7号)同时废止。

附件：审计发现主要问题问责处理方式

水利部小浪底水利枢纽管理中心
干部职工责任追究办法

（中心监〔2013〕3号，2013年4月24日印发）

第一条 为进一步增强水利部小浪底水利枢纽管理中心（简称枢纽管理中心）干部职工廉政勤政意识，强化责任监督和追究，确保各项重大决策部署和要求得到坚决贯彻和执行，不断提高执行力建设和内部管理规范化、精细化、科学化水平，进一步形成"担当、务实、高效、廉洁、勤政"的工作作风，结合实际，制定本办法。

第二条 干部职工不履行职责、不正确履行职责以及其他行为，扰乱管理、影响工作、贻误生产、发生质量安全事件、违反党风廉政建设和计划生育规定等，造成经济损失和不良影响，损害枢纽管理中心合法权益和形象的，依照本办法追究责任。

不履行职责包括不作为、不完全履行职责，不执行制度和规定，不执行相关决策部署和要求，工作推诿、知情不报等。

不正确履行职责包括不依照规定程序、权限、时限履行职责，执行制度、决策、部署、要求走样偏离，擅自决策或决策失误等。

其他行为包括各类工作、管理、举措、监督不力以及违法、违纪、违规等不当言行。

第三条 本办法适用于枢纽管理中心机关和直属单位工作人员以及所属公司处级干部和纪检监察、人事、财务岗位的科级干部。必要时，可以延伸至其他干部职工。

按照"谁主管，谁负责"的原则，枢纽管理中心所属公司要研究制定相关措施办法，加强对所管干部职工的监督和管理。

第四条 责任追究坚持实事求是、有错必纠、惩处与责任相适应、教育与惩处相结合的原则。

第五条 责任追究方式及使用

（一）责任追究方式

1. 诫勉谈话，限期整改；
2. 通报批评；
3. 公开检讨；
4. 扣发工资（奖金）；
5. 停职检查；
6. 调离工作岗位；
7. 降职、撤职；
8. 解除聘用（劳动）合同。

（二）上述责任追究方式可单独使用也可合并使用，必要时可追究部门（单位）责任并给予相应处罚。

第六条　依据工作职责等，责任划分为直接责任、次要责任、直接领导责任、主要领导责任、监管责任、重要领导责任。

事件或行为直接当事人为直接责任，相关当事人为次要责任，部门（单位）分管领导为直接领导责任，部门（单位）主要领导为主要领导责任，相关监管部门负责人为监管责任，主管部门（单位）相关领导为重要领导责任。

第七条　责任追究区别直接责任、次要责任、直接领导责任、主要领导责任、监管责任、重要领导责任的不同情况，视情节轻重、责任者的态度、造成的经济损失及影响程度恰当处理。

第八条　从重、从轻或免于责任追究情形

（一）有下列情形之一的，要从重追究责任：

1. 干扰、阻碍责任追究调查的；

2. 弄虚作假、隐瞒事实真相的；

3. 对检举人、控告人打击、报复、陷害的；

4. 其他从重情节。

（二）有下列情形之一的，可以从轻追究责任：

1. 主动采取措施，有效避免损失或者挽回影响的；

2. 积极配合调查，并且主动承担责任的。

（三）情节轻微，经教育批评后改正的，可免于追究责任。

第九条　责任追究在枢纽管理中心统一领导下有组织进行，纪检监察部门具体负责组织协调。

第十条　纪检监察部门在接到枢纽管理中心关于责任追究的事项后，按程序进行立项，制定具体工作方案报枢纽管理中心审定后组织开展调查，提出处理建议报枢纽管理中心研究审定，按规定制作《责任追究决定书》（详见附件 1），并做好责任追究资料归档和督促整改工作。

《责任追究决定书》要写明责任追究的事实、依据、方式、批准机关、生效时间、当事人的申诉期限及受理部门等。对做出公开检讨决定的，还要写明公开检讨的方式、范围等。

第十一条　做出责任追究决定前，责任追究决定机关或者由其授权的部门应当听取被追究责任干部职工的陈述和申辩，并且记录在案；对其合理意见，要予以采纳。

第十二条　责任追究须做到事实清楚、证据确凿、手续完备，各种相关材料应完整记录和存档。《责任追究决定书》要送达被追究责任的干部职工本人及其所在部门（单位），并由被追究责任的干部职工本人及其所在部门（单位）有关人员在送达回执（详见附件 2）上签名（盖章）和注明收到日期。被追究责任人拒不签字的，由经办人在《责任追究决定书》送达回执上的“备注”栏予以注明。《责任追究决定书》自送达之日起生效。

责任追究决定机关做出决定后，要派有关人员与被追究责任的干部职工谈话，做好其思想工作，配合有关部门督促其执行相关决定。

第十三条　被追究责任的干部职工对责任追究决定不服的，可以自接到《责任追究决定书》之日起 15 日内，向责任追究决定机关提出书面申诉。责任追究决定机关接到书

面申诉后,在30日内做出申诉处理决定。申诉处理决定要以书面形式告知申诉人及其所在部门(单位)。被追究责任的干部职工申诉期间,不停止责任追究决定的执行。

第十四条 被追究责任人扣发工资(奖金)、停职检查、调离工作岗位、降职、撤职、解除聘用(劳动)合同的,以及解除责任追究的,按人事管理程序及相关规定办理和执行。

第十五条 被追究责任人不能参加当年评先,年度考核不能评为优秀等级。

第十六条 承办责任追究的工作人员,应严格执行有关回避制度。

第十七条 本办法由党群工作处负责解释。

第十八条 本办法自印发之日起施行。

附件:1. 水利部小浪底水利枢纽管理中心责任追究决定书

2.《责任追究决定书》送达回执

水利部小浪底水利枢纽管理中心
督查检查工作管理办法

(中心办〔2019〕47号,2019年12月31日印发)

第一章　总　则

第一条 为深入贯彻"水利工程补短板、水利行业强监管"的水利改革发展总基调,推进"智慧绿色美丽文化"小浪底建设,促进督查检查工作规范化、制度化、常态化,有效发挥督查检查作用,提高督查检查效果,结合水利部会议和培训成效督查有关规定和小浪底管理中心工作实际,制定本办法。

第二条 本办法适用于列入小浪底管理中心工作落实情况督查、会议和培训班次成效督查工作。办法中所指参会参训人员均为小浪底管理中心机关各部门、直属单位、所属公司在职干部职工。

第三条 办公室会同监察部门负责小浪底管理中心督查检查工作的组织和管理,具体负责重要工作落实情况、四类会议和全日制脱产培训成效的督查工作;机关各部门负责各自监管职责范围内的督查以及专题会议、一般性培训成效的督查工作。

第四条 督查检查工作坚持全面覆盖、注重实效、实事求是、限时办结的原则。

第二章　督查内容

第五条 纳入重要事项督查范围的工作包括:上级部门交办转办的事项是否贯彻落实;小浪底管理中心党委会、主任办公会、工作例会、专题会议决定的事项是否贯彻落实;小浪底管理中心领导批示办理的重要工作,以及口头交办的重要工作是否落实到位等。

第六条 纳入会议和培训成效督查范围的工作包括:会议组织是否符合年度计划,会风纪律、服务保障等管理工作是否有序,会议时间安排是否紧凑,会议主题是否鲜明,内容是否务实,任务是否明确,工作措施是否有针对性等;培训组织是否符合年度计划,教学管理、学风纪律、服务保障等管理工作是否有序;培训的课程设计、师资选配、教学内容、教学方法等方面是否科学。

第三章　督查方式

第七条　工作落实情况督查方式分书面督查、现场督查、集中督查、电话督查四种。其中书面督查由办公室负责,主要督查重点事项落实情况;现场督查主要通过“四不两直”(不打招呼、不听汇报、不用陪同接待、直奔基层、直插现场)的方式进行;保密事项实行现场督查。紧急事项或较简单事项采用电话督查。

第八条　会议和培训成效督查采用现场督查、面谈或问卷调查部分参会参训人员的方式进行。现场督查主要是查阅有关资料、组织管理情况等;面谈主要询问参会参训收获、对会议或培训针对性和有效性的评价、存在的问题及意见建议等;问卷调查内容见附件1、2。

第四章　督查程序

第九条　书面督查程序

1. 羊峡水库、刘家峡办公室每月10日前确定主任办公会、工作例会等会议重要事项督查的立项工作,机关各部门负责每月10日前将需要作为重要事项督查的工作报办公室,办公室拟定《重要事项督查通知》,监察部门会签,报分管办公室工作的领导签发。

2. 重要督查事项的承办部门(单位)要在每月25日前以《重要事项督查专报》形式反馈本月重要督查事项的办理情况。反馈中,已完成的工作要说明完成时间、办理效果;正在进行的工作要说明进展情况及下一步工作安排、计划完成时间;未按规定时限完成的工作,要详细说明原因、已采取的措施、当前进展情况及下一步工作安排。《重要事项督查专报》由承办部门(单位)主要负责人签发,报送办公室,抄送监察部门,办公室视情况呈报有关领导阅示。

3. 办公室对各部门(单位)报送的《重要事项督查专报》进行分析汇总,在每月底编发《重要事项督查月报》,呈报小浪底管理中心领导。《重要事项督查月报》由办公室负责人审核,监察部门会签,分管办公室工作的领导签发。

4. 特殊情况由办公室负责,根据工作需要,参照以上工作程序,随时进行书面督查。

第十条　现场督查程序

现场督查不定期进行,由各有关部门(单位)发起和组织,根据工作需要确定参加人员,一般情况下由中心领导班子成员或部门(单位)主要负责人带队,各有关部门(单位)人员参加,坚持问题导向,采取暗访、飞检、查阅资料、查看现场等方式进行,做好相应的督查记录,以书面或口头方式进行反馈,发现问题要提出整改要求。

第十一条　集中督查程序

1. 办公室负责统筹各部门需要开展的年度集中督查,能合并或联合的,集中在一起进行督查。党务、行政类业务的综合督查每年集中安排一次,一般安排在12月。计划、合同、项目执行、安全督查每年集中安排两次,一般安排在5月和10月。防汛检查每年安排一次，一般安排在5月。资产和资金管理督查每年安排一次，一般安排在10月。

2. 集中督查由办公室统一安排，一般由中心领导班子成员或部门（单位）主要负责人带队，各有关部门（单位）人员参加，采取查阅资料、查看现场、询问等方式进行，各有关部门（单位）根据业务分工，分别做好相应的检查督查记录，根据需要以书面或口头方式分别进行反馈，发现问题要提出整改要求。

第十二条　电话、面谈和调查问卷督查程序

电话、面谈和调查问卷督查根据工作需要随时进行，由各有关部门（单位）发起和组织，一般情况下由部门（单位）相关工作人员参加，及时询问和调查有关情况，做好相应的督查记录，以书面或口头方式进行反馈，发现问题要提出整改要求。

第五章　考　核

第十三条　对被督查工作完成情况的要求

1. 布置工作时已明确完成时限的，承办部门（单位）要按时办结。

2. 布置工作时未明确完成时限的，由各部门（单位）报请布置任务的领导确定完成时限，承办部门（单位）要按确定的时限办结。

3. 因情况复杂或受客观因素制约较多，暂时无法明确办理时限的工作，承办部门（单位）要列出实施方案和进度安排，并定期报告进展情况。

4. 督查事项在办理过程中出现新情况、新问题，需要调整计划和办理时限的，由承办部门（单位）书面呈报分管领导、主要领导批示，相关部门按领导批示意见进行督查。

第十四条　督查结果应用

1. 对督查事项不重视、措施不力、推进缓慢或不按时报送进展情况的责任部门（单位），由各负责督查的部门（单位）向其提出警示并责令限期整改。

2. 对因虚以应付、整改不力造成不良影响和较轻损失的，由分管领导负责，对承办部门（单位）主要负责人进行约谈。被约谈部门（单位）主要负责人须在约谈之日起5个工作日内向办公室报送书面整改材料。

3. 对承办部门（单位）决策执行不力、工作落实不到位、弄虚作假造成较大损失或经领导约谈仍因工作不力未完成工作任务的单位，按照小浪底管理中心有关规定给予相应的问责处理。

第六章　附　则

第十五条　本办法由办公室负责解释。

第十六条　本办法自印发之日起施行。《水利部小浪底水利枢纽管理中心督查检查工作管理办法》（中心办〔2019〕25号）同时废止。

附件：1. 会议成效调查问卷

2. 培训成效调查问卷

水利部小浪底水利枢纽管理中心
法律事务管理办法

（中心规计〔2019〕2号，2019年3月26日印发）

第一章　总　则

第一条　为规范水利部小浪底水利枢纽管理中心（简称小浪底管理中心）法律事务管理，防范和化解法律风险，促进依法决策、依法管理、依法经营，维护小浪底管理中心合法权益，根据国家现行法律法规，结合小浪底管理中心实际，制定本办法。

第二条　本办法所称法律事务管理，包括法律事务管理机构，法律顾问管理，法治宣传教育，重大决策、重要合同、重要文件和规章制度的法律审核和日常法律咨询，法律纠纷及涉诉案件管理，其他相关事务等。

第三条　法律事务管理工作应坚持以下原则：

（一）遵循国家法律法规的原则；

（二）依法管理、依法维权的原则；

（三）以事前防范和事中管控为主、事后补救为辅的原则；

（四）统一归口、分级管理、分工负责的原则。

第四条　本办法所称法律风险是指小浪底管理中心及所属公司运用法律不当或违反法律规定而导致承担法律责任或处于其他不利状况而造成损害的可能性。

本办法所称涉诉案件是指小浪底管理中心、所属公司作为一方当事人，已经进入或可能进入司法程序的各类法律纠纷，包括司法机关、行政机关、仲裁机构已经或可能立案处理的民事、行政、刑事案件及行政复议、申诉控告、劳动争议等案件。

本办法所称的非诉讼法律事务，主要是指诉讼法律事务以外的不通过诉讼或仲裁等方式处理的法律事务。主要包括：重要文件、规章制度的合法性审核、重大决策、重要合同法律审核及日常法律咨询等法律事务。

重大决策是指小浪底管理中心、所属公司按照“三重一大”决策制度实施细则规定进行的决策。

本办法所称的涉诉部门（单位）是指小浪底管理中心、所属公司在管理、经营、生产业务范围或履行职责中可能或已经发生涉及诉讼案件的部门（单位）。

第五条　本办法适用于小浪底管理中心机关各部门、直属单位、所属公司的法律事务管理工作。

第二章　法律事务机构设置及职责

第六条　小浪底管理中心、所属公司应分别明确分管法律事务的负责人，负责落实国家关于法治建设的各项要求，协调处理法律事务管理涉及的重大问题，以及领导涉诉案件处理等。

第七条　小浪底管理中心规划计划处为法律事务主管部门，负责全中心法律事务管理工作，并对直属单位、所属公司的法律事务管理工作进行业务指导和监督检查。

第八条　所属公司应明确具体负责法律事务管理工作的职能部门，并配备至少1名专（兼）职法律工作人员。

第九条　小浪底管理中心法律事务主管部门主要履行下列职责：

（一）拟订小浪底管理中心法律事务管理办法；

（二）负责组织对小浪底管理中心机关各部门、直属单位、所属公司的重要文件、规章制度等进行合法性审核；

（三）正确执行国家法律、法规，按照规定组织对重大决策提出法律意见；

（四）负责组织重大合同法律审核，必要时，可参与重大合同的谈判；

（五）受法定代表人委托，代表小浪底管理中心参与诉讼与非诉讼及仲裁、行政复议和听证等活动，指导并参与所属公司的诉讼与非诉讼及仲裁、行政复议和听证等活动；

（六）负责小浪底管理中心法制宣传教育暨普法宣传工作和法律培训；

（七）负责组织选聘、联系协调外聘法律顾问，负责外聘法律顾问的日常管理，对其工作进行监督和评价；

（八）指导所属公司非诉讼法律事务工作；

（九）其他法律事务管理。

第十条　所属公司法律事务管理部门依法管理其内部、子（分）公司的法律事务，履行下列法律事务管理职责：

（一）负责公司法制宣传教育暨普法宣传工作和法律培训；

（二）与小浪底管理中心法律事务主管部门、常年法律顾问联系处理非诉讼法律事务；

（三）负责处理公司一般诉讼仲裁案件、配合处理重大诉讼仲裁案件；

（四）负责组织公司专项法律顾问的选聘、联系和管理；

（五）其他法律事务管理工作。

第十一条　法律事务管理涉及的重大问题应提请小浪底管理中心批准或决策。

第十二条　涉诉案件承办人员由案件委托代理律师、法律事务管理部门和涉诉部门人员组成。重大涉诉案件承办人员应包括所在单位分管法律事务领导和小浪底管理中心法律事务主管部门人员。

第十三条　案件承办人员在授权范围内进行诉讼活动，不得超越权限开展活动。

第十四条　小浪底管理中心、直属单位、所属公司涉诉部门（单位）及其他相关部门（单位）应积极配合、协助法律事务工作人员、法律顾问处理涉诉案件相关问题，收集和提供案件原始证据及相关依据。

第三章　法律顾问管理

第十五条　法律顾问包括常年法律顾问和专项法律顾问。常年法律顾问由小浪底管理中心统一选聘,专项法律顾问由小浪底管理中心、所属公司根据专项工作需要分别选聘。

第十六条　法律顾问应从具有相应资质、能力的法律中介机构中聘用,并取得国家认可的律师执业资格证。

第十七条　常年法律顾问的主要职责包括但不限于如下方面:

(一)为重大决策、重大项目提供法律咨询;

(二)为重要文件、重要合同的起草修订提供法律论证和合法性审查;

(三)为处置重大、复杂的行政复议案件,重大群体性事件、信访工作和重大突发事件等提供法律服务;

(四)对以小浪底管理中心、所属公司为主体的涉诉行政、民事、经济等案件提出诉讼、仲裁方案和意见建议;按照另行委托开展各类诉讼、仲裁、行政复议案件;

(五)根据需要,对水行政执法工作提供法律咨询;

(六)根据需要,列席小浪底管理中心、所属公司重大会议,提供现场法律咨询或出具法律意见书;

(七)提供法律培训服务;

(八)根据委托,办理其他法律事务。

第十八条　小浪底管理中心应与所聘请的法律中介机构签署常年法律顾问服务合同,并在合同中明确双方权利、义务,拟受聘的法律中介机构应在合同中做出如下承诺:

(一)不得接受已经(或准备)与小浪底管理中心、所属公司进行仲裁或诉讼的其他当事人的委托业务;

(二)不得接受小浪底管理中心、所属公司主要竞争对手或利益关联或对立者委托的与小浪底管理中心、所属公司有利害冲突的业务。

第十九条　常年法律顾问应按照以下方式提供服务。

(一)一般法律问题咨询,各部门(单位)可以采用电话咨询形式,常年法律顾问及时予以口头或书面答复;

(二)需要出具法律意见和进行适法审查的非诉讼法律事务,法律主管部门根据各部门(单位)提供的书面材料要求,联系常年法律顾问现场解答或在3~5个工作日内出具书面“法律意见书”。

(三)重大会议需要常年法律顾问列席,会议组织部门(单位)提前1~2个工作日通知到法律事务主管部门,由法律事务主管部门负责联系法律顾问列席。

第二十条　常年法律顾问服务合同约定的聘用期限不得少于1年、不得超过3年,专项法律顾问服务合同约定的服务期限根据工作需要确定。

第二十一条　常年法律顾问合同需明确免费服务内容;专项法律顾问合同应明确具体工作内容。

第二十二条　同等条件下,专项法律顾问可从常年法律顾问中优先选聘,或者根据常年法律顾问法律服务合同执行。

第二十三条 选聘专项法律顾问应符合下列条件：

（一）对代理的专项法律事务的处理具有业务、地域等资源优势；

（二）具备处理专项法律事务的特定资格。

第二十四条 常年法律顾问聘用期满或专项法律顾问完成专项法律事务后，法律事务部门应对外聘法律顾问所提供法律服务进行综合考核评价，并将考核情况报分管法律事务的领导，评价结果将作为是否续签合同的主要依据。

第二十五条 法律顾问在履行法律顾问职责期间，不得泄露工作秘密、商业秘密及其他不应公开的信息。法律顾问与所承担的业务有利害关系、可能影响公正履行职责的，应当回避。

第四章 非诉讼法律事务管理

第二十六条 重要文件或规章制度需要进行合法性审查的，承办部门（单位）起草完毕后送法律事务主管部门审查，并附起草说明和有关背景资料。

第二十七条 法律事务主管部门在收到有关送审材料后，应在10个工作日内出具法律审核意见。

第二十八条 对外签订的重要合同需要法律事务主管部门审查的，合同签订部门（单位）起草或收到合同文本后，应当在签订日期至少10个工作日前送法律事务主管部门审查，特殊或紧急情况除外。

合同签订部门（单位）应按要求提交完整资料，若送审资料不全或由于合同签订部门（单位）自身不进行审核把关而存在重大缺陷的，法律事务主管部门审核人员可直接退回合同签订部门（单位），由其完善后再重新送审。

合同签订部门（单位）需指定专门的承办人员与法律事务主管部门进行工作对接。前述承办人员中途更换的，合同签订部门（单位）应当告知法律事务主管部门，具体承办人之间应做好工作交接。

第二十九条 法律事务主管部门收到合同文本后，应当在5个工作日之内审查完毕，并提出法律审核意见反馈给合同签订部门（单位）。

第三十条 需要法律事务主管部门派人参与合同谈判的，合同签订部门（单位）应当在谈判日期至少5个工作日前通知法律事务主管部门并提供有关背景材料和谈判内容大纲，特殊或紧急情况除外。

第三十一条 重大决策应按规定进行法律审核论证。业务主办部门（单位）应在提交决策或报请批准前，将相关资料交给法律事务主管部门，并配合法律事务主管部门全面深入了解重大决策的相关情况、开展法律尽职调查以及法律审核论证。

第三十二条 法律事务主管部门应在10个工作日内就重大决策审核出具自身或法律中介机构的法律审核意见。

第三十三条 法律事务主管部门通过咨询等方式，协调处理小浪底管理中心机关各部门、直属单位、所属公司（简称业务经办部门〈单位〉）的法律事务，使小浪底管理中心的管理、发展和经营活动符合法律法规的规定。

第三十四条　发生法律纠纷后，业务经办部门（单位）应积极与纠纷对方当事人协商。需要进行法律事务咨询的，业务经办部门（单位）应将纠纷情况说明、相关资料等报法律事务主管部门，并应根据法律事务主管部门的具体要求，提供或补充提供详细的情况说明及资料，以便于及时、有效地采取应对措施。

第三十五条　法律事务主管部门需在5个工作日内就有关法律事务咨询事项提出法律意见或建议，在必要时可报请小浪底管理中心领导批示处理意见。

第三十六条　非诉讼案件处理原则上由业务经办部门（单位）负责，法律事务主管部门提供法律服务与支持。

对于重大纠纷或疑难法律事务，由法律事务主管部门联系常年法律顾问出具法律意见，作为纠纷处理的参考；或请常年法律顾问协助处理。

第三十七条　非诉讼纠纷处理完毕后，业务经办部门（单位）应将处理结果报法律事务主管部门。

第五章　诉讼案件法律事务管理

第三十八条　诉讼案件分一般案件和重大案件。重大案件指具有下列情形之一的案件：

（一）涉案金额超过500万元人民币的；

（二）可能引发群体性诉讼或者共同诉讼的；

（三）其他涉及小浪底管理中心、所属公司重大权益或者具有重大社会影响的；

（四）严重影响小浪底管理中心管理、发展、经营或社会和职工稳定的。

第三十九条　小浪底管理中心、所属公司诉讼案件管理，由所在单位法定代表人统一负责，所在单位法律事务部门具体实施，有关业务部门（单位）予以配合。

第四十条　小浪底管理中心、所属公司法律事务部门分别负责管理所在单位的一般案件。重大案件由小浪底管理中心法律事务主管部门负责管理。小浪底管理中心法律事务主管部门对所属公司发生的诉讼案件进行指导、监督、检查。

第四十一条　涉诉案件包括起诉案件和应诉案件。

起诉案件指小浪底管理中心、所属公司根据实际需要，主动向人民法院、行政机关、仲裁机构提起诉讼、行政复议、仲裁，要求对方向小浪底管理中心、所属公司履行义务的案件。

应诉案件指其他单位或个人向人民法院、行政机关、仲裁机构提起诉讼、行政复议、仲裁，要求小浪底管理中心、所属公司向其履行义务的案件。

第四十二条　涉诉部门（单位）对需要提起诉讼或仲裁的案件，应向相应法律事务部门提出书面申请，并提供相关证据资料、情况说明及处理意见。

涉诉部门（单位）对需要提起诉讼或仲裁案件的时效负责，确保诉讼、仲裁案件在法定的诉讼时效内启动法律程序。

第四十三条　法律事务部门在收到涉诉部门（单位）的起诉申请以及案卷材料后，会同常年法律顾问在10个工作日内予以审查，提出书面法律分析，对起诉或不起诉提出明确意见，报分管法律事务单位领导批准。

第四十四条　确定起诉5个工作日内，法律事务部门确定案件承办人员，由案件承办人员具体负责诉讼案件的处理。办理律师委托代理，诉讼文书由代理律师负责起草，并由法律事务部门确认。在确认诉讼文书后5个工作日内，办理完毕立案相关手续。

第四十五条　小浪底管理中心机关各部门、直属单位、所属公司收到人民法院、检察机关、公安机关等单位的传票、通知、函告等后，应按照规定转相应的法律事务部门处理。

第四十六条　法律事务部门在收到诉讼或仲裁文书后，与涉诉部门协商，提出解决意见，办理律师委托代理，确定案件承办人员，准备证据材料，做好应诉准备。

第四十七条　应诉案件证据搜集完毕后，案件承办人员准备应诉材料，经分管法律事务单位领导同意后提交案件审理单位。

第四十八条　案件受理并立案后，案件承办人员密切关注案件进展，并与案件审理单位和人员保持工作联系和沟通。

第四十九条　案件承办人员按照法律规定和案件审理单位的要求准时提交证据材料、诉讼法律文书，按时参加庭审、及时领取裁判文书等。

第五十条　法律事务部门应定期了解案件的进度。案件承办人员应积极与代理律师沟通，如实际情况发生变化，有可能对案件处理产生影响，应尽快通知法律事务部门，以便及时调整诉讼策略。

第五十一条　案件诉讼过程中，在不损害小浪底管理中心利益前提下，可以通过和解或调解的方式协商解决纠纷。

案件是否调解或和解，由案件承办人员提出法律分析意见报分管法律事务的单位领导决定。

案件调解或和解的，应签署书面和解或调解协议。协议由代理律师起草，并报分管法律事务的单位领导同意后签署。

第五十二条　案件一审审结，判令小浪底管理中心、所属公司承担法律义务的案件，案件承办人员提出在上诉期内是否上诉的书面法律分析意见，报分管法律事务的单位领导批准；如不上诉则应提出履行生效法律文书确定的义务的方案，报分管法律事务的单位领导批准。

第五十三条　一审终结，因对方当事人或小浪底管理中心、所属公司提起上诉，使案件进入二审阶段的，各项工作依照前述规定办理。

第五十四条　已经发生法律效力的裁判文书，因对方当事人或小浪底管理中心、所属公司申请再审的，再审阶段的案件依照前述规定办理。

第五十五条　决定不予上诉的案件，法律事务部门应将处理意见及相关裁判文书及时转发相关部门（单位），由相关部门（单位）负责裁判文书的履行。

第五十六条　诉讼案件胜诉或达成调解协议并已经生效，对方当事人拒不履行生效法律文书确定的义务时，法律事务部门应在履行期限届满后10个工作日内通知代理律师向人民法院申请强制执行。

第五十七条　申请执行或作为被执行人的案件的审批、办理程序，按照本办法关于起诉、应诉案件相关规定执行。

第五十八条　案件承办人员在案件办理过程中，应对案件情况作详尽了解，有权调查、收集相应的证据材料，小浪底管理中心机关各相关部门、直属公司、所属公司应全力配合，不得无故推诿、拖延、拒绝。相关部门（单位）不提供资料或不配合工作的，应当承担由此导致的全部责任。

第五十九条 对于重大涉诉案件，法律事务主管部门应当组织涉诉部门（单位）、代理律师和其他相关部门（单位）进行集体讨论、研究诉讼对策，并及时向小浪底管理中心领导报告。

第六章 普法工作

第六十条 普法工作由法律事务主管部门负责，所属公司法律管理部门配合。

第六十一条 法律事务主管部门应按照上级通知及有关规定制订普法方案，报小浪底管理中心批准后组织实施。

第六十二条 普法工作经费应纳入年度预算，并做到专款专用，以保障普法工作的顺利开展。

第六十三条 普法工作可以采用法制讲座、法律知识竞赛、内部网络发表普法类文章、张贴宣传海报等形式，注重对一线人员的普法宣传。

第七章 档案管理

第六十四条 非诉讼案件的业务经办部门（单位）应建立案件档案，一案一档。

案件档案包括但不限于：有关案件的合同、协议、票据、往来函件、履行资料等。

第六十五条 诉讼案件的代理律师应在收到终审判决/裁定/调解/裁决书后及时整理归档，并将案卷移交法律事务部门。案卷应包括但不限于：案件受理通知、应诉通知书、起诉状或仲裁申请书、相关证据、答辩状、代理词及判决、裁定、裁决书等。

第六十六条 法律事务部门应及时将诉讼案件案卷交档案管理部门归档。

第八章 监督检查和奖惩

第六十七条 小浪底管理中心法律事务主管部门定期对直属单位、所属公司法律事务管理工作进行监督与检查。

在检查过程中，发现未执行本办法的情形，可以进行调查或核实；确实存在问题的，应通知相关人员，要求其改正或采取补救措施。相关人员未能配合调查或未采取改正或补救措施的，法律事务主管部门可以予以通报、约谈或提交相关部门按规定予以处罚。

第六十八条 小浪底管理中心机关相关部门、直属单位、所属公司没有在规定的期限内向法律事务部门提供材料，或提供的材料不符合规定，导致丧失诉权、胜诉权或者给小浪底管理中心造成较大经济损失的，由小浪底管理中心法律事务主管部门通报并追究责任。

第六十九条 对在法律事务管理中做出突出贡献的部门、人员及法律顾问给予表彰和奖励：

（一）严格执行各项规定，在法律事务工作中表现突出的；

（二）在法律纠纷预防与处理工作中，为小浪底管理中心避免或挽回较大经济损失的。

第七十条 小浪底管理中心法律顾问和有关工作人员在处理法律事务中玩忽职守、滥用职权、谋取私利，给小浪底管理中心造成较大经济损失或社会影响的，应当追究其相关责任。

第七十一条 小浪底管理中心、所属公司聘用的法律中介机构在处理法律事务中，因未勤勉尽责及其他违反有关规定的行为给小浪底管理中心、所属公司造成较大损失的，应当依法追究其相关责任并不得再次聘用。

第九章 附 则

第七十二条 本办法自发布之日起施行。《水利部小浪底水利枢纽管理中心法律事务管理办法》（库区〔2016〕3 号）同时废止。

第七十三条 本办法由小浪底管理中心规划计划处负责解释。

水利部小浪底水利枢纽管理中心
领导干部个人重大事项报告制度

（中心党〔2013〕5 号，2013 年 4 月 10 日印发）

第一条 为加强领导干部的管理和监督，促进党风廉政建设和思想作风建设，根据《中国共产党党内监督条例》《关于领导干部报告个人重大事项的规定》等有关规定，结合实际，制定本制度。

第二条 适用范围

本制度适用于水利部小浪底水利枢纽管理中心（简称枢纽管理中心）机关、直属单位、所属公司局、处两级领导干部。

第三条 应当报告的重大事项

（一）本人、配偶、共同生活的子女营建、买卖、出租私房和参加集资建房的情况。

（二）本人参与操办的本人及近亲属婚丧喜庆事宜等的办理情况（不含仅在近亲属范围办理的上述事宜）。

（三）本人、子女与外国人通婚以及配偶、子女出国（境）定居的情况。

（四）本人因私出国（境）和在国（境）外活动的情况。

（五）配偶、子女经营个体、私营工商业或承包、租赁国有、集体工商企业的情况，受聘于三资企业担任企业主管人员或受聘于外国企业驻华、港澳台企业驻境内代办机构担任主管人员的情况。

（六）本人、配偶、子女受到执法执纪机关查处或涉嫌犯罪的情况。

（七）本人业余从事第二职业的情况。

（八）本人认为应当需要报告的其他重大事项。

第四条　个人重大事项报告的受理

枢纽管理中心党委负责受理局、处两级领导干部的个人重大事项报告。

第五条　报告程序

(一)上述第三条所列事项,报告对象应在事后一个月内书面报告党委。因特殊原因不能按时上报的,应及时补报并说明原因。按规定需事前请示的,应按规定办理。本人认为需要事前请示的事项,也可事前请示。

(二)对于需要答复的请示,党委及时答复,报告人应按照答复意见办理。

(三)报告内容应予保密,组织认为应予公开或本人要求公开的,可采取适当方式在一定范围内公开。

(四)应报事项报告后,无变化的不再重复报告,发生变化的要按要求及时报告。

第六条　领导干部不按本规定报告或不如实报告个人重大事项的,应视情节轻重,给予批评教育、限期改正、责令做出检查、在一定范围内通报批评等处理。

第七条　纪检监察部门、人事部门要加强对本制度执行情况的监督检查,把领导干部执行本制度的情况作为考核干部的一项内容。

第八条　本制度由党群工作处负责解释。

第九条　本制度自印发之日起施行。

水利部小浪底水利枢纽管理中心
领导干部任前廉政鉴定和廉政谈话实施办法

(中心党〔2016〕16号,2016年3月2日印发)

第一章　总　则

第一条　为进一步加强干部队伍廉政建设,增强领导干部廉洁自律意识,切实把好领导干部入口关,努力打造忠诚、干净、担当的领导干部队伍,根据《中国共产党章程》《中国共产党廉洁自律准则》《党政领导干部选拔任用工作条例》和《水利部小浪底水利枢纽管理中心干部选拔任用工作管理办法》及其他有关规定和要求,结合实际,制定本办法。

第二条　本办法适应于水利部小浪底水利枢纽管理中心(简称枢纽管理中心)拟选拔任用的处级干部、枢纽管理中心机关和直属单位科级干部以及所属公司纪检监察、人事、财务等岗位的科级干部。

第三条　任前廉政鉴定坚持实事求是、客观公正、发扬民主、严守纪律以及准确、客观、公正的原则。

任前廉政谈话坚持正面教育为主、及早预防、事前监督、关口前移的原则,注重谈话的针对性和时效性。

第四条　任前廉政鉴定和任前廉政谈话由枢纽管理中心纪检监察部门负责组织实

施。

第二章 任前廉政鉴定的实施

第五条 任前廉政鉴定内容

(一)执行党风廉政建设责任制情况。

(二)有无违反《中国共产党廉洁自律准则》和《中国共产党纪律处分条例》有关规定情况。

(三)有无信访举报初核情况。

(四)有无违纪问题立案调查和处理结论情况。

(五)有无受党纪、政纪、法纪处理情况,包括受处分的时间、处理机关、处分类别等。

(六)其他需要做出廉政鉴定的事项。

第六条 任前廉政鉴定程序

(一)在枢纽管理中心确定拟选拔任用干部考察人选后,由人事部门向纪检监察部门发送廉政鉴定意见函征求意见,并填写《领导干部任前廉政鉴定意见表》中有关拟选拔任用干部的基本信息。

(二)纪检监察部门收到廉政鉴定意见函后,在一周内出具廉政鉴定意见,按要求填写《领导干部任前廉政鉴定意见表》,报枢纽管理中心纪委书记批准签字后将原件交人事部门。

第七条 任前廉政鉴定意见相关要求

(一)对拟选拔任用干部没有反映不廉洁问题的,应写明“未发现有不廉洁问题”。

(二)对有反映,但经初核未发现有不廉洁问题的,应写明“有反映,经初核未发现有不廉洁问题”。

(三)对有反映,调查工作不能在廉政鉴定期限内结束的,应写明“有反映,正在调查,建议暂缓选拔任用”。

(四)对有反映,经调查,确实存在违纪、违法等事实,足以影响提拔任用的,应写明“有反映,经调查存在违纪、违法问题,建议不予提拔”。

(五)对一时难以调查核实的,要做出详细的书面说明。

(六)任前廉政鉴定意见作为人事部门研究干部任用的参考意见,并载入选拔任用对象的干部档案。

(七)任前廉政鉴定工作政策性强,对因违反组织工作纪律,造成失密泄密等不良后果或用人失察的,要追究相关人员责任。

第三章 任前廉政谈话的实施

第八条 任前廉政谈话在干部正式任命文件下达前分层次进行。

(一)处级干部任前廉政谈话由枢纽管理中心纪委主要负责人负责。

(二)枢纽管理中心机关和直属单位的科级干部及所属公司纪检监察、人事、财务岗位的科级干部任前廉政谈话由枢纽管理中心纪委副书记或纪检监察部门主要负责人负责。

第九条　任前廉政谈话方式

可根据干部任用工作情况，采用个别谈话或集体谈话的方式进行。任前廉政谈话可与人事部门组织进行的干部任前谈话同时进行。

第十条　任前廉政谈话主要内容

1. 谈话对象：介绍个人基本情况、思想状况、执行党纪党规情况、对当前党风廉政建设和反腐败斗争形势的认识；今后开展党风廉政建设的想法以及个人廉洁自律的措施等。

2. 谈话人：对谈话对象进行理想信念教育，党的宗旨教育，民主集中制教育，遵纪守法教育、落实"八项规定精神"和党风廉政建设"两个责任""一岗双责"教育；针对谈话对象实际情况，指出存在的不足，提出今后努力的方向和要求等。

第十一条　任前廉政谈话有关要求

1. 谈话前枢纽管理中心纪委应将谈话时间、地点、主要内容等提前通知谈话对象。谈话对象要按要求认真做好准备。

2. 谈话使用专用记录本，相关人员认真记录谈话内容。

3. 谈话结果及时向枢纽管理中心党委汇报，重要事项须书面报告。

第四章　附　则

第十二条　依据干部管理权限，枢纽管理中心所属公司管理的其他岗位科级干部任前廉政鉴定和廉政谈话由公司具体负责。所属公司要建立健全相关制度和办法，重要事项要及时报告枢纽管理中心党委。

第十三条　本办法由党群工作处负责解释。

第十四条　本办法自印发之日起施行，《水利部小浪底水利枢纽管理中心领导干部任前廉政谈话制度》（中心党〔2013〕2号）和《水利部小浪底水利枢纽管理中心领导干部任前廉政鉴定暂行办法》（中心党〔2013〕8号）同时废止。

附件：领导干部任前廉政鉴定意见表

中国共产党水利部小浪底水利枢纽管理中心委员会对违反党风廉政建设责任制规定的追究办法

（中心党〔2016〕18号，2016年3月2日印发）

第一条　为深入落实全面从严治党战略，进一步加强水利部小浪底水利枢纽管理中心（简称枢纽管理中心）党风廉政建设，强化党风廉政建设主体责任意识，提高履行"一岗双责"的自觉性，根据中央《关于实行党风廉政建设责任制的规定》《中国共产党纪律处分条例》《中共水利部党组对违反党风廉政建设责任制规定实施责任追究的办法》和《水利部小浪底水利枢纽管理中心关于进一步落实党风廉政建设主体责任的实施意见》等有关规定，制定本办法。

第二条　本办法所称追究责任是指对领导班子、领导干部违反或者未能正确履行责任制规定的职责实施问责的行为。

第三条　本办法适用于枢纽管理中心机关部门及其负责人、直属单位和所属公司领导班子及成员以及枢纽管理中心党委直接管理的其他干部。

第四条　责任追究坚持实事求是、客观公正，从严执纪、违纪必究，惩前毖后、治病救人的原则。

第五条　责任追究的方式包括组织处理和党纪政纪处分。

组织处理包括批评教育、诫勉谈话、书面检查、通报批评、调整职务、责令辞职、免职和降职等。

党纪政纪处分按照党章、中国共产党纪律处分条例和事业单位工作人员处分暂行规定等规定执行。

组织处理和党纪政纪处分可以单独使用，也可合并使用。

第六条　领导班子、领导干部有下列情形之一的，应当追究责任：

1. 落实党风廉政建设主体责任不到位，对党风廉政建设工作领导不力，以致职责范围内明令禁止的不正之风得不到有效防治，造成不良影响的；

2. 对上级领导机关交办的党风廉政建设职责范围内的事项不传达贯彻、不安排部署、不督促落实，或者拒不办理的；

3. 对本单位（部门）发现的严重违纪违法行为隐瞒不报、压案不查的；

4. 疏于监督管理，致使领导班子成员或者直接管辖的下属发生严重违纪违法问题的；

5. 违反规定选拔任用干部，或者用人失察、失误造成恶劣影响的；

6. 放任、包庇、纵容下属人员违反财政、金融、税务、审计、统计等法律法规，弄虚作假的；

7. 有其他违反党风廉政建设责任制行为的。

第七条　领导班子违反党风廉政建设责任制规定，情节较轻的，责令做出书面检查；情节较重的，给予通报批评；情节严重的，对领导班子进行组织调整。

第八条　领导干部有上述第六条所列情形，情节较轻的，给予批评教育、诫勉谈话、责令做出书面检查；情节较重的，给予通报批评；情节严重的，给予党纪政纪处分，或者给予调整职务、责令辞职、免职和降职等组织处理。涉嫌犯罪的，移送司法机关依法处理。

以上责任追究方式可以单独使用，也可合并使用。

第九条　领导班子、领导干部具有上述第六条所列情形，并具有下列情节之一的，应当从重追究责任：

1. 对党风廉政建设职责范围内发生的问题进行掩盖、袒护的；

2. 在责任追究中干扰、阻碍调查处理的。

第十条　领导班子、领导干部具有上述第六条所列情形，并具有下列情节之一的，可以从轻或者减轻追究责任：

1. 对职责范围内发生的问题及时如实报告并主动查处和纠正，有效避免或挽回影响的；

2. 认真整改,成效明显的。

第十一条　责任追究工作由纪检监察部门和人事部门按照相关职责和权限组织实施。

需要追究党纪政纪责任的,由纪检监察部门按照党纪政纪案件的调查处理程序办理;

需要给予组织处理的,由人事部门或者由负责调查的纪检监察部门会同人事部门,按照有关权限和程序办理;

涉嫌违法犯罪的,移送司法机关依法处理。

第十二条　实施责任追究,要实事求是,分清集体责任和个人责任、主要领导责任和重要领导责任。

追究集体责任时,领导班子主要负责人和直接主管的领导班子成员承担主要领导责任,参与决策的班子其他成员承担重要领导责任。对错误提出明确反对意见而没有被采纳的,不承担领导责任。

错误决策由领导干部个人决定或者批准的,追究该领导干部个人的责任。

第十三条　实施责任追究不因领导干部工作岗位或者职务的变动而免于追究。已退休但按照本办法应当追究责任的,仍需进行相应的责任追究。

第十四条　受到责任追究的领导班子、领导干部,取消当年考核评优和评选各类先进的资格。

单独受到责令辞职、免职处理的领导干部,一年内不得重新担任与其原任职务相当的领导职务;受到降职处理的,两年内不得提升职务。同时受到党纪政纪处分和组织处理的,按影响期较长的执行。

第十五条　直属单位、所属公司可参照本办法对下属部门(单位)、控股公司领导班子、领导干部实施责任追究。

第十六条　本办法由党群工作处负责解释。

第十七条　本办法自发布之日起施行。

水利部小浪底水利枢纽管理中心
党风廉政建设承诺、约谈、报告制度

(中心党〔2016〕79号,2016年12月5日印发)

第一章　总　则

第一条　为贯彻落实全面从严治党要求,推进水利部小浪底水利枢纽管理中心(简称小浪底管理中心)党风廉政建设各项任务的落实,根据中共水利部党组党风廉政建设承诺制度、约谈制度、报告制度相关规定。结合实际,制定本制度。

第二条　本制度适用于小浪底管理中心各级党组织和各级领导干部。

第二章　党风廉政建设承诺制度

第三条　党风廉政建设承诺坚持逐级承诺、公开透明、重信守诺的原则，自下而上，层层签订；一定范围内公开，接受监督；自觉履职，知行合一。

第四条　签订主体

（一）各直属党支部、所属公司党总支与小浪底管理中心党委签订党风廉政建设责任书。

（二）所属公司党总支各下属党支部（党总支）与所属公司党总支签订党风廉政建设责任书。

（三）小浪底管理中心党委成员与党委书记签订党风廉政建设承诺书。

（四）机关各部门、直属单位、所属公司主要负责人与小浪底管理中心党委分管领导签订党风廉政建设承诺书。

（五）直属单位、所属公司班子成员与本单位主要负责人签订党风廉政建设承诺书。

（六）直属单位、所属公司部门（单位）主要负责人与本单位分管领导签订党风廉政建设承诺书。

第五条　责任书、承诺书的主要内容

（一）党组织责任书内容

主要包括：严明党的纪律、严肃党内政治生活；执行“六项纪律”、中央八项规定精神及小浪底管理中心贯彻落实改进工作作风、密切联系群众的八项规定实施办法（简称实施办法），防止“四风”问题；贯彻落实上级决策部署和小浪底管理中心党委工作安排；主要负责人履行党风廉政建设第一责任人的职责，领导班子成员落实“一岗双责”；安排部署本单位党风廉政建设工作，建立健全党风廉政建设相关制度，加强作风建设和党员干部日常教育、监督、管理以及自身建设等。

（二）党委成员承诺书内容

主要包括：严格遵守党章和其他党纪条规、严肃党内政治生活、自觉接受监督；贯彻选好用好干部相关规定，防止用人上的不正之风；执行中央八项规定精神和小浪底管理中心实施办法；认真履行“一岗双责”，加强对分管部门、联系单位党员干部和职工的教育引导、监督管理；树立良好家风，管好家人、身边工作人员以及个人廉洁自律等。

（三）部门（单位）主要负责人承诺书内容

主要包括：遵守党章和党的各项纪律、带头执行党的路线方针和国家法律法规；履行党风廉政建设第一责任人的职责，加强对本部门（单位）干部职工的教育监督；执行中央八项规定精神和小浪底管理中心实施办法，防止“四风”问题；执行民主集中制、“三重一大”、请示报告等制度；树立良好家风、管好家人以及个人廉洁自律等。

第六条　签字背书

（一）《党风廉政建设责任书》一式三份，一份报党委（党总支）；一份存纪检监察部门，以便接受组织监督；一份由责任支部（总支）保存，以便经常对照检查，自觉履行职责。

（二）《党风廉政建设承诺书》一式三份，一份报党委（党总支、党支部）主要（分管）领导；一份存纪检监察部门，以便接受组织监督；一份由本人保存，自警自律，恪守承诺。

第三章　党风廉政建设约谈制度

第七条　廉政约谈是指通过约见谈话的形式，了解沟通情况、指导督促工作、及时提醒警示，教育、帮助和提醒约谈对象端正思想认识、强化纪律意识、认真整改问题，切实做到廉洁自律。

第八条　廉政约谈必须坚持实事求是、教育在先、注重预防、批评与自我批评、严肃纪律与做好思想教育工作相结合的原则，抓早、抓小，抓预防。

第九条　约谈对象和约谈人

约谈对象为小浪底管理中心全体党员干部职工。

小浪底管理中心机关和直属单位厅局级干部的约谈原则上由小浪底管理中心党委书记、副书记、纪委书记负责，处级干部的约谈原则上由小浪底管理中心党委委员负责，科级干部及普通工作人员的约谈原则上由所在部门（单位）负责人负责。

所属公司厅（局）级干部的约谈原则上由小浪底管理中心党委委员负责，处级干部的约谈原则上由小浪底管理中心党委委员、所在公司党总支委员负责，科级干部的约谈原则上由所在公司党总支委员、所在部门（单位）负责人负责，普通职工的约谈原则上由所在部门（单位）负责人负责。约谈人可以是1人，也可多人。

第十条　约谈方式

可采用集体约谈和单独约谈两种方式进行。

第十一条　约谈种类及内容

（一）常规约谈。约谈人根据工作需要，了解约谈对象个人思想、履行职责、廉洁自律等情况；了解约谈对象在维护党的政治纪律和政治规矩、落实党风廉政建设责任制，遵守廉洁自律、执行中央八项规定精神等情况；听取约谈对象对党风廉政建设和反腐败工作的意见建议。常规约谈每年不少于1次。

（二）提醒约谈。针对约谈对象本人或所在部门（单位），在一定时期、一定范围内，党风党纪方面存在的苗头性、倾向性问题或职工群众反映强烈的问题，约谈人及时与约谈对象进行提醒约谈，要求约谈对象针对存在问题做出说明并采取防范措施。

（三）诫勉约谈。针对信访举报、执纪审查、审计监督等反映出约谈对象自身和本部门（单位）存在的一般性违纪违规问题，约谈人及时与约谈对象进行诫勉约谈，指出错误性质，提出针对性意见，要求认真整改。

第十二条　出现下列情形之一的，应及时根据问题的严重程度开展提醒约谈或诫勉约谈：

（一）贯彻落实党的路线方针政策、上级决策部署和小浪底管理中心党委决议、决定以及工作部署不力的。

（二）政治态度不端正，有错误言行，造成不良影响的。

（三）对党风廉政建设工作领导不力，落实“两个责任”“一岗双责”不到位，致使部门（单位）职工反映强烈的突出问题得不到有效解决，造成不良影响的。

（四）对小浪底管理中心党委部署的党风廉政建设和反腐败工作不落实或落实不到位的。

（五）小浪底管理中心党委在检查中发现问题，需要进行约谈的。

（六）党员干部职工发生违纪违规行为的。

（七）对本部门（单位）发生违纪违规行为隐瞒不报、不处理的。

（八）对本部门（单位）职责范围内的信访举报和职工群众诉求不认真受理办理，问题解决不到位，或者瞒报、谎报、迟报重大、紧急信访举报和群众诉求信息，造成不良影响的。

（九）一定时期、一定范围内出现的苗头性、倾向性问题，需要引起有关组织重视并加以整改的。

（十）不严格执行中央八项规定精神和上级党组织以及小浪底管理中心有关改进工作作风、反对铺张浪费、密切联系群众的相关规定和《党政机关厉行节约反对浪费条例》的。

（十一）其他涉及党风廉政建设和作风建设需要及时约谈的。

第十三条 组织实施

廉政约谈按照干部管理权限和党组织管理范围相结合的原则进行。党委、纪委主要负责与处级及以上干部约谈，各级党组织负责其管理范围内党员干部职工约谈。

（一）约谈准备。明确约谈主题、时间、对象以及参加约谈的有关人员等，至少提前1天通知约谈对象，告知约谈主题、时间、地点等事项。

（二）约谈实施。约谈人是多人的，由最高领导主谈。约谈要清晰表达主题内容。

（三）约谈记录。约谈人是多人的，要制定专人负责记录；单独约谈由主谈人记录。约谈中了解到的重要情况应及时向党委报告。约谈记录要存同级党群部门。

（四）约谈整改。对需要由约谈对象整改的问题，约谈对象应自约谈结束后30个工作日内，向主谈人书面报告整改落实情况，并报同级党群部门备案。

第四章 党风廉政建设专题报告

第十四条 报告主体

（一）小浪底管理中心党委向水利部党组专题报告党风廉政建设工作和履行主体责任情况。

（二）各直属党支部、所属公司党总支向小浪底管理中心党委书面报告党风廉政建设工作和履行主体责任情况。

（三）机关各部门、直属单位、所属公司主要负责人和班子成员向小浪底管理中心党委报告履行党风廉政建设责任情况和个人廉洁自律情况。

（四）小浪底管理中心纪委向驻部纪检组报告问题线索处置和纪律审查情况。所属公司纪检监察部门向小浪底管理中心纪委报告发现的问题线索情况和纪律审查情况。

第十五条 报告内容

（一）小浪底管理中心党委向部党组报告内容以及各直属党支部、所属公司党总支向小浪底管理中心党委报告内容：严明党的各项纪律，坚决维护中央权威情况；认真落实主体责任，党组织主要负责人履行第一责任人职责情况；坚持党管干部原则，选好用好管好干部情况；认真落实中央八项规定精神，加强作风建设情况；加强党风廉政教育，筑牢拒腐防变思想防线情况；突出源头治理，强化对权力运行的制约和监督情况；加大问题线索处置力度,保持惩治腐败的高压态势情况;加强领导班子自身建设,当好廉洁从政表率情况;责任范围内应该报告的其他事项。

(二)机关各部门、直属单位、所属公司主要负责人和班子成员向小浪底管理中心党委报告内容:贯彻落实“一岗双责”、履行党风廉政建设责任制情况;贯彻执行中央八项规定精神和小浪底管理中心实施办法的情况;遵守《中国共产党廉洁自律准则》等廉洁自律情况。

(三)纪检监察部门向上级纪委报告内容:发现的问题线索情况和纪律审查情况。

第十六条 报告形式及时间

(一)小浪底管理中心党委每年年底前或按水利部要求向水利部党组书面报告。

(二)各直属党支部、所属公司党总支可结合支部年终考核,按要求一并向小浪底管理中心党委书面报告。

(三)各部门(单位)主要负责人和班子成员可结合年终总结及年度考核一并书面报告。

(四)纪检监察部门发现问题线索和纪律审查情况应及时报告。

(五)党风廉政建设专项工作视情况不定期报告,重大问题及时报告。

第五章 检查考核

第十七条 小浪底管理中心党委每年组织对各级党组织履行党风廉政建设承诺、廉政约谈、报告制度情况进行检查考核。

第十八条 党组织和领导干部履行党风廉政建设承诺、约谈、报告制度情况分别纳入党组织年度考核和领导干部年度考核范围。

第十九条 小浪底管理中心党委成员和各级班子成员,要听取分管部门、联系单位开展党风廉政建设情况的专题汇报,及时发现和解决问题。

第六章 责任追究

第二十条 对不履行责任承诺或履行不力、不开展廉政约谈、不报告党风廉政建设工作的党组织和领导干部,根据《中国共产党水利部小浪底水利枢纽管理中心委员会对违反党风廉政建设责任制规定的追究办法》等有关规定,追究相关单位和责任人的责任。

第二十一条 责任追究不仅追究当事人的责任,还要追究主要领导责任和相关监督责任。

第七章 附 则

第二十二条 本制度自印发之日起施行。

第二十三条 本制度由党群工作处负责解释。

附件:1. 小浪底管理中心党委党风廉政建设约谈通知书
　　　2. 小浪底管理中心党委党风廉政建设约谈记录

水利部小浪底水利枢纽管理中心党委巡察工作办法(试行)

(中心党〔2017〕84号,2017年11月14日印发)

第一章　总　则

第一条　为深入贯彻党的十九大精神,落实全面从严治党要求,严肃党内政治生活,净化党内政治生态,进一步强化对基层党组织和党员干部的监督,根据《中国共产党章程》《中国共产党党内监督条例》《中国共产党巡视工作条例》等党内法规的相关精神,结合水利部小浪底水利枢纽管理中心(简称小浪底管理中心)实际,制定本办法。

第二条　巡察工作以马克思列宁主义、毛泽东思想、邓小平理论、"三个代表"重要思想、科学发展观和习近平新时代中国特色社会主义思想为指导,牢固树立"四个意识",贯彻新发展理念,坚定"四个自信",尊崇党章,依规治党,落实中央巡视工作方针,深化政治巡察,聚焦坚持党的领导、加强党的建设、全面从严治党,发现问题、形成震慑,推动改革,促进小浪底管理中心各项事业健康发展。

第三条　巡察工作在小浪底管理中心党委统一领导下,坚持实事求是、依规依纪,坚持聚焦问题、注重实效,坚持发扬民主、依靠群众的原则。

第二章　巡察组织机构

第四条　成立小浪底管理中心党委巡察工作领导小组(简称领导小组),由党委书记、主任任组长,党委副书记、纪委书记、副主任任副组长,成员由办公室、党群工作处(监察审计处)、规划计划处、资产财务处、人事处、建设与管理处等部门主要负责人组成。领导小组组长是实施巡察工作的主要责任人。领导小组具体职责如下:

(一)贯彻落实上级党组织和小浪底管理中心党委的有关决议、决定;

(二)研究提出巡察工作计划及阶段性任务安排;

(三)听取巡察工作汇报,审定巡察报告;

(四)研究巡察成果的运用,分类处置,提出相关意见和建议;

(五)向小浪底管理中心党委报告巡察工作情况;

(六)对巡察组进行管理和监督;

(七)研究处理巡察工作中的其他重要事项。

第五条　成立领导小组办公室(简称巡察办)作为领导小组的日常办事机构。巡察办设在党群工作处(监察审计处),负责巡察日常工作。具体职责如下:

(一)向领导小组报告巡察工作情况,传达贯彻领导小组做出的决策和部署;

(二)统筹、协调、指导巡察组开展工作;

(三)承担政策研究、制度建设、文档管理等工作;

(四)协调配合相关部门培训、监督和管理巡察工作人员;

(五)对巡察意见建议落实情况和小浪底管理中心党委、巡察领导小组决定的事项进行督办;

(六)办理领导小组交办的其他事项。

第六条　成立小浪底管理中心党委巡察组(以下简称巡察组)。巡察组对领导小组负责并报告工作,原则上由5~6人组成。巡察组设组长、副组长。巡察组试行组长负责制,副组长协助组长开展工作。组长一般由领导小组成员担任,副组长及其成员从小浪底管理中心机关部门、库区管理中心、开发公司、投资公司相关部门(单位)党员干部中选调。巡察组成员组成由巡察办会同有关单位(部门)提出建议人选,报领导小组审定。

第七条　巡察组人员应具备以下基本条件:

(一)理想信念坚定,对党忠诚,在思想上政治上行动上同党中央保持高度一致;

(二)坚持原则,敢于担当,依法办事,公道正派,清正廉洁;

(三)遵守党的纪律,严守党的秘密;

(四)熟悉党务工作和相关政策法规,有较强的发现问题、沟通协调、文字综合能力;

(五)身体健康,能胜任工作要求。

第八条　选调巡察工作人员应当严格按照标准条件,对不适合从事巡察工作的,应当及时调整。巡察工作人员实行任职回避、公务回避。

第九条　巡察组应建立组务会制度,对巡察阶段工作安排、拟进行深入了解的重要问题、拟向领导小组报告的事项等进行集体研究,并指定专人记录。

第三章　巡察对象和内容

第十条　小浪底管理中心党委巡察对象为小浪底库区管理中心、黄河水利水电开发总公司(简称开发公司)、黄河小浪底水资源投资有限公司(简称投资公司)党总支领导班子及其成员、重要岗位领导干部,根据实际工作需要可延伸到开发公司和投资公司下属独立法人单位党组织领导班子及其成员。

第十一条　巡察组对巡察对象执行《中国共产党章程》和其他党内法规,遵守党的纪律,落实全面从严治党主体责任和监督责任等情况进行监督,着力发现党的领导弱化、党的建设缺失、全面从严治党不力,党的观念淡漠、组织涣散、纪律松弛,管党治党宽松软问题:

(一)违反政治纪律和政治规矩,存在违背党的路线方针政策的言行,有令不行,有禁不止,阳奉阴违、结党营私、团团伙伙、拉帮结派,以及落实意识形态工作责任制不到位等问题;

(二)违反廉洁纪律,以权谋私、贪污受贿、腐化堕落等问题,特别是在招标投标、物资采购、项目管理、设备设施维修维护等重点领域存在的吃卡拿要、收受礼品礼金等违纪违规问题;

(三)违反组织纪律,违规用人、任人唯亲、跑官要官、买官卖官、拉票贿选,以及独断专项、软弱涣散、严重不团结等问题;

(四)违反群众纪律、工作纪律、生活纪律,落实中央八项规定精神不力,搞形式主义、官僚主义、享乐主义和奢靡之风等问题;

(五)小浪底管理中心党委要求了解的其他问题。

第四章　巡察工作方式和权限

第十二条　巡察工作采取常规巡察和专项巡察两种方式进行。常规巡察原则上在小浪底管理中心党委一届任期内对巡察对象全覆盖巡察一次,也可根据实际情况确定巡察频次。专项巡察是小浪底管理中心党委根据工作需要,针对直属单位、所属公司的重点人、重点事、重点问题或者巡察整改情况开展的巡察。

第十三条　巡察组可以采取以下方式开展工作:

(一)听取汇报。听取被巡察党组织的工作汇报,根据需要听取纪检监察、人事、财务、审计等部门的专题汇报;

(二)个别谈话。与被巡察单位领导班子成员、内设部门和下属单位主要负责人以及其他干部职工进行个别谈话;

(三)受理信访。受理反映被巡察单位领导班子及其成员和下属单位领导班子主要负责人问题的来信、来电、来访等;

(四)抽查。抽查核实领导干部报告个人有关事项的情况;

(五)询问知情人。向有关知情人员询问情况;

(六)查阅资料。调阅、复制有关文件、档案、会议记录等资料,由专人保管,及时归还;

(七)召开座谈会。根据需要,由巡察组组长或副组长主持召开不同层次、范围人员参加的座谈会,进一步了解情况;

(八)列席会议。根据需要,列席被巡察单位的有关会议,不参加会议讨论;

(九)问卷调查。根据实际,开展民主测评和问卷调查,可结合动员会、座谈会等同步进行;

(十)走访调研。根据需要,以适当方式到被巡察单位的下属单位或者部门走访调研了解情况;

(十一)专项调查。对确定为专项问题的,包括反映被巡察单位领导班子成员的重要问题线索等进行深入了解;

(十二)提请有关单位予以协助;

(十三)小浪底管理中心党委批准的其他方式。

第十四条　巡察组依靠被巡察党组织开展工作,不干预被巡察单位的正常工作,不履行执纪审查职责。

第十五条　巡察组应当严格执行请示报告制度,对巡察工作的重要情况和重大问题及时向巡察领导小组请示报告。特殊情况下,可直接向领导小组组长报告。

第十六条　巡察期间,经领导小组批准,巡察组可以将被巡察党组织管理的干部涉嫌违纪违法的具体问题线索,移交有关部门处理;对群众反映强烈、明显违反规定并且能够及时解决的问题,向被巡察党组织提出处理建议。

第五章　巡察工作程序

第十七条　巡察前准备

（一）制定巡察方案。巡察办根据巡察对象的具体情况，制定巡察工作方案，报领导小组批准后实施；

（二）发布巡察通知。根据确定的工作计划，及时发布通知，告知被巡察单位有关巡察安排和事项，提前做好相关准备；

（三）召开动员暨培训会。领导小组组长或副组长主持召开巡察工作动员暨培训会，领导小组成员、巡察组全体成员、被巡察单位党组织和纪检部门负责人参加；

（四）了解情况。巡察组开展巡察前，应当向纪检监察、人事、财务、审计等有监督管理职责的部门了解被巡察对象的有关情况，相关部门应积极配合，如实提供有关资料；

（五）与被巡察单位沟通。巡察组应提前与被巡察单位沟通，明确需提供的书面材料等具体事项。

第十八条　进驻被巡察单位

（一）通报。巡察组进驻被巡察单位后，应当向被巡察单位党组织通报巡察任务、工作方式和权限；发布巡察公告，公布巡察重点内容、时限、联系电话、信箱等；

（二）召开动员会。在一定范围内召开巡察工作动员会，通报开展巡察有关任务和安排，进行宣传动员。被巡察单位主要负责人表态发言；

（三）开展巡察。巡察组按照规定的工作方式和权限开展工作，对反映被巡察党组织领导班子及其成员的重要问题，经领导小组批准，可采取适当方式进行深入了解。

第十九条　编写巡察报告

巡察工作结束后10个工作日内，巡察组应形成巡察报告，经巡察组组长审定后，报领导小组。巡察报告要如实反映了解的重要情况和问题，并提出处理建议。

对党风廉政建设方面存在的普遍性、倾向性问题和其他重大问题，应当形成专题报告，分析原因，提出建议。

领导小组应当及时听取巡察情况汇报，研究提出处理意见，报小浪底管理中心党委决定。

小浪底管理中心党委应当及时听取巡察工作领导小组有关情况汇报，研究并决定巡察成果的运用。

第二十条　整理材料归档

巡察组应指定专人负责对巡察过程中的全部材料进行整理立卷，移交巡察办归档。任何个人不得以任何形式保留与巡察工作相关的纸质文件和电子介质。归档材料包括：

（一）移交材料清单；

（二）被巡察单位党组织、纪检、人事等部门的汇报材料；

（三）对被巡察单位重要问题进行深入了解形成的专题报告（包括调阅或复制的重要文件及资料）、阶段报告材料以及典型案例材料等；

（四）个别谈话后形成的全部谈话记录；

（五）领导干部个人有关事项抽查情况表；

（六）其他需归档的有关材料。

第二十一条 反馈意见

经小浪底管理中心党委同意后，巡察组应在10个工作日内向被巡察党组织领导班子及其主要负责人分别反馈相关巡察情况，有针对性地提出整改意见。

第二十二条 整改问题

（一）制定整改方案。被巡察党组织要针对巡察组反馈提出的问题和意见，认真研究制定整改方案，逐项明确责任领导、责任部门（单位）、整改时限及要求，并在收到反馈意见之日起1个月内，向巡察办报送整改方案、初步整改情况报告、整改台账等。除特殊情况外，被巡察单位应将整改情况在一定范围内公布；

（二）巡察办应当会同巡察组，采取适当方式了解和督促被巡察党组织整改落实工作并向领导小组报告。领导小组可以直接听取被巡察党组织有关整改情况的汇报。

第二十三条 成果运用

（一）对巡察发现的问题和线索，小浪底管理中心党委做出分类处置的决定后，依据干部管理权限和职责分工按照以下途径进行移交：对被巡察单位领导班子及其成员涉嫌违纪的问题线索和作风方面的突出问题，移交小浪底管理中心纪委处理；对被巡察单位领导班子及其成员在执行民主集中制、干部选拔任用等方面内存在的问题，移交人事部门处理；其他问题移交相关部门（单位）处理；

（二）有关单位（部门）收到巡察移交的问题或者线索后，应当及时研究、提出谈话函询、初核、立案或者组织处理等意见，并于3个月内将办理情况反馈巡察办；

（三）巡察结果和巡察整改情况作为小浪底管理中心党委对被巡察党组织年度党建工作和党风廉政建设责任制考核的重要内容，结果作为考核评价、选拔任用干部的重要依据。

第二十四条 巡察进驻、反馈、整改等情况，应当以适当方式公开，接受党员、干部和职工的监督。

第六章 纪律要求

第二十五条 小浪底管理中心党委和领导小组应当加强对巡察工作的领导。对领导巡察工作不力、发生严重问题的，依据有关规定追究相关责任人员的责任。

第二十六条 纪检、人事、审计等部门及其他有关部门（单位），应当支持配合巡察工作。对违反规定不支持配合巡察工作，造成严重后果的，依据有关规定追究相关责任人员的责任。

第二十七条 巡察组工作人员应当严格遵守巡察工作纪律。有下列情形之一的，视情节轻重，给予批评教育、组织处理或者纪律处分；涉嫌犯罪的，移送司法机关依法处理。

（一）对应当发现的重要问题没有发现的；

（二）不如实报告巡察情况，隐瞒、歪曲、捏造事实的；

（三）泄露、扩散巡察工作秘密的；

（四）工作中超越权限，造成不良后果的；

（五）利用巡察工作的便利谋取私利或者为他人谋取不正当利益的；

（六）有违反巡察工作纪律的其他行为的。

第二十八条　被巡察党组织领导班子及其成员应自觉接受巡察监督，积极配合巡察组开展工作，及时提供巡察所需材料。党员有义务向巡察组如实反映情况。被巡察单位及其工作人员，有下列情形之一的，视情节轻重，给予批评教育、组织处理或者纪律处分；涉嫌犯罪的，移送司法机关依法处理。

（一）隐瞒不报或者故意向巡察组提供虚假情况的；

（二）拒绝或者不按照要求向巡察组提供相关文件材料的；

（三）指使、强令有关部门（单位）或者人员干扰、阻挠巡察工作，或者诬告、陷害他人的；

（四）无正当理由拒不纠正存在的问题或者不按照要求整改的；

（五）对反映问题的干部群众进行打击、报复、陷害的；

（六）其他干扰巡察工作的情形。

第二十九条　被巡察单位的干部职工发现巡察工作人员有上述第二十七条所列行为的，可以向领导小组或者巡察办反映，也可以依照规定直接向有关部门、组织反映。

第七章　附　则

第三十条　本办法由小浪底管理中心党群工作处负责解释。

第三十一条　本办法自印发之日起施行。

小浪底管理中心党建督查工作办法（试行）

（中心党〔2019〕39号，2019年8月9日印发）

第一条　为进一步落实水利部改革发展总基调、推进全面从严治党，压紧压实小浪底管理中心各级党组织全面从严治党主体责任，推进党建工作有效落实，根据《关于加强和改进中央和国家机关党的建设的意见》《关于加强新形势下党的督促检查工作的意见》《水利部党建督查工作办法（试行）》等有关规定，结合实际，制定本办法。

第二条　党建督查工作在小浪底管理中心党委统一领导下进行。小浪底管理中心党建工作领导小组办公室（党群工作处）负责统筹协调和组织实施，承担督查日常工作。党建工作领导小组其他成员单位根据职责和工作需要参与督查工作。

第三条　党建督查工作对象是小浪底管理中心各直属党支部、所属公司党组织及其负责人。

第四条　开展督查时，小浪底管理中心党建工作领导小组办公室（党群工作处）应按照对党忠诚、敢于担当、业务精湛、作风过硬的标准，从机关部门、直属单位、所属公司专（兼）职党务干部中挑选2~3人，并报党建工作领导小组审定后，组建党建督查组，负责督查工作实施。党建工作领导小组应对专（兼）职党务干部开展业务培训交流，提高督查工作本领。

第五条　党建督查工作坚持问题导向，主要督查内容包括：

（一）落实全面从严治党主体责任、领导干部“一岗双责”“两个责任”清单、意识形态管理责任制及党风廉政建设责任制情况；

（二）落实上级党组织重大决策部署、小浪底管理中心党委年度党的工作暨纪检监察工作要点情况；

（三）落实巡视巡察反馈意见、党风廉政建设责任书和承诺书、党建考核反馈意见、审计反馈意见情况；

（四）落实党内集中教育、“三会一课”、民主生活会、组织生活会、民主评议党员、谈心谈话、主题党日、党员领导干部双重组织生活等基本组织生活制度情况，以及党组织换届、执行党的纪律、发展党员、党费收缴使用管理等情况；

（五）学习贯彻党内重要法规制度情况，本级党组织党建及党风廉政建设工作制度建设及落实情况；

（六）其他需要督查的事项。

第六条　党建督查工作采取以下方式进行

（一）综合督查。结合政治巡察、年度党建述职评议考核、年度党风廉政建设责任制考核、季度工作绩效考核、每季度党建工作会议听取汇报等，全面督查有关党组织党建工作情况。

（二）飞检督查。围绕督查主要内容，突出若干具体事项，主要采取“四不两直”（不发通知、不打招呼、不听汇报、不用陪同、直达支部、直面党员）方式进行专项督查：

1.“查”——实地查阅督查对象党建及党风廉政建设工作有关重要记录（包括有关规章制度及中心组学习、“三会一课”、“三重一大”决策、廉政提醒记录等）；

2.“谈”——与被督查党组织的党员干部座谈调研或个别谈话，听取意见和反映，全面了解党组织工作开展情况及取得的成效、存在的问题等；

3.“测”——对党员干部组织应知应会内容（包括党章及党内其他法规政策、上级党组织重大决策部署、当前正在开展的重点工作等相关内容）测试测评或询问抽查，针对督查对象组织满意度测评或问卷调查；

4.“促”——督查组对督查情况进行梳理、总结，列出问题清单，向督查对象反馈督查意见，并向小浪底管理中心党建工作领导小组办公室（党群工作处）报备；

5.“验”——小浪底管理中心党建工作领导小组办公室（党群工作处）根据督查组报备情况建立整改台账，督促督查对象制定整改方案，并按照整改方案明确的整改期限和整改质量对督查对象整改情况组织检查验收，对整改完成的予以销账；对未按期完成整改任务的，继续跟踪督办，直到全部整改到位、销账了事。

第七条　党建督查工作一般按以下程序组织实施：

综合督查分别按政治巡察、年度党建述职评议考核、年度党风廉政建设责任制考核、季度工作绩效考核、每季度党建工作会议听取汇报等的要求组织进行。

飞检督查对象及督查重点事项，由小浪底管理中心党建工作领导小组办公室（党群工作处）提出方案报小浪底管理中心相关领导确定，从机关部门、直属单位、所属公司专

(兼)职党务干部中抽调人员组成飞检督查组组织实施。

第八条　小浪底管理中心党建工作领导小组结合实际,适时听取党建督查工作情况汇报,研究相关问题;对督查发现的重大问题要及时研究。

第九条　督查和问题整改情况纳入年度党建述职评议考核、绩效考核和企业年度经营业绩考核,作为党组织推优评先、干部考核评价和选拔任用的重要依据。

第十条　被督查单位党组织应积极配合督查,按督查组要求及时提供相应工作场所和相关资料等。对督查组反馈指出的问题,按期按质进行整改;对整改不力的,按相关规定问责追责。

第十一条　参与督查的工作人员必须严格遵守党的政治纪律和政治规矩,加强请示报告,严格执行工作纪律、保密规定、回避制度,认真落实中央八项规定及其实施细则精神和《水利部小浪底水利枢纽管理中心贯彻落实中央八项规定精神实施办法》等,切实做到廉洁自律,不给基层增加负担。

第十二条　本办法由小浪底管理中心党建工作领导小组办公室(党群工作处)负责解释。

第十三条　本办法自印发之日起施行。

中国共产党水利部小浪底水利枢纽管理中心纪律检查委员会工作规则

(中心党〔2019〕45号,2019年8月26日印发)

第一章　总　则

第一条　为进一步加强和规范水利部小浪底水利枢纽管理中心(简称小浪底管理中心)党的纪律检查工作,有效履行小浪底管理中心纪委工作职责,根据《中国共产党章程》《中国共产党纪律检查机关监督执纪工作规则》以及其他有关规定,结合实际,制定本规则。

第二条　小浪底管理中心党的纪律检查工作以马克思列宁主义、毛泽东思想、邓小平理论、“三个代表”重要思想、科学发展观、习近平新时代中国特色社会主义思想为指导,深入贯彻落实新时代党的建设总要求和全面从严治党战略部署,依规依纪依法严格开展监督执纪问责,为小浪底管理中心改革发展提供坚强纪律保障。

第三条　监督执纪问责工作应当遵循以下原则:

(一)坚持和加强党的全面领导,牢固树立政治意识、大局意识、核心意识、看齐意识,坚定中国特色社会主义道路自信、理论自信、制度自信、文化自信,坚决维护习近平总书记党中央核心、全党的核心地位,坚决维护党中央权威和集中统一领导,严守政治纪律和政治规矩,体现监督执纪工作的政治性,构建党统一指挥、全面覆盖、权威高效的监督体系。

（二）坚持实事求是，始终以事实为依据，以党章党规党纪和国家法律法规为准绳。

（三）坚持党的纪律面前人人平等，不允许所辖范围内有任何不受纪律约束的党组织和党员。

（四）坚持惩前毖后、治病救人，注重抓早抓小，精准有效运用监督执纪“四种形态”。

（五）坚持民主集中制，按照集体领导、民主集中、个别酝酿、会议决定的原则讨论决定重大事项。

（六）坚持信任不能代替监督，严格工作程序，强化对监督执纪问责各环节的监督制约。

第四条　纪委干部要牢固树立监督者更要接受监督的意识，坚持打铁必须自身硬，自觉遵守党纪党规，严守工作纪律和工作秘密，讲党性、重品行、做表率，加强自我监督和管理，努力做到忠诚、干净、担当。

第二章　领导体制

第五条　小浪底管理中心纪委在水利部党组、驻水利部纪检监察组、河南省直纪检监察工委、小浪底管理中心党委的领导下进行工作，领导小浪底管理中心的纪检工作。纪委书记主持纪委全面工作。纪委书记外出时，由副书记或指派的其他委员代行职责。

第六条　监督执纪工作实行分级负责制：

（一）小浪底管理中心纪委、纪检监察部门负责监督检查和审查调查小浪底管理中心机关、直属单位全体党员，所属公司处级以上党员干部，直属党支部、所属公司党组织涉嫌违纪的问题。

（二）小浪底管理中心所属公司纪检机构负责所在单位科级及以下人员和下属党支部涉嫌违纪的问题。

第七条　小浪底管理中心纪委、纪检监察部门有权指定所属公司纪检监察机构对其管辖的党组织和党员干部职工涉嫌违纪的问题进行审查调查，必要时也可以直接进行审查调查。

第八条　小浪底管理中心纪委应当集体研究执纪审查工作中的重要问题，对做出立案审查调查决定、给予党纪处分等重要事项，应当向小浪底管理中心党委请示汇报并按有关规定向河南省直纪检监察工委、驻水利部纪检监察组报告。

第三章　组织机构和职责

第九条　小浪底管理中心纪委由小浪底管理中心党的代表大会选举产生，每届任期与小浪底管理中心党委相同。小浪底管理中心纪委下设纪委办公室，负责处理日常工作。纪委办公室与党群工作处（监察审计处）合署办公。

第十条　小浪底管理中心纪委的职责

（一）维护党章和其他党内法规，经常对党员进行遵纪守法教育，做出关于维护党纪的决定；

（二）检查所属党组织和党员贯彻执行党的路线方针政策和决议的情况，对党员干部履行职责和行使权力进行监督；

（三）协助小浪底管理中心党委加强党风廉政建设和组织协调反腐败工作；

（四）按照有关规定，检查处理所属党组织和党员违反党章和其他党内法规的案件，决定或者取消对党员的处分；

（五）受理所属党组织、党员违反党纪行为的检举和党员的控告、申诉，做好来信来访工作，保障党员权利；

（六）加强小浪底管理中心纪委和纪检干部队伍的自身建设，提高纪检干部的政治素质和业务能力；

（七）承办上级交办的其他任务。

第四章　监督检查工作

第十一条　监督的内容

（一）遵守党章党规党纪、坚定理想信念，践行党的宗旨，模范遵守宪法法律情况；

（二）维护习近平总书记在党中央和全党的核心地位，维护党中央权威和集中统一领导，贯彻执行党的路线方针政策和水利部、小浪底管理中心党委工作部署等情况；

（三）执行《党政领导干部选拔任用工作条例》和其他干部选拔任用工作有关规定的情况；

（四）履行全面从严治党主体责任，加强党风廉政建设，落实巡视巡察整改，执行中央八项规定及其实施细则精神情况；

（五）执行民主集中制，严肃党内政治生活，保障党员权利的情况；

（六）受理和处理群众信访举报的情况；

（七）贯彻执行《中国共产党廉洁自律准则》和其他廉洁自律有关规定，依法履职、秉公用权的情况。

第十二条　实施监督的主要方式

（一）贯彻执行《中国共产党党内监督条例》，组织开展对党内监督工作的检查；

（二）实行谈话提醒制度，协助小浪底管理中心党委对新提拔的领导干部进行廉政谈话；发现党员领导干部苗头性、倾向性问题，按照干部管理权限及时进行提醒谈话或诫勉谈话；

（三）落实党风廉政建设责任制，抓好任务分解、责任考核和责任追究；

（四）严把干部选拔任用党风廉政意见回复关，综合运用日常工作中掌握的情况，加强分析研判，实事求是评价干部廉洁情况，防止“带病提拔”“带病上岗”；

（五）形成监督合力机制，加强与驻部纪检监察组沟通，重点事项取得支持；落实沟通会商制度，经常性与人事、财务等部门协调，重要情况及时互相通报；

（六）建立健全警示教育制度，结合党员干部的思想和工作实际，开展典型示范教育、警示教育、反腐倡廉主题教育等多种形式的教育活动，深化水利廉政风险防控工作。

第五章　执纪审查工作

第十三条　执纪审查程序

（一）线索处置。小浪底管理中心纪委办公室（党群工作处）负责受理职责范围内党

员干部违反党纪的问题线索,按照谈话函询、初步核实、暂存待查、予以了结四类方式提出初步处置意见,经纪委书记批准后实施;

(二)谈话函询。由小浪底管理中心纪委办公室(党群工作处)拟订谈话函询方案和相关工作预案,经纪委书记同意后实施。对需要谈话函询对象为副处级及以上干部的,应向小浪底管理中心党委主要负责人报告;

(三)初步核实。需初步核实的,应制定工作方案,成立核查组,经小浪底管理中心纪委书记批准后,依规依纪开展核查,形成初核报告。如涉及重要情况,应当报小浪底管理中心党委主要负责人同意;

(四)审查调查。经过初步核实,对涉嫌违纪需要追究党纪责任的,应形成立案审查调查呈批报告,经纪委书记审批,报经小浪底管理中心党委书记批准,予以立案。小浪底管理中心纪委应当组织成立审查调查组依规依纪开展审查调查,形成审查调查报告。

(五)依据司法机关的调查结论,可以直接做出党纪处分决定的,不再立案;审理。小浪底管理中心纪委应成立审理组,依规依纪对立案审查调查的案件进行审核处理,形成审理报告;报批。小浪底管理中心纪委依据审查和审理结果,经纪委委员会审议,形成对违纪党员纪律处理或者处分的建议,对于重大问题征求驻水利部纪检监察组意见后,提请小浪底管理中心党委讨论决定;处分执行。处分决定做出后,小浪底管理中心纪委应当通知受处分党员所在党组织,抄送人事部门,归入本人档案,并依照规定在一个月内向其所在基层党组织中全体党员及本人宣布。

第六章 检举、控告和申诉工作

第十四条 小浪底管理中心纪委受理检举、控告和申诉的范围是:

(一)对机关各部门全体党员、所属公司副处级及以上党员违反党章和其他党内法规,违反党的路线、方针、政策和决议,利用职权谋取私利以及其他败坏党风行为的检举、控告;

(二)对机关各部门全体党员、所属公司副处级及以上党员所受党纪处分、审查结论或其他处理不服的申诉;

(三)有关党员权利保障方面的检举、控告和申诉;

(四)其他涉及党纪党风的问题。

第十五条 按职责分工和管理权限,反映小浪底管理中心纪委管理权限范围外的党员干部违反党纪行为的检举、控告,移交相应的党组织或纪检监察机构处理。

第十六条 对署名检举、控告的问题做出处理后,小浪底管理中心纪委应将调查情况和处理结果告知检举、控告人,听取其意见;对匿名检举的问题,必要时可在适当范围内公布调查处理结果。

第十七条 处理申诉的程序和基本方法

(一)党员对给予本人的处分、审查结论或者其他处理不服的申诉,由批准处分或做出审查结论、其他处理决定的党组织或纪检监察部门处理。

(二)对申诉的问题经过复议复查,认为原结论或处理决定是正确的,应做出维持原结论或处理决定,并经原批准的部门结案。需要改变原结论或处理决定的,应做出新的处理决定,并经原批准的部门批准执行。复议复查的结论和决定,应送达申诉人。

(三)申诉人对复议复查结论仍不服的,应将申诉人的意见及复议复查的结论和有关材料,报小浪底管理中心党委或驻水利部纪检监察组审查决定。对于无正当理由反复申诉的,有关党组织应当正式通知本人不再受理,并在一定范围内宣布。

第七章　学习和工作制度

第十八条　学习制度

(一)纪委学习内容主要包括习近平新时代中国特色社会主义思想、中国特色社会主义理论体系、《中国共产党章程》、党风廉政建设相关法规、政策及其他业务知识,中央、水利部党组、河南省委有关党风廉政建设和反腐败斗争的决策部署、会议、文件和领导同志重要讲话精神,以及党委有关党风廉政建设的任务安排和具体要求等。

(二)纪委学习坚持理论与实践、自学与集中、传统与创新、务虚与务实相结合,及时了解和掌握反腐倡廉新政策、新举措、新要求,不断提升思想政治觉悟和政策理论水平,并结合工作实际,积极开展专题讨论,研究对策,解决问题,有效提升政策运用能力和实际工作水平。

(三)基本理论学习以自学为主,集中研究讨论为辅;重要时事政治、重要会议文件、重大决策部署等内容的学习以集中学习为主。

(四)集中学习原则上单独组织或与党建工作例会相结合,每季度不少于1次,由纪委书记或其指定人员主持,纪委委员参加。必要时,可扩大学习范围,具体参加和列席人员由主持人确定。参会人员若有特殊情况不能按时参加会议的,需提前向会议主持人请假。

(五)纪委学习由纪检监察部门具体负责,根据相关要求和工作安排,提前通知相关人员,并指定专人组织落实,做好学习记录和相关资料的归存等工作。

第十九条　会议制度

(一)纪委重要工作及事项由纪委会议集体研究决定。纪委会议由纪委书记或其指定人员主持,必须有三分之二(含)以上委员到会方可召开。根据工作需要,可召开纪委扩大会议和专题会议,参加和列席人员由主持人确定。

(二)纪委会议研究讨论的议题由会议主持人确定。会议研究讨论的议题(包括相关材料)应于会议召开前通知所有参会人员(保密事项除外)。

(三)纪委会议由纪检监察部门负责通知和记录。有重要决定的会议形成纪要,由会议主持人签发,纪检监察部门负责督促和落实。

(四)纪委研究决定事项采取民主集中、少数服从多数的原则,以超过应到会人数半数以上赞同为通过。对纪委的集体决定,所有成员都必须严格贯彻执行,如有不同意见,按组织程序逐级反映,但行动上不得违背。出现较大意见分歧时,且非紧急情况下,应暂缓决定。

第二十条 请示报告制度

(一)按规定需要请示报告或遇到重大问题时,要及时向上级请示报告。

(二)小浪底管理中心纪委每年年底要向驻水利部纪检监察组、河南省直纪检监察工委、小浪底管理中心党委报告全年工作。

第二十一条 文件审批制度

工作报告和以小浪底管理中心纪委名义上报下发的有关工作部署的文件,由纪委书记签发。

第二十二条 保密制度

禁止与无关人员或在公共场合谈论保密工作内容,不得泄露纪检工作和会议研究的不宜公开事项。

第八章 责任追究

第二十三条 小浪底管理中心各级纪检监察工作人员应严格遵守各项工作纪律,因失职渎职或其他原因造成不良影响和后果的,应当承担纪律及法律责任。

第二十四条 发生下列情形之一,视情节轻重,给予批评教育、组织处理或者纪律处分,涉嫌违法犯罪的,移送司法机关处理。

(一)私自留存或处理信访举报材料,瞒案不报、压案不查的;

(二)向被举报人或其他相关人员透露举报相关信息,泄露案情的;

(三)未经批准,私会被举报人及证人的;

(四)说情干扰或者故意歪曲事实,隐匿证据,为违纪违法人员开脱的;

(五)利用办案之机、收受他人财物和其他利益的;

(六)截留、挪用、侵占所扣留或收缴的案款、物品的;

(七)干扰被调查人所在单位正常工作的;

(八)侮辱体罚调查对象、作风粗暴,造成不良影响的;

(九)因工作失职导致人身安全等责任事故的;

(十)其他违反廉洁纪律和办案纪律的。

第二十五条 责任追究要做到权责相适,分清集体责任与个人责任,直接责任、主要领导责任与重要领导责任。

第九章 附 则

第二十六条 本规则由小浪底管理中心纪委办公室(党群工作处)负责解释。

第二十七条 本规则自印发之日起施行。原《中国共产党水利部小浪底水利枢纽管理中心纪律检查委员会工作规则》(中心党〔2016〕13号)同时废止。

水利部小浪底水利枢纽管理中心党委对领导干部进行提醒和批评教育、函询、诫勉的实施细则

（中心党〔2020〕3号，2020年1月6日印发）

第一章　总　则

第一条　为深入贯彻落实中央全面从严治党要求，从严管理监督干部，促进干部自觉践行好干部标准，做到忠诚、干净、担当，根据《中国共产党党内监督条例》《关于对党员领导干部进行诫勉谈话和函询的暂行办法》《关于组织人事部门对领导干部进行提醒、函询和诫勉的实施细则》《中央国家机关纪检组织谈话函询工作办法（试行）》等规定，结合水利部小浪底水利枢纽管理中心（简称小浪底管理中心）实际，制定本细则。

第二条　本细则适用于小浪底管理中心、所属公司及水利部三门峡温泉疗养院（简称三门峡疗养院）人事部门、纪检部门，在本级党组织的领导下，按照干部管理权限，对领导干部进行提醒和批评教育、函询、诫勉工作。

第三条　对领导干部进行提醒和批评教育、函询、诫勉，应当坚持从严要求，把纪律挺在前面；坚持抓早抓小抓苗头，防止小毛病演变成大问题；坚持问题导向，突出"关键少数"，精准科学实施；坚持关心爱护干部，注重平时教育管理，激励干部担当作为，促进干部健康成长。

第二章　提醒和批评教育

第四条　对于领导干部在政治、思想、作风、廉洁自律以及担当作为等方面存在苗头性、倾向性问题以及其他需要领导干部引起注意的情况，应当及时对其进行提醒。

对领导干部违反有关规定情节较轻，或虽不构成违规但造成一定不良影响的，应当对其进行批评教育。

第五条　领导干部存在下列情形的，情节轻微的给予提醒，情节较轻的给予批评教育。

（一）在遵守党的政治纪律、组织纪律、廉洁纪律、群众纪律、工作纪律、生活纪律方面有苗头性、倾向性问题；

（二）贯彻落实中央八项规定及其实施细则精神、党政机关厉行节约反对浪费条例和小浪底管理中心党委实施办法等，不够认真；

（三）执行中央、水利部党组和小浪底管理中心党委干部人事各项管理规定不够严格；

（四）在落实小浪底管理中心党委或所在单位党组织决策部署中，不会为、不愿为，造成工作进展迟缓；

（五）年度考核综合赋分排名靠后，“一报告两评议”中认可度偏低；

（六）领导干部个人有关事项报告不规范、不细致或被认定为存在漏报情形；

（七）其他需要提醒或批评教育的情形。

第六条　对领导干部进行提醒或批评教育，由小浪底管理中心、所属公司及三门峡疗养院人事部门或纪检部门提出意见，报本单位分管人事或纪检工作的领导批准后实施。

第七条　对领导干部进行提醒或批评教育，一般采用谈话方式，也可以采用书面方式。采用书面方式的，应当向提醒或批评教育对象发送提醒函或批评教育函，函中应载明事由、进行提醒或批评教育、提出有针对性的要求。

第八条　采用谈话方式进行提醒或批评教育的，一般应根据提醒对象的具体情况及谈话的内容，由所在单位领导或者所在单位领导委托人事部门、纪检部门负责人作为谈话人。对普遍性问题或领导班子中存在的共性问题，可以集体谈话提醒或批评教育。

第九条　提醒或批评教育谈话，应当指出存在的问题、听取谈话对象的解释说明、进行提醒或批评教育，形成谈话记录。提醒或批评教育谈话记录、提醒函或批评教育函须留存归档。

第三章　函　询

第十条　领导干部存在下列情形的，除进行调查核实的外，一般采用书面方式对被反映的领导干部进行函询了解。

（一）在政治思想、履行职责、工作作风、道德品质、廉政勤政、组织纪律等方面存在一般性问题；

（二）在党性党风党纪方面存在苗头性、倾向性问题；

（三）举报反映问题笼统、模糊，难以查证核实，或查清只能给予轻处分或批评教育；

（四）发现问题简单、明确，不需要初步核实，易于通过函询了解掌握；

（五）个人有关事项报告中，需对存在严重漏报或瞒报情形进行说明；

（六）其他需要函询的情形。

第十一条　对领导干部进行函询，由小浪底管理中心、所属公司及三门峡疗养院人事部门或纪检部门提出意见，报本单位分管人事或纪检工作的领导批准后实施。

第十二条　函询一般按以下程序进行：

（一）发送函询通知书。函询通知书中需明确函询的主要内容、回复期限和相关要求，并同时发送函询说明真实性承诺书。

（二）函询书面回复。函询对象在收到函询通知书的15个工作日内，应当实事求是地做出书面回复，书面回复与函询说明真实性承诺书一并送交函询部门。如有特殊情况不能如期回复的，应当在规定期限内说明理由。

（三）函询回复材料审核。对领导干部函询回复材料要认真审核，对无故不按期书面回复的、函询问题没有说明清楚的、从回复材料中发现其他问题的，可以再次进行函询，也可以委托函询对象所在部门（单位）主要负责人对其督促，必要时可以直接调查了解。

（四）形成函询结论。对情况说明清楚且没有证据证明存在违规违纪问题的，经批准函询的领导核准后，可采信了结。对经函询或调查了解，函询对象确实存在问题的，应当根据有关规定进行处理。发现函询对象回复存在欺瞒组织行为的，从重处理。

（五）函询反馈。对已采信了结的函询，按照“谁函询谁反馈”的原则，经发函部门负责人批准后向函询对象反馈，明确采信函询对象所作说明，函询问题予以了结。反馈函同时抄送函询对象所在部门（单位）主要负责人。采信反馈后又收到相同问题反映且无新的线索的，可不再重复函询。

（六）函询材料归档。建立完善函询档案管理制度，将函询通知书、函询回复材料、函询说明真实性承诺书、函询反馈函等材料进行留存归档。

第四章　诫　勉

第十三条　领导干部存在下列问题，虽不构成违纪但造成不良影响的，或者虽构成违纪但根据有关规定免予党纪政务处分的，应当对其进行诫勉。

（一）遵守党的政治纪律、组织纪律、廉洁纪律、群众纪律、工作纪律、生活纪律不够严格；

（二）贯彻落实中央八项规定及其实施细则精神、党政机关厉行节约反对浪费条例和小浪底管理中心党委实施办法等不严格；

（三）在落实小浪底管理中心党委或所在单位党组织决策部署中，慢作为、不作为、乱作为，造成不良影响；

（四）执行民主集中制不够严格，个人决定应由集体决策事项或者在领导班子中闹无原则纠纷；

（五）执行《党政领导干部选拔任用工作条例》不够严格、用人失察失误，根据《干部选拔任用工作监督检查和责任追究办法》，存在失职失察情形应予问责；

（六）法治观念淡薄，不依法履行职责或者妨碍他人依法履行职责；

（七）纪律松弛、监督不力、应当履职而未履职，对下属或身边工作人员发生严重违纪违法行为负有责任；

（八）无正当理由不按时报告、不如实报告个人有关事项，个人有关事项报告被认定为严重漏报或隐瞒不报；

（九）在巡视巡察、选人用人巡视检查、审计督查等工作中发现有违规行为；

（十）领导干部年度考核结果为基本称职等次；

（十一）违反因私出国（境）管理规定，擅自办理因私出国（境）证件和签注，经多次提醒仍不上交私自持有的因私出国（境）证件；

（十二）就同一问题经多次提醒和批评教育、函询，仍无明显改进；

（十三）其他需要进行诫勉的情形。

第十四条　对领导干部进行诫勉，由人事部门或纪检部门提出意见，按照干部管理权限，报所在单位党组织批准后实施。

其中对处级干部进行诫勉，人事部门或纪检部门视情况征求干部所在单位意见后，提出诫勉意见，报小浪底管理中心党政主要负责人批准后实施。对小浪底管理中心机关部门、直属单位科级及以下工作人员进行诫勉，报小浪底管理中心分管人事或纪检工作的领导批准后实施。对所属公司及三门峡疗养院科级及以下职工进行诫勉，报本单位党组织批准后实施。

第十五条　对领导干部进行诫勉,可以采用谈话方式,也可以采用书面方式。

第十六条　采用谈话方式进行诫勉的,应当根据诫勉对象的职务层次和具体岗位确定适当的谈话人;同时指定专人做好谈话记录。

(一)对直属单位、所属公司及三门峡疗养院领导班子成员中的处级干部以及部门(单位)主要负责人进行谈话诫勉,一般应由小浪底管理中心党政主要负责人作为谈话人,人事部门或纪检部门主要负责人参加。

(二)对其他处级干部进行谈话诫勉,一般由小浪底管理中心分管人事或纪检工作的领导、所在单位主要领导或分管领导作为谈话人。

(三)对科级干部进行谈话诫勉,按照干部管理权限,一般由所在单位分管领导或分管人事、纪检工作的领导作为谈话人,也可以由人事部门、纪检部门负责人作为谈话人。

第十七条　采用谈话方式进行诫勉的,需向诫勉对象发出《诫勉谈话通知书》,谈话人应当实事求是地向诫勉对象说明诫勉的事由,提出有针对性的要求,并明确其提交书面检查的时间。谈话诫勉应制作谈话记录,载明下列事项:

(一)诫勉对象的基本情况,包括姓名、职务职级等;

(二)谈话人、记录人的姓名、职务职级等;

(三)谈话的日期、地点;

(四)诫勉的事由;

(五)谈话的具体内容。

第十八条　采用书面方式进行诫勉的,应当向诫勉对象发送诫勉书;同时抄送诫勉对象所在单位(部门)主要负责人。诫勉书应当载明下列事项:

(一)诫勉对象的基本情况,包括姓名、职务职级等;

(二)诫勉的事由;

(三)对诫勉对象提出的有针对性的要求;

(四)要求诫勉对象提交书面检查的时间;

(五)诫勉的影响;

(六)进行诫勉的单位或职能部门的名称;

(七)制作诫勉书的日期。

第十九条　受到诫勉的领导干部,取消当年年度考核、本聘期考核评优和评选各类先进的资格,六个月内不得提拔或者进一步使用。

第二十条　诫勉六个月后,组织实施部门应当采取适当方式,对诫勉对象的改正情况进行了解。对于没有改正或者改正不明显的,根据情节轻重,给予停职检查、调离岗位、引咎辞职、责令辞职、免职、降职等组织处理。

第二十一条　建立诫勉档案管理制度,对领导干部的谈话诫勉记录或诫勉书、书面检查材料等进行留存归档,并按照规定将诫勉谈话记录材料或诫勉书等归入干部人事档案。

第五章　纪律要求

第二十二条　人事部门或纪检部门要高度重视、精准科学实施提醒和批评教育、函询、诫勉。要实事求是、客观公正地分析问题的性质、程度,深入了解事情原委,结合干部一贯表现及问题产生的客观因素,可视情况征求干部所在单位(部门)意见后,经审慎研究再确定是否进行提醒和批评教育、函询、诫勉。

对没有具体内容、可查性不强的信访举报,可以暂缓或者不进行函询;对问题性质不严重、情节比较轻的,可以通过谈心谈话等方式妥善处理,防止简单一函了之。

第二十三条　领导干部接受提醒和批评教育、函询、诫勉时,必须认真对待、如实回答,不得隐瞒、编造、歪曲事实和回避问题;不得追查反映问题人员,更不得打击报复。对违反者,根据情节轻重,给予组织处理;构成违纪违法的,移送有关部门依纪依法处理。

受到函询、诫勉的领导干部要在本年度民主生活会上对有关问题和改正情况进行说明。

第二十四条　有关工作人员对领导干部进行提醒和批评教育、函询、诫勉的内容要严格保密。对失密、泄密者,按照有关规定严肃处理。

第二十五条　各级党组织要切实履行干部管理监督职责的主体责任和监督责任,积极发挥提醒和批评教育、函询、诫勉的警示教育作用。对不履行或者不正确履行职责的,要视情节轻重追究责任,严肃处理。

第六章　附　则

第二十六条　本细则由人事处和党群工作处(监察审计处)负责解释。

第二十七条　本细则自发布之日起施行。

水利部小浪底水利枢纽管理中心
领导干部兼职管理办法

(中心党〔2020〕20号,2020年2月28日印发)

第一章　总　则

第一条　为贯彻落实中央和水利部党组关于全面从严治党、从严管理干部的有关要求,进一步规范和加强水利部小浪底水利枢纽管理中心(简称小浪底管理中心)领导干部企业、社会团体(以下简称社团)兼职管理,根据中央关于领导干部企业、社团兼职有关规定和《水利部领导干部兼职管理办法》(水党〔2019〕102号),结合实际,制定本办法。

第二条　本办法中兼职是指领导干部在职期间或者退出现职以及退休后,确因工作需要,在本职工作(业务)相关的企业、社团兼任有关职务的行为。

第三条　本办法适用于小浪底管理中心全体在职、退出现职及退休的工作人员和所属公司、水利部三门峡温泉疗养院(简称三门峡疗养院)在职、退出现职及退休的处级及以上干部。

第四条　领导干部兼职管理工作在小浪底管理中心党委的领导下，按照干部管理权限，由人事处具体负责。

第五条　领导干部兼职坚持确有所需、分类管理、从严规范、严格把关的原则。

第二章　企业兼职

第六条　企业兼职包括兼任企业领导职务，以及顾问等名誉职务和外部董事、独立董事、独立监事等职务。

第七条　小浪底管理中心机关及直属单位、三门峡疗养院现职和不担任现职但未办理退休手续的工作人员，不得在企业兼职。

第八条　所属公司现职领导干部只可在所在公司出资的企业（包括全资、控股和参股企业）兼职。到达任职年龄界限、不担任现职但未办理退休手续的所属公司领导干部，不得在原任职公司及其出资的企业兼职，也不得在其他企业兼职。

第九条　领导干部退休后到企业工作的，经批准受聘为企业外部董事、独立董事、独立监事的，按兼职对待，且兼职数量不得超过 1 个，兼职的任职年龄一般不超过 65 周岁。受聘为其他企业职务的，一般按任职对待，不再保留原单位各种待遇。

退休三年内，不得到本人原任职务管辖的业务范围内的企业兼职，也不得从事与原任职务管辖业务相关的营利性活动。

第十条　领导干部企业所兼任职务实行任期制的，任职届满拟连任必须重新审批或备案，且连任不得超过两届。

第三章　社团兼职

第十一条　社团兼职包括兼任社团的领导职务和名誉职务、常务理事、理事等。

社团领导职务是指社团的理事长（会长、主席）、副理事长（副会长、副主席）和秘书长，以及分支机构主任委员（会长）、副主任委员（副会长）等。

第十二条　现职领导干部一般不兼任社团职务，确因特殊情况，且所兼任社团的业务与本职业务工作相关的，需按照干部管理权限经审批同意后，方可兼职。现职领导干部社团兼职一般不得超过 2 个。

第十三条　退休领导干部确因工作需要，且所兼职社团的业务与原工作业务或特长相关的，经批准，可兼任 1 个社团职务。兼职的任职年龄一般不超过 65 周岁。

第十四条　领导干部社团兼职任期届满连任的，需重新履行审批手续，且连任不得超过两届。除工作特殊需要外，不得兼任社团法定代表人或牵头成立新的社团。

第十五条　领导干部同时兼任系统性社团的上下级单位或成员单位相关职务的，可适当放宽兼职数量限制。

第十六条　领导干部退休三年内一般不得到已脱钩的行业协会商会兼职，个别确属工作特殊需要兼职的，应按照干部管理权限审批。

第四章　审批管理

第十七条　领导干部兼职必须按照干部管理权限审批，未经审批或者未按规定审批的，不得兼职。

第十八条　领导干部兼职一般按以下程序办理：

（一）提出兼职申请。领导干部本人、兼职企业或社团、领导干部所在部门（单位），根据工作需要，提出兼职意向，干部本人填写领导干部兼职审批表，明确兼任职务、兼职理由、本人其他兼职等事项。同时提供兼职企业、社团的相关信息和资料。部管干部填写《水利部领导干部兼职审批表》（见附件1）；处级及以下人员填写《水利部小浪底水利枢纽管理中心领导干部兼职审批表》（见附件2）。

（二）兼职审核。领导干部所在部门（单位）要对兼职的资格条件，以及兼职的企业、社团情况进行审核把关。

部管干部的兼职申请由人事处初核后，报小浪底管理中心党委审核。机关部门、直属单位处级及以下人员的兼职申请由所在部门（单位）审核；所属公司及三门峡疗养院处级干部的兼职申请由所在单位人事部门初核、所在单位党委审核。

（三）兼职上报。领导干部兼职应在企业、社团召开有关会议进行选举或决定任命的30个工作日前，由干部所在部门（单位）负责上报。所属公司及三门峡疗养院处级干部的兼职由所在单位党委上报。

（四）兼职审批。领导干部兼职申请，按照干部管理权限审批。

部管干部的兼职申请，由水利部审批；处级及以下人员的兼职申请，由人事处研究提出意见，报小浪底管理中心党委批准。

领导干部兼职经审批同意后，所在部门（单位）负责联系兼职企业、社团按规定履行相关程序。

第十九条　领导干部兼职需上报申请文件和兼职审批表；此外，企业兼职需拟兼职企业出具兼职理由说明材料和企业营业执照复印件及章程。社团兼职需说明拟兼职社团的基本情况，包括登记事项、宗旨、业务范围和成立时间，社团业务主管单位和挂靠单位；社团召开有关会议进行选举或决定任命的时间；如领导干部属新兼任社团理事长（会长、主席）职务，还需说明前任不再连任的原因；同时附拟兼职社团登记证书副本复印件及章程各一份。

第五章　工作和纪律要求

第二十条　领导干部职务发生变动，应执行新任职务兼职有关规定。职务变动后按规定不得兼任的企业职务、不符合要求的社团兼职，应当在3个月内辞去并及时办理免职手续。

第二十一条　领导干部兼职期间的履职情况、是否取酬和报销有关工作费用等，干部本人应按照《中共水利部小浪底水利枢纽管理中心党委贯彻落实〈中国共产党重大事项请示报告条例〉实施细则》等有关规定，每年年底以书面形式通过所在部门（单位）报小浪底管理中心人事处。

第二十二条　建立领导干部兼职定期报送工作机制，各部门（单位）要明确领导干部兼职管理人员，及时更新信息，每半年向人事处报送《水利部小浪底水利枢纽管理中心领导干部兼职情况统计表》（见附件3）。其中，上半年报送时间为6月30日前，下半年报送时间为12月31日前。

第二十三条 领导干部存在下列情形之一的,视情况作出责令辞去兼职、提醒、批评教育、通报批评、诫勉等处理。对存在违纪问题的,根据《中国共产党纪律处分条例》规定,给予纪律处分。

(一)利用个人影响要求党政机关、企事业单位提供办公用房、车辆资金等;

(二)以企业、社团名义违规从事营利性活动;

(三)利用职权和职务上的影响为企业、社团或者个人谋取不正当利益;

(四)强行要求入会或者违规收费、摊派、强制服务、干预会员单位生产经营活动;

(五)除必要工作经费外,领取企业、社团的薪酬、奖金、津贴等报酬和各种名目的补贴,获取股权或其他额外利益,对领取报酬情况隐瞒不报;

(六)未经审批同意,参与社团或企业职务选举;

(七)未经审批擅自兼职、违规兼职。

第六章 附 则

第二十四条 所属公司、三门峡疗养院科级及以下职工兼职管理参照本办法执行。

第二十五条 本办法由人事处负责解释。

第二十六条 领导干部在基金会兼职需执行有关规定,参照领导干部到已脱钩的行业协会商会兼职管理。

第二十七条 本办法自印发之日起执行。

附件:1. 水利部领导干部兼职审批表

2. 水利部小浪底水利枢纽管理中心领导干部兼职审批表

3. 水利部小浪底水利枢纽管理中心领导干部兼职情况统计

水利部小浪底水利枢纽管理中心
工作绩效考核办法(试行)

(中心监〔2017〕2号,2017年5月31日印发)

第一章 总 则

第一条 为进一步提高工作效能,调动全体工作人员的积极性、主动性,发挥考核的激励和惩治作用,确保各项工作任务全面按期完成,结合实际,制定本办法。

第二条 本办法适用于水利部小浪底水利枢纽管理中心(简称小浪底管理中心)机关各部门和库区管理中心。

第三条 工作绩效考核坚持"实事求是、客观公正、分类实施、综合运用"原则,进一步简化考核程序，着力打破平均主义和考核惯性，实现考核结果与工作实绩相统一。

第四条　成立工作绩效考核领导小组（简称考核领导小组），负责工作绩效考核的组织领导和统筹实施，中心主要领导任组长，分管考核工作的领导任副组长，其他领导班子成员为考核领导小组成员。考核领导小组办公室设在党群工作处，具体负责工作绩效考核的日常工作。

第五条　工作绩效考核分为季度工作绩效考核和年度工作绩效考核两类，并行实施。其中，季度工作绩效考核主要针对部门（单位）处级及以下工作人员进行考核，考核结果与工作人员的月管理奖挂钩；年度工作绩效考核主要针对部门（单位）进行考核，考核结果与部门（单位）的经营管理奖挂钩。

第二章　季度工作绩效考核

第六条　考核对象

机关各部门和库区管理中心处级及以下全体工作人员。

第七条　考核内容

1. 落实中心党政各项决策部署和本部门（单位）工作安排情况；
2. 完成工作的数量、质量和效果等情况；
3. 工作的担当、创新精神等情况；
4. 与同事团结协作、相互支持情况；
5. 落实全面从严治党责任和党风廉政建设“两个责任”、廉洁自律情况等。

第八条　考核等次及系数的确定

考核等次分A、B、C、D四个档次。考核等次及其对应的考核系数如下：

考核等次	考核系数
A	1.2
B	1.0
C	≤0.8
D	0

第九条　考核组织

1. 处级干部。处级干部的季度工作绩效考核采取中心领导班子成员评价赋分的方式进行，由考核领导小组办公室负责组织实施，赋分的算术平均值为处级干部季度工作绩效考核的最终得分（详见附件1）。

处级干部的季度工作绩效考核等次由中心主要领导根据赋分结果确定，其中得A等次的人数不超过全体被考核处级干部总数的30%，其他处级干部的等次为B及以下等次（详见附件2）。

考核领导小组办公室应在每季度末月底前将处级干部考核结果发人事处。

2. 科级及以下工作人员。由各部门（单位）按照“公平、公开、公正”的原则，根据考核内容自行组织。其中确定为A等次的人数不超过本部门（单位）被考核人数（不包括处级及以上干部）的30%，其他人员为B及以下等次（详见附件3）。

各部门（单位）应在每季度末月底前将本部门（单位）科级及以下工作人员考核结果

发考核领导小组办公室和人事处。

第十条 特殊情况

若工作人员出现违规违纪违法事项、重大工作失误、工作未按中心要求按时完成受到批评时(以调查处理认定的时间为准),则本季度工作绩效考核结果直接认定为C或D。

1. 若出现一般违规事项(详见附件4)时,该工作人员季度工作绩效考核等次确定为C,其中出现一次,考核系数确定为0.8,出现两次以上的,每次在考核系数1的基础上扣减0.2,直至扣为0。

2. 若出现严重违规违纪违法事项(详见附件5)时,该工作人员季度工作绩效考核等次确定为D、考核系数为0。

第十一条 季度工作绩效考核结果运用

工作人员的季度工作绩效考核等次与本人的月管理奖直接挂钩。具体计算方法如下:

1. 处级干部的个人月管理奖由人事处根据有关规定和处级干部个人岗位系数、考核系数直接核定;

2. 科级及以下工作人员个人月管理奖=部门(单位)科级及以下工作人员月管理奖总额÷部门(单位)科级及以下所有工作人员个人考核系数与个人岗位系数乘积之和×个人考核系数与岗位系数之积。

部门(单位)科级及以下工作人员月管理奖总额由人事处根据有关规定和该部门(单位)科级及以下工作人员个人岗位系数每月核定。

第十二条 监督检查

对于不严格执行以上要求进行划分等次的部门(单位),由党群工作处、人事处联合进行检查,一经发现,人事处在核定下一季度该部门(单位)科级及以下工作人员月管理奖总额时直接扣减20%。

第三章 年度工作绩效考核

第十三条 考核对象

机关各部门和库区管理中心。

第十四条 考核组织和考核方式

年度工作绩效考核在考核领导小组的统一领导下开展,实行百分制,由中心领导班子成员赋分、部门(单位)间横向评价赋分和考核领导小组办公室赋分三部分组成,领导班子成员赋分占20分、部门(单位)间横向评价占10分、考核领导小组办公室赋分占70分,三项得分之和为部门(单位)年度工作绩效考核最终得分。

中心领导班子成员赋分、部门(单位)间横向评价赋分采取集中赋分的方式进行,每年组织一次,原则上在次年1月进行,具体工作由考核领导小组办公室负责;考核领导小组办公室赋分采取季度督察和集中核算的方式进行,具体工作由各督察部门(单位)、各部门(单位)和考核领导小组办公室分别负责。

第十五条 考核实施

(一)领导班子成员赋分

赋分内容侧重于工作完成情况,主要包括以下内容:

1. 落实上级决策部署和中心工作安排情况;

2. 完成工作的数量、质量和效果等情况;

3. 工作的担当、创新精神等情况;

4. 部门(单位)内部队伍思想、作风等建设情况,部门(单位)之间团结协作、相互支持情况;

5. 落实全面从严治党责任和党风廉政建设"两个责任",部门内部人员廉洁自律情况等。

领导班子成员赋分时,赋18分以上的数量不超过被考核部门(单位)总数的30%(四舍五入)(详见附件6)。

领导班子成员赋分的算术平均值为部门(单位)该项考核得分。

(二)部门(单位)间横向评价赋分

赋分内容侧重于部门间协作、配合情况,由各部门(单位)集体研究决定,经部门(单位)主要负责人签字后报考核领导小组办公室。

横向评价赋分时,得9分(含)以上的数量不超过被考核部门(单位)总数的30%(四舍五入)(详见附件7)。

去掉一个最高分和一个最低分后的算术平均值为部门(单位)该项考核得分。

(三)考核领导小组办公室赋分

针对年度工作目标,党委会、工作例会、政工例会、专题会议、领导安排的工作任务和完成时限,加扣分事项等,按照谁分解任务(撰写会议纪要)谁督察、谁管辖范围谁检查的原则,由督察部门(单位)牵头负责,每季度末开展督促检查和梳理汇总(详见附件8)。

1. 由督察部门(单位)每季度末填写《部门(单位)年度工作绩效考核季度扣分情况统计表》,经主要负责人签字后,于下季度首月5日前报考核领导小组办公室(详见附件9)。

2. 由各部门(单位)每季度末填写《部门(单位)年度工作绩效考核季度加分情况统计表》,经主要负责人签字后,于下季度首月5日前报考核领导小组办公室(详见附件10)。

3. 由考核领导小组办公室按季度进行汇总,经考核领导小组审核后在综合数字办公平台上公布。

4. 考核领导小组办公室在部门(单位)总分70分基础上,根据本年度四个季度公布的部门(单位)加扣分情况,计算出部门(单位)的该项考核得分。

第十六条　考核等次及系数的确定

年度工作绩效考核等次分为A、B、C、D四个档次,其中,得A等次的不超过被考核部门(单位)总数的30%(四舍五入),其他部门为B及以下等次。

考核等次及其对应的考核系数如下:

考核等次	考核系数
A	1.2
B	1.0
C	≤0.8
D	0

考核领导小组办公室对部门(单位)的领导班子赋分、横向评价赋分和考核领导小组办公室赋分三项得分进行汇总,报考核领导小组确定年度工作绩效考核等次(详见附件11)。

第十七条 特殊情况

若部门(单位)工作人员发生严重违规违纪违法事项(详见附件5,以调查处理结论认定的时间为准),该部门(单位)年度工作绩效考核等次直接认定为C,其中出现一次,考核系数确定为0.8;出现两次以上的,每次在考核系数1的基础上扣减0.2,直至扣为0;情节严重的,直接认定为D。具体系数由考核领导小组办公室提出意见,报考核领导小组审定。

第十八条 年度工作绩效考核结果运用

年度工作绩效考核结果与党建工作考核、党风廉政建设责任制考核,共同挂钩部门(单位)的经营管理奖。具体权重如下:

1. 部门(单位)年度工作绩效考核等次对应的系数,权重90%;

2. 年度党建工作考核结果(由多部门组成的党支部以党支部得分计算)、部门(单位)所有处级干部落实党风廉政建设责任制考核结果的平均分,除以100所得值,权重10%。

以上两项权重分相加后的系数为部门(单位)经营管理奖系数。

第四章 附 则

第十九条 工作目标的编制和实施

1. 工作目标编制。工作目标每年编制一次,由各部门(单位)于每年初,依据部门(单位)工作职责,按照中心年度工作会议部署的任务以及党的工作暨纪检监察工作、安全、防汛专题会议部署的工作任务等,编制年度工作目标。

工作目标编制按工作性质、内容进行分类;各分项工作要详细具体,操作性强;工作目标实施进度计划要具体到月、季,需跨季、跨年度完成的,要明确季度、年度目标任务完成的工作量。

2. 工作目标的审核与批准。各部门(单位)编制的年度工作目标,经中心分管领导审核后,送考核领导小组办公室汇总,经中心主要领导批准后编印执行。

第二十条 所属公司的内设部门(单位)的工作绩效考核,可参照本办法另行制定。

第二十一条 本办法由考核领导小组办公室负责解释,自印发之日起施行。原《水利部小浪底水利枢纽管理中心机关及直属单位工作绩效考核办法》(中心监〔2016〕2号)同时废止。

附件:1. 处级干部季度工作绩效考核赋分表

2. 处级干部季度工作绩效考核等次审定表

3. 科级及以下工作人员季度工作绩效考核等次审定表

4. 一般违规事项表

5. 严重违规违纪违法事项表

6. 部门(单位)年度工作绩效考核中心领导班子成员赋分表

7. 部门(单位)年度工作绩效考核横向评价赋分表

8. 年度工作绩效考核加扣分事项、标准及督察部门(单位)
9. 部门(单位)年度工作绩效考核季度扣分情况统计表
10. 部门(单位)年度工作绩效考核季度加分情况统计表
11. 部门(单位)年度工作绩效考核等次审定表

水利部小浪底水利枢纽管理中心
生产安全事故隐患排查治理监督管理办法(试行)

(中心安监〔2016〕13号,2016年12月29日印发)

第一章　总　则

第一条　为加强生产安全事故隐患排查治理工作,落实生产安全事故隐患排查治理责任,强化事故隐患监督管理,防止和减少事故发生,根据《中华人民共和国安全生产法》《安全生产事故隐患排查治理暂行规定》《河南省生产安全事故隐患排查治理办法》等有关法律法规规定,结合水利部小浪底水利枢纽管理中心(简称小浪底管理中心)实际,制定本办法。

第二条　小浪底管理中心机关各部门、直属单位、所属公司(含全资子公司和控股子公司)生产安全事故隐患(简称事故隐患)的排查治理及其监督管理,适用本办法。

第三条　本办法所称事故隐患,是指小浪底管理中心机关各部门、直属单位、所属公司(含全资子公司和控股子公司)违反安全生产法律法规、规章、标准、规程和安全生产管理制度规定,或者因其他因素在生产经营活动中存在可能导致事故发生的物的危险状态、人的不安全行为和管理上的缺陷。

事故隐患分为一般事故隐患和重大事故隐患。一般事故隐患是指危害和整改难度较小,发现后能够立即整改排除的隐患。重大事故隐患是指危害和整改难度较大,应当全部或者局部停产停业,并经过一定时间整改治理方能排除的隐患,或者因外部因素影响致使生产经营单位自身难以排除的隐患。

第四条　所属公司及其全资子公司和控股子公司应当建立健全事故隐患排查治理制度。所属公司及其全资子公司和控股子公司主要负责人对本单位事故隐患排查治理工作全面负责。

第五条　小浪底管理中心督促所属公司依法履行事故隐患排查治理职责,协调解决事故隐患排查治理工作中的重大问题。安全监督处负责事故隐患排查治理的综合监督管理。

第二章　排查治理责任

第六条　所属公司及其全资子公司和控股子公司是事故隐患排查治理的责任主体,

应当落实下列责任：

1. 制定事故隐患排查治理工作制度，编制隐患排查标准清单，开展事故隐患排查治理工作；

2. 明确单位负责人、各业务部门、安全生产管理机构、班组负责人和具体岗位从业人员的事故隐患排查治理责任；

3. 保障事故隐患排查治理所需专项资金；

4. 对从业人员进行事故隐患排查治理技能教育和培训，如实告知从业人员作业场所和工作岗位存在的危险因素、防范措施以及事故应急措施；

5. 建立事故隐患排查治理信息台账，如实记录事故隐患排查治理情况，并向从业人员通报；

6. 定期向主管的负有安全生产监督管理职责的部门报告事故隐患排查治理情况，并及时报告重大事故隐患。

第七条 所属公司及其全资子公司和控股子公司主要负责人是本单位事故隐患排查治理的第一责任人，对本单位事故隐患排查治理工作全面负责，并应当履行下列职责：

1. 组织制定事故隐患排查治理的各项工作制度；

2. 保证事故隐患排查治理投入的有效实施；

3. 定期组织全面的事故隐患排查；

4. 督促检查事故隐患排查治理工作，及时消除事故隐患。

其他负责人对各自职责范围内的事故隐患排查治理工作负责。

第八条 所属公司及其全资子公司和控股子公司发现的事故隐患，应当及时治理；属于重大事故隐患的，应当及时制定治理方案。

重大事故隐患治理方案应当包括以下内容：

1. 事故隐患的影响范围和程度；

2. 治理的目标、任务和时限；

3. 采取的方法和措施；

4. 治理资金和物资的来源及其保障措施；

5. 负责治理的机构和人员；

6. 安全防范措施和应急预案。

第九条 小浪底管理中心对重大事故隐患治理实行挂牌督办，按照属地、分类和分级原则督促实施。所属公司自收到挂牌督办通知书之日起15个工作日内向小浪底管理中心提交重大事故隐患治理方案。

第十条 所属公司及其全资子公司和控股子公司在事故隐患治理过程中，应当采取必要的措施防止事故发生。

重大事故隐患排除前或者排除过程中无法保证安全的，应当从危险区域内撤出作业人员，及时疏散可能危及的其他人员，暂时停产停业或者停止使用相关设施、设备和装置，并设置警示标志，必要时应当派员值守；对难以停产或者停止使用的相关设施、设备和装置，应当加强监护，防止事故发生。

事故隐患涉及相邻单位或者公众安全的，所属公司及其全资子公司和控股子公司应当及时报告所在地人民政府及其有关部门，告知相关单位采取适当方式加以明示，并加强对治理工作的协调。

第十一条　对因自然灾害可能引发事故的隐患，所属公司及其全资子公司和控股子公司应当按照有关法律法规、标准的要求排查治理，采取可靠的预防措施；接到自然灾害预报后，应当及时发出预警通知；发生自然灾害可能危及单位和人员安全时，应当及时采取停止作业、撤离人员、加强监测等措施。

第十二条　所属公司及其全资子公司和控股子公司在重大事故隐患治理完毕后，应当组织验收或者委托依法设立的安全生产服务机构进行验收。

第十三条　所属公司应当每月对事故隐患排查治理情况进行统计分析，并在10日前向小浪底管理中心安全监督处报送上月隐患排查治理信息台账，遇节假日报送日期相应顺延。

第十四条　所属公司及其全资子公司和控股子公司建立的事故隐患排查治理信息台账应当包括下列内容：

1. 事故隐患排查的时间、具体部位或者场所；
2. 发现事故隐患的数量、级别和具体情况；
3. 参加事故隐患排查的人员及其签字；
4. 风险评估记录（重大隐患内容）；
5. 事故隐患治理方案（重大隐患内容）；
6. 事故隐患治理情况和复查验收时间、结论、人员及其签字；
7. 事故隐患排查治理统计信息报表。

事故隐患排查治理信息台账应当保存2年以上。

第十五条　所属公司及其全资子公司和控股子公司将生产经营项目、场所、设备发包、租赁给其他单位的，应当与承包、承租单位签订安全生产管理协议，明确各方的事故隐患排查治理责任，并对承包、承租单位的事故隐患排查治理工作进行统一协调和管理；发现承包、承租单位存在事故隐患的，应当及时督促其治理。

第三章　监督管理

第十六条　小浪底管理中心负责组织开展经常性事故隐患排查治理监督检查工作。对机关各部门、直属单位的监督检查每半年不少于一次；对小浪底水利枢纽管理区的监督检查每季度不少于一次；对外地投资项目的监督检查每半年不少于一次。

第十七条　小浪底管理中心进行的事故隐患排查治理监督检查可采取自查、互查、专家检查等方式。

第十八条　小浪底管理中心在监督检查中发现事故隐患的，应当做好记录，并责令所属公司组织治理。

第四章　奖励与处罚

第十九条　所属公司全年事故隐患整改率达到98%及以上，小浪底管理中心在所属公司年度经营绩效考核安全管理目标分值中加0.3分。

第二十条 小浪底管理中心在监督检查中发现机关各部门、直属单位存在事故隐患的,每发现一项在相应部门或直属单位本季度工作绩效考核分值中扣0.1分;未按要求落实隐患整改、整改不到位或超期整改的事故隐患,每发现一项扣0.2分。

第二十一条 小浪底管理中心在监督检查中发现所属公司存在事故隐患,且所属公司未发现或上报,每发现一项在所属公司年度经营绩效考核安全管理目标分值中扣0.05分。

第二十二条 小浪底管理中心发现的事故隐患,所属公司未按要求落实隐患整改、整改不到位或超期整改,每发现一项在所属公司年度经营绩效考核安全管理目标分值中扣0.1分;所属公司上报的事故隐患排查治理信息台账所列事故隐患未整改、整改不到位或超期整改,每发现一项在所属公司年度经营绩效考核安全管理目标分值中扣0.05分。

第二十三条 所属公司应建立事故隐患排查治理奖惩机制,对事故隐患排查治理成效突出的相关责任单位、责任人给予奖励。对事故隐患排查治理工作不力的相关责任单位及其负责人进行处罚。

第二十四条 所属公司及其相关责任人未履行事故隐患排查治理职责,造成严重后果的,依照相关法律法规的规定执行,对相关责任单位、责任人给予处罚。

第五章 附 则

第二十五条 本办法所述直属单位是指库区管理中心,所属公司是指黄河水利水电开发总公司和黄河小浪底水资源投资有限公司。

第二十六条 本办法由小浪底管理中心安全监督处负责解释。

第二十七条 本办法自发布之日起施行。

水利部小浪底水利枢纽管理中心
安全生产监督管理办法

(中心安监〔2019〕5号,2019年8月22日印发)

第一章 总 则

第一条 为加强安全生产监督管理,预防和减少生产安全责任事故,根据《中华人民共和国安全生产法》等法律法规,结合水利部小浪底水利枢纽管理中心(简称小浪底管理中心)实际,制定本办法。

第二条 安全生产坚持“安全第一、预防为主、综合治理”的方针。

第三条 本办法适用于小浪底管理中心机关各部门、直属单位、所属公司管辖区域内从事生产经营活动的单位和个人。

第四条 小浪底管理中心机关各部门、直属单位、所属公司要遵守安全生产法律法规,建立健全安全生产保障机制,依法承担安全生产责任,实行安全生产"一岗双责"制度,加强和改进安全生产管理,保证安全生产。

第二章　安全生产监督管理机构

第五条　小浪底管理中心成立安全生产领导小组,安全生产领导小组办公室设在安全监督处。

小浪底管理中心安全生产实行安全生产领导小组统一领导、安全监督处监督检查,机关各部门、直属单位、所属公司具体负责的管理模式。

第六条　小浪底管理中心机关各部门、直属单位配置兼职安全生产管理人员,所属公司结合本单位工作实际,建立安全生产管理机构、配备专职安全生产管理人员,并报小浪底管理中心安全生产领导小组办公室备案。

第七条　小浪底管理中心接受水利部监督司、河南省应急管理厅等上级安全管理机构的业务指导和监督检查。

第八条　小浪底管理中心机关各部门、直属单位、所属公司自觉接受地方人民政府或行业安全监督机构的业务指导和监督检查。

第三章　安全生产监督、管理责任

第九条　安全生产领导小组负责小浪底管理中心安全生产的统一领导,其工作职责是:

1. 贯彻落实和宣传国家、水利部关于安全生产的方针政策、法律法规,领导小浪底管理中心机关各部门、直属单位安全生产工作,严格监管所属公司安全生产工作;

2. 分析小浪底管理中心安全生产形势,研究提出小浪底管理中心安全生产工作目标和主要任务;

3. 研究解决小浪底管理中心安全生产工作中的重大问题;

4. 指导和组织协调小浪底管理中心生产安全事故调查处理和应急救援工作;

5. 完成水利部安全生产领导小组交办的其他工作。

第十条　小浪底管理中心党委安全生产工作职责是:

1. 贯彻落实国家有关安全生产工作要求,加强对安全生产工作的宏观领导,将安全生产工作纳入党委重要议事日程;

2. 领导和督促人事部门选拔任用思想过硬、作风扎实、能力突出、严于律己的优秀职工到安全生产岗位工作;

3. 领导和督促宣传部门积极做好安全生产宣传教育工作,大力宣传党和国家关于安全生产工作的方针政策;宣传安全生产法律法规;宣传安全生产工作中的典型,普及安全生产知识,曝光安全生产事故和安全生产违法行为;

4. 领导和督促纪检监察部门积极履行监督职能,按照有关规定严肃查处导致安全事故发生的渎职失职和腐败行为。

第十一条　小浪底管理中心工会安全生产工作职责是:

1. 对违反安全生产法律、法规,侵犯从业人员合法权益的行为进行监督,提出意见;

2. 对建设项目的安全设施与主体工程同时设计、同时施工、同时投入生产和使用进行监督，提出意见；

3. 依法参加事故调查，向有关部门提出处理意见，并要求追究有关人员的责任。

第十二条　安全生产领导小组办公室负责小浪底管理中心安全生产监督管理日常工作，其工作职责是：

1. 负责组织制定小浪底管理中心安全生产管理制度；

2. 负责组织贯彻落实上级安全管理机构有关文件精神，督促检查直属单位、所属公司贯彻落实情况；

3. 督促检查、协调小浪底管理中心机关各部门涉及安全生产的相关工作；指导、监督、检查小浪底管理中心直属单位、所属公司安全生产管理工作；

4. 负责向水利部监督司报送小浪底管理中心安全生产信息工作情况；

5. 配合或参与生产安全事故(事件)调查工作；

6. 负责对所属公司进行安全生产考核。

第十三条　小浪底管理中心机关各部门主要负责人为本部门安全生产工作第一责任人，对本部门职责范围内的安全管理全面负责。机关各部门负有以下职责：

办公室：负责向上级部门报告生产安全事故等信息；

党群工作处(监察审计处)：负责小浪底管理中心安全监督管理宣传工作的归口管理；配合有关部门做好生产安全事故(事件)调查处理工作；

规划计划处：负责监督、检查小浪底管理中心安全生产投资计划执行情况；

资产财务处：负责小浪底管理中心机关及直属单位安全生产经费保障工作，监督、检查所属公司安全生产经费保障及使用情况；

人事处：组织指导小浪底管理中心开展劳动保护工作；指导、监督、检查因工(公)伤残抚恤有关政策的落实情况；负责安全生产教育培训工作的归口管理；配合有关部门做好生产安全事故(事件)调查处理工作；

水量调度处(防汛办)：负责小浪底水利枢纽和西霞院反调节水库的水量调度安全；指导、监督、检查所属公司防汛预案的制定和执行情况；

安全监督处：负责小浪底管理中心安全生产监督管理工作，履行安全生产领导小组办公室工作职责；

建设与管理处：负责小浪底管理中心重点项目建设安全技术措施的审查工作；负责水利安全生产技术标准的宣贯。

第十四条　水利部小浪底水利枢纽管理中心库区管理中心(简称库区管理中心)主要负责人为本单位安全生产工作第一责任人，对本单位的安全管理全面负责。库区管理中心安全管理职责是：

1. 负责小浪底水利枢纽、西霞院反调节水库库区管理职责范围内安全工作；

2. 负责小浪底水利枢纽、西霞院反调节水库水政监察及查处库区水事违法行为过程中的安全工作。

第十五条　小浪底管理中心所属公司是本单位安全生产的责任主体，小浪底管理中心所属公司主要负责人为本单位安全生产工作第一责任人，对本单位的安全生产全面负责。所属公司安全管理职责是：

1. 建立健全生产安全保障体系和生产安全监督、管理机制，严格执行国家有关生产安全的法律、法规及行业规程、标准；

2. 建立并层层落实安全生产责任制；

3. 负责本单位安全生产工作，开展安全检查和隐患排查，及时消除事故隐患；

4. 制定生产安全事故应急预案，组织本单位的应急救援工作；

5. 负责落实本单位安全生产专项经费，保障足额投入；

6. 负责本单位安全生产宣传教育培训；

7. 负责本单位安全生产信息的编制和报送；

8. 负责或配合本单位生产安全事故(事件)调查处理工作。

第四章　安全教育培训

第十六条　小浪底管理中心安全生产领导小组办公室负责组织机关各部门的安全教育培训工作，主要培训内容包括国家安全生产方针、政策、法律、法规，水利系统安全生产各项规章制度，以及典型事故分析、安全文化教育等。日常安全教育培训主要以部门为单位开展，每年培训时间不少于16学时。

第十七条　直属单位、所属公司负责本单位的安全教育培训工作，每年12月底前编制本单位下年度安全培训计划，报小浪底管理中心安全生产领导小组办公室备案。安全生产领导小组办公室负责对小浪底管理中心机关各部门的安全教育培训工作进行监督、检查。

第五章　安全生产信息报送

第十八条　小浪底管理中心安全生产领导小组办公室按照相关规定向上级主管部门报送安全生产月报信息。

直属单位、所属公司向安全生产领导小组办公室报送安全生产月报、年度安全工作计划、年度安全工作总结及其他安全生产信息。

第六章　安全生产检查和专项检查

第十九条　小浪底管理中心安全生产领导小组办公室负责对直属单位、所属公司贯彻执行安全生产法律、法规、规章，安全生产管理体系、安全生产管理制度落实、安全资金投入、安全生产环境、应急管理、重大危险源监控、特种设备管理、安全台账建立、安全生产宣传教育培训等情况进行监督检查。

第二十条　小浪底管理中心安全生产领导小组办公室按照相关要求，结合直属单位、所属公司生产、经营、管理工作实际，组织或委托开展安全生产检查或专项检查。

第二十一条　小浪底管理中心直属单位、所属公司应结合本单位生产、经营、管理工作实际，建立安全生产检查制度，定期组织开展本单位的安全生产检查，及时发现安全生产存在的问题并限时整改。检查和整改情况及时报小浪底管理中心安全生产领导小组办公室备案。

第七章　安全隐患排查和治理

第二十二条　小浪底管理中心直属单位、所属公司制定安全隐患排查和治理管理制度，定期开展安全生产隐患排查，建立事故隐患信息档案。及时将事故隐患排查治理情况报送小浪底管理中心安全生产领导小组办公室备案。

第二十三条　对各类检查、排查中发现的一般安全隐患，由责任单位制定整改方案，及时进行治理。对于重大安全隐患，相关单位必须及时制定整改方案，做到整改责任、措施、资金、期限、应急预案“五落实”。

第八章　重大危险源监督和管理

第二十四条　重大危险源，是指长期或者临时生产、搬运、使用或存储危险物品，且危险物品的数量等于或者超过临界量的单元(包括场所和设施)。

第二十五条　小浪底管理中心重大危险源的监督管理工作，实行分级监控，动态管理。

第二十六条　小浪底管理中心所属公司根据国家相关规定具体负责本单位重大危险源的管理，包括普查、辨识、登记、监控、检测、检验、变更、安全评价、应急救援预案编制等，并于每年年底前将重大危险源监控管理情况报安全生产领导小组办公室备案。

第二十七条　小浪底管理中心安全生产领导小组办公室负责对所属公司重大危险源管理工作进行监督、检查，协调重大危险源监控工作中存在的有关问题。

第九章　应急预案管理和演练

第二十八条　小浪底管理中心制定安全生产应急预案，报上级主管部门备案。直属单位及所属公司结合生产、经营、管理工作实际，制定本单位安全生产综合应急预案和专项应急预案，并报小浪底管理中心安全生产领导小组办公室备案。

第二十九条　小浪底管理中心机关各部门、直属单位、所属公司开展应急预案的教育培训，针对事故预防重点，组织开展应急预案的演练。直属单位和所属公司将应急预案演练情况和评估总结报小浪底管理中心安全生产领导小组办公室备案。

第十章　生产安全事故报告和调查处理

第三十条　生产安全事故报告和调查处理执行国务院《生产安全事故报告和调查处理条例》，电力生产事故参照《电力安全事故应急处置和调查处理条例》有关规定执行。

第三十一条　根据生产安全事故(事件)造成的人员伤亡或者直接经济损失，一般分为以下等级：

1. 特别重大事故，是指造成30人(含)以上死亡，或者100人(含)以上重伤，或者1亿元(含)以上直接经济损失的事故；

2. 重大事故，是指造成10人(含)以上30人以下死亡，或者50人(含)以上100人以下重伤，或者5 000万元(含)以上1亿元以下直接经济损失的事故；

3. 较大事故，是指造成3人(含)以上10人以下死亡，或者10人(含)以上50人以下

重伤,或者1 000万元(含)以上5 000万元以下直接经济损失的事故;

4. 一般事故,是指造成3人以下死亡,或者10人以下重伤,或者1 000万元以下直接经济损失的事故;

5. 一般安全事件,是指依据有关法律、法规或行业规定,不构成一般及以上事故的安全事件,通常指造成人员轻伤或直接经济损失在100万元以下的安全事件(包括可能造成重大事故、重大损失、重大影响的涉险事件和未遂事件)。

第三十二条 根据事故发生部门(单位)和事故当事人应当承担事故责任的大小,将事故分为完全责任事故、主要责任事故、次要责任事故和非责任事故。

第三十三条 事故报告应当及时、准确、完整,任何单位和个人对事故不得迟报、漏报、谎报或者瞒报。事故发生后,事故现场有关人员应立即向本单位负责人报告。责任事故单位(包括完全责任事故单位和主要责任事故单位)应当于1小时内向事故发生地县级以上人民政府安全生产监督管理部门报告;电力安全生产事故同时报送电力监管机构。

小浪底管理中心各部门(单位)职责范围内发生责任事故(包括完全责任事故、主要责任事故和次要责任事故,下同),各部门(单位)应立即报告本部门(单位)负责人和安全管理部门,对承担完全责任事故和主要责任事故的,应当于1小时内向事故发生地县级以上人民政府安全生产监督管理部门报告;安全管理部门接到报告后,应立即向小浪底管理中心安全生产领导小组办公室报告;安全生产领导小组办公室接到事故报告后,在1小时内上报至水利部监督司。

情况紧急时,先用电话快报,随后补报文字报告。事故报告后出现新情况的,应当及时补报。

第三十四条 报告事故应当包括下列内容:

1. 事故发生单位概况;

2. 事故发生的时间、地点以及事故现场情况;

3. 事故的简要经过;

4. 事故已经造成或者可能造成的伤亡人数(包括下落不明的人数)和初步估计的直接经济损失;

5. 已经采取的措施;

6. 其他应当报告的情况。

第三十五条 事故发生单位负责人接到事故报告后,应当立即启动事故相应应急预案,或者采取有效措施,组织抢救,防止事故扩大,减少人员伤亡和财产损失;应及时将现场救援情况报告枢纽管理中心安全生产领导小组,接受安全生产领导小组的统一领导、协调和指挥;事发地相关单位应当服从指挥、调度,参加和配合救助。

小浪底管理中心安全生产领导小组接到报告后,应当立即赶赴事故现场,组织事故救援。

第三十六条 事故发生后,有关单位和人员应当妥善保护事故现场以及相关证据,任何单位和个人不得破坏事故现场、毁灭相关证据。因抢救人员、防止事故扩大以及疏通交通等原因,需要移动事故现场物件的,应当做出标志,拍摄照片或录像,绘制现场简图并做出书面记录,妥善保存现场重要痕迹、物证,为事故调查提供可靠的原始事故现场。

第三十七条 特别重大事故由国务院或者国务院授权有关部门组织事故调查组进行调查;重大事故、较大事故、一般事故分别由事故发生地省级人民政府、设区的市级人民政府、县级人民政府负责调查。小浪底管理中心有关部门和责任单位全面做好配合工作。

第三十八条 小浪底管理中心机关各部门、直属单位、所属公司职责范围内发生一般安全事件,由小浪底管理中心事件责任单位参照安全事故报告的内容和要求,上报至安全生产领导小组办公室;小浪底管理中心机关各部门和直属单位职责范围内发生的一般安全事件由安全生产领导小组办公室组织有关单位组成调查组,所属公司职责范围内发生的一般安全事件由所属公司组成调查组,按照实事求是、“四不放过”原则,对一般安全事件进行调查处理,参照相关规章制度提出一般安全事件调查报告,报小浪底管理中心安全生产领导小组批准后执行。

第三十九条 小浪底管理中心责任事故(事件)单位按照有关规定,将生产安全事故情况和处理结果,一般安全事件调查、处理结果,报小浪底管理中心安全生产领导小组办公室备案。

第十一章 责任追究

第四十条 生产安全事故责任追究执行国务院《生产安全事故报告和调查处理条例》,电力安全事故参照《电力安全事故应急处置和调查处理条例》有关规定执行。

第四十一条 小浪底管理中心按照批复的事故调查报告,对负有责任的有关单位和人员进行处理。

第四十二条 对发生生产安全责任事故(事件)的单位,或迟报、漏报、谎报、瞒报生产安全事故(事件)的责任单位,按照小浪底管理中心机关及直属单位部门工作绩效考核办法和对所属公司绩效评价考核实施意见等相关规定给予相应处罚。

第四十三条 对于在三个月内连续发生两起及以上一般安全事件的责任单位,由安全生产领导小组办公室牵头,劳动保障管理部门、工会和监察机构等有关部门组成联合调查组,对责任单位安全生产管理情况、相关事件等进行调查,参照有关规章制度提出处理意见,报小浪底管理中心安全生产领导小组批准后执行。

第十二章 附 则

第四十四条 本办法由小浪底管理中心安全监督处负责解释。

第四十五条 本办法自印发之日起施行,原《水利部小浪底水利枢纽管理中心安全生产监督管理办法》(中心安监〔2016〕3号)同时废止。

水利部小浪底水利枢纽管理中心
工作规则

（中心办〔2019〕45号，2019年12月30日印发）

第一章　总　则

第一条　根据《水利部工作规则》，结合水利部小浪底水利枢纽管理中心（简称小浪底管理中心）工作实际，制定本规则。

第二条　小浪底管理中心工作的指导思想是，坚持以习近平新时代中国特色社会主义思想为指导，在水利部党组的正确领导下，认真贯彻党的基本理论、基本路线、基本方略，坚持和加强党的全面领导，严格遵守宪法和法律，积极践行"节水优先、空间均衡、系统治理、两手发力"的治水方针，全面正确履行水利部赋予的职责，按照"水利工程补短板、水利行业强监管"的水利改革发展总基调，持续推进"管好民生工程，推进绿色发展"战略，确保枢纽安全稳定运行、综合效益充分发挥，确保国有资产保值增值。

第三条　小浪底管理中心工作的准则是，公益为先，民生为本；依法依规，科学管理；民主决策，务实清廉。

第二章　领导班子职责

第四条　小浪底管理中心各级领导干部要牢固树立政治意识、大局意识、核心意识、看齐意识，坚定中国特色社会主义道路自信、理论自信、制度自信、文化自信，坚决维护习近平总书记党中央的核心、全党的核心地位，坚决维护党中央权威和集中统一领导，模范遵守宪法和法律，认真履行职责，科学务实，严守纪律，勤勉廉洁。

第五条　小浪底管理中心党委要发挥把方向、管大局、保落实的领导作用，全面履行领导责任。小浪底管理中心党委工作按照《中国共产党水利部小浪底水利枢纽管理中心委员会工作规则》执行。

第六条　小浪底管理中心实行主任负责制，主任为法定代表人。

第七条　小浪底管理中心领导班子成员按照分工负责处理分管工作。受主任委托，负责其他方面的工作或专项任务。经主任授权，可代表小浪底管理中心进行社会公务、商务和外事活动。

第八条　小浪底管理中心领导外出期间，分管工作实行接替制度，按领导班子成员分工安排执行。

第九条　小浪底管理中心实行部门（单位）主要负责人负责制，部门（单位）副职按照分工协助主要负责人工作。部门（单位）未配备主要负责人或主要负责人出差期间可由一位副职主持日常工作。

第三章　正确履行职能

第十条　负责小浪底和西霞院水利枢纽的运行管理、维修养护和安全保卫工作。

第十一条　负责执行黄河防汛抗旱总指挥部和黄河水利委员会对小浪底和西霞院水利枢纽下达的防洪(凌)、调水调沙、供水、灌溉、应急调度等指令,并接受其对调度指令执行情况的监督。

第十二条　负责小浪底和西霞院水利枢纽管理区及其库区管理,按规定开展水政监察工作。

第十三条　负责小浪底和西霞院水利枢纽的资产管理;对所属公司依法履行出资人职责,推进公司不断发展。

第十四条　承办水利部交办的其他事项。

第四章　依法依规管理

第十五条　小浪底管理中心要维护宪法和法律权威,严格按照水利部有关规定和要求,按照职责范围,行使权力,履行职责,承担责任。

第十六条　根据国家和水利部的法律、行政法规、规章制度的制定、修改和废止情况,及时制定、修改或废止小浪底管理中心规章制度。规章制度施行过程中,发现问题及时修订完善。

第十七条　小浪底管理中心领导班子成员要按照各项规章制度和工作程序处理和决策分管范围内的日常管理工作。对分管工作中的重要问题和重大事项要及时向小浪底管理中心主要领导报告。需要报主要领导决定的事项或签批的公文,分管领导应提出明确的意见,涉及其他领导分管的工作时,应事先沟通形成一致意见。

第十八条　严格水政执法,健全制度,规范程序,落实责任,强化监督,做到有法必依、执法必严、违法必究,公正执法、文明执法,维护库区水事秩序。

第五章　科学民主决策

第十九条　小浪底管理中心要完善行政决策程序,把专家论证、风险评估、合法合规性审查和集体讨论决定作为重大决策的必要程序,增强决策透明度和参与度,实行依法决策、科学决策和民主决策。

第二十条　小浪底管理中心报请水利部、国家有关部委、地方人民政府审批的重要事项,或涉及小浪底管理中心改革发展的重大事项,或由小浪底管理中心制定、发布的重要规章制度,或小浪底管理中心重大改革措施、重大项目建设、年度财务预算和投资计划等,须经会议讨论决定。

在重大决策执行过程中,要跟踪决策的实施情况,全面评估决策执行效果,及时调整完善。

第二十一条　各部门(单位)提请党委会议和主任办公会议讨论的事项,应经过深入调查研究和充分论证,提出切实可行的方案。涉及有关部门(单位)的,应当事先充分协商。

第二十二条　小浪底管理中心各类会议依据会议议事范围和事项内容,按照《水利部小浪底管理中心会议管理办法》实施会议决策。

第二十三条　各部门(单位)必须坚决贯彻落实小浪底管理中心的重大决策和部署,及时跟踪和反馈执行情况。办公室要加强督促检查。对已经小浪底管理中心批准的文件、方案和决定的事项,需要调整或变更的,要按原批复的程序进行报批,批准之后再执行。

第二十四条　把公开透明作为小浪底管理中心的基本制度,坚持以公开为常态,不公开为例外,全面推进决策、执行、管理、服务、结果公开。凡涉及公共利益、公众权益、需要广泛知晓的事项和社会关切的事项、水利部规定需要公开的事项、干部职工需要了解的事项,均应通过小浪底管理中心门户网站、微信公众号、内部办公平台等媒介,依法、及时、全面、准确地公开。

第六章　健全监督制度

第二十五条　小浪底管理中心要自觉接受水利部的监督。按照水利部要求,向水利部及其有关司局汇报工作、接受询问、质询和监督。

第二十六条　小浪底管理中心要自觉接受司法监督,尊重并自觉履行人民法院的生效判决、裁定,同时要自觉接受监察、审计等部门的监督。对监督中发现的问题,要认真整改并按规定向上级有关部门报告。

第二十七条　小浪底管理中心要自觉接受社会公众和新闻舆论的监督,认真调查核实有关情况,及时处理和改进工作。重大问题要及时向水利部报告,并向有关部门反馈处理结果。

第二十八条　小浪底管理中心高度重视信访工作,不断完善信访制度,畅通和规范信访渠道,维护信访秩序。小浪底管理中心领导、各部门(单位)负责人应当阅批重要来信,接待重要来访,研究解决信访工作中的突出问题。各部门(单位)要认真承办其职责范围内的信访事项。

第七章　加强督办落实

第二十九条　加强对党中央、国务院重大决策部署,水利部重要工作部署和小浪底管理中心重要工作安排贯彻落实情况的督办工作。

第三十条　各级领导要亲力亲为抓落实,主动谋划政策举措,解决矛盾问题,强化工作推进,确保政令畅通。

第三十一条　办公室会同监察部门负责小浪底管理中心督查工作的组织和管理,具体负责重要事项的督查工作。机关各部门负责(单位)各自监管职责范围内的督查检查工作,以及所组织专题会议决定事项的督查检查。

第三十二条　涉及多部门(单位)参与的工作,主办部门(单位)对督办事项的落实负总责,分解工作任务,明确各级承办人,主动协商协办部门(单位)办理督办事项,并对进展情况进行汇总反馈。协办单位应积极配合,严格按分工要求和时限完成所承担的工作任务。

第三十三条　各部门(单位)主要负责人是本部门(单位)督办落实工作第一责任人,

明确一名副处级以上干部作为督办工作联络人。要细化任务措施,层层压实责任,及时跟踪和反馈执行情况。

第三十四条　小浪底管理中心督查的工作机制、方式方法、结果应用等按照《水利部小浪底水利枢纽管理中心督查检查工作管理办法》执行。

第八章　所属公司管理

第三十五条　小浪底管理中心对所属公司履行出资人职责,依法享有对国有资产的占有、收益、使用和支配权,享有资本受益、重大决策等权利,厘清与所属企业的利益关系,指导企业建立产权明晰、激励相容的治理结构。

第三十六条　综合行政。小浪底管理中心负责以中心名义开展的对外联系、公务接待、信访、文件资料报送、档案信息管理、扶贫以及机关后勤管理等工作。所属公司根据业务工作需要以公司名义或受委托以中心名义开展上述工作,严格执行小浪底管理中心重大事项和突发事件请示报告等相关制度。

第三十七条　党群工作。小浪底管理中心党委全面领导所属公司党的工作(包括工团工作),负责所属公司党委纪委的设置及干部配备,开展对所属公司巡察审计、处级干部监督执纪等工作。所属公司党委负责内部党组织设置及干部配备,党费收缴、使用,党员发展,监督执纪,检查考核,财务审计、宣传、精神文明建设等工作,领导工团工作。

第三十八条　规划计划。小浪底管理中心审批所属公司规划,年度投资计划及招标方案,重大重要项目的立项、重大变更及重大项目的竣工决算,对外投资涉及的投资方案、协议、处置方案等。所属公司的规划、投资计划年度执行情况、对外投资项目实施情况向小浪底管理中心报告。

第三十九条　资产财务。小浪底管理中心审批所属公司企业成立及合并分立、增减注册资本、产权变化、重大投资、大额担保、筹融资、国有资本经营预算、财务预算及调整、利润分配等重大事项。审批所属公司各级子(分)公司重大产权变化、上市发债、新办企业、重大投资、大额担保等重大事项。所属公司重要的资金月报、经济效益快报、财务决算报告等财务信息需向小浪底管理中心报告。

第四十条　干部人事。小浪底管理中心负责确定所属公司主要职责、处级机构设置及人员规模,局级干部的推荐、提名,处级干部重要事项管理(任免决定、档案、执纪问责等)和科级及以下干部跨单位交流,援助干部选派,审核或审定所属公司科级机构设置,人员招聘方案,负责人薪酬、工资总额预算方案等;监督所属公司退休职工管理服务。所属公司党委负责干部职工的薪酬、社保,处级以下干部职工的全面管理,处级干部的工作管理,退休职工管理等。

第四十一条　水量调度。小浪底管理中心负责小浪底、西霞院水库(含西沟水库、西沟电站、桥沟电站、所辖引水口工程)调度管理、水文、泥沙测验及相关研究,负责防汛组织领导工作。指导、监督所属公司水库调度和防汛相关工作。所属公司根据职责分工,执行相关调度指令,做好水库检修维护、水文泥沙测验、调度系统维护、设施设备维护、物资储备、责任落实、制度完善、培训演练等工作。

第四十二条　安全管理。小浪底管理中心对所属公司安全生产工作进行监管,督促所属公司落实上级文件、安全会议精神，完善安全生产制度、预案，定期、不定期开展安全监督检查，统计上报生产信息。所属公司按照《安全生产法》等法律法规履行安全生产主体责任。

第四十三条　建设管理机制。小浪底管理中心负责所属公司重大基建项目和新建重要基建项目竣工验收，重大、重要科研项目验收；对枢纽运行管理工作进行监督管理，定期进行安全、发电会商，不定期进行监督检查，负责对外科技合作与交流管理；审核水库大坝安全运行年度报告、水利工程管理考核年度自检报告；负责所属公司控股开发的其他水电、房地产、旅游等重大项目的监督管理等；负责枢纽维修养护、生态环境监管等工作。所属公司负责枢纽运行管理、基建项目、科研项目等其他工作。

第四十四条　库区管理。库区管理中心负责水政监察，规范消落区土地开发利用，协助库周各级政府落实河长制和“清四乱”等工作，负责小浪底和西霞院库区水资源管理。开发公司负责库区塌岸和滑坡体巡查监测、地质灾害防范处理，库区界桩、警示牌和远程监控系统的建设维护，库水面漂浮杂物清除，库区工程水费、土地使用费收取，库区征地移民遗留问题处理等工作。

第九章　基本会议制度

第四十五条　小浪底管理中心实行党员代表大会、党委会议、主任办公会议、年度工作会议、年度专业性工作会议、工作例会、党建工作例会、专题办公会议、季度专项例会制度。会议严格按照《水利部小浪底水利枢纽管理中心会议管理办法》执行。

第四十六条　严格会议管理，各部门（单位）召开的会议，要严格执行《中共水利部党组贯彻落实〈十八届中央政治局关于改进工作作风、密切联系群众的八项规定〉实施办法》《水利部小浪底水利枢纽管理中心贯彻落实改进工作作风、密切联系群众的八项规定实施细则》和《水利部小浪底水利枢纽管理中心会议管理办法》等有关规定，减少数量，控制规模和时间，节约经费，严格审批。要充分准备，提高会议效率和质量，重在解决问题，确保务实管用。办公室会同有关部门负责对会议召开情况进行监督检查。

第十章　公文处理程序

第四十七条　小浪底管理中心公文处理工作严格执行《党政机关公文处理工作条例》《水利部公文处理办法》和《水利部小浪底水利枢纽管理中心公文处理办法》《中共水利部小浪底水利枢纽管理中心党委贯彻落实〈中国共产党重大事项请示报告条例〉实施细则》的规定。

第四十八条　凡国家法律法规、水利部规章和小浪底管理中心制度已经做出明确规定的，一律不再制发文件。没有实质性内容、可发可不发的文件，一律不发。凡能通过电话、传真等方式办理的事项，一律不制发文件。可以通过数字化办公平台处理的事项，一律不印发纸质文件。

第四十九条　小浪底管理中心机关各部门、直属单位向小浪底管理中心领导请示、汇报工作，应采用签报的形式。

（一）各部门（单位）需要请示的事项，能口头请示的，尽量口头请示，不必凡事都写签报。

(二)签报事由应明确是请示或报告,原则上应一事一报。不得多头请示或报告。

(三)签报内容应简明,陈述应清楚,请示类签报要提出明确意见、建议。

(四)签报内容涉及其他部门(单位)职责的,须由呈报部门(单位)同有关部门(单位)协调并会签后方可报送。对协调不一致的意见应随签报如实上报。

(五)签报通过办公室进行登记管理,由办公室审核后,呈送有关领导阅示,领导批阅完毕后由办公室转呈报部门(单位)阅办。

第十一章 工作纪律要求

第五十条 小浪底管理中心各级领导要自觉同以习近平同志为核心的党中央保持高度一致,坚决贯彻执行党和国家的路线方针政策和上级工作部署,严格遵守纪律,严格执行请示报告制度,有令必行,有禁必止。

第五十一条 小浪底管理中心全体干部职工必须坚决执行小浪底管理中心的决定,如有不同意见可在小浪底管理中心内部提出,在没有重新做出决定前,不得有任何与小浪底管理中心决定相违背的言论和行为;代表小浪底管理中心发表讲话或文章,接受境内外媒体采访,须按规定报批。

第五十二条 小浪底管理中心工作人员要严格遵守保密纪律,严禁泄露国家秘密、工作秘密和履行职责掌握的商业秘密等,坚决维护国家的安全、荣誉和利益。

第五十三条 小浪底管理中心工作人员要严格遵守外事纪律,因公因私出国(境)、参加外事和涉及港澳台活动,要严格按照有关规定报批。

第五十四条 小浪底管理中心工作人员要严格执行请销假制度,主要负责人出访或主汛期出差,应事先向水利部办公厅报告,由水利部办公厅向水利部部长或分管(联系)部领导报告;其他领导班子成员出差、休假,应向主要负责人报告,并通知办公室登记;各部门(单位)主要负责人出差、休假,应向分管负责人和主要负责人报告,并报办公室登记。

各部门主要负责人在国家法定节假日和周末离开日常工作地,应提前通知办公室登记。

第十二章 加强作风建设

第五十五条 认真贯彻全面从严治党要求,把政治建设摆在首位,严格落实中央八项规定及其实施细则精神,严格执行廉洁从政各项规定,切实加强廉政建设和作风建设,坚决反对“四风”。

第五十六条 小浪底管理中心要从严管理,对职权范围内的事项按程序和时限积极负责地办理,对不符合规定的事项坚持原则不得办理;对因推诿、拖延等官僚作风及失职、渎职造成影响和损失的,要依法依规追究责任;对越权办事、以权谋私等违规、违纪、违法行为,要严肃查处。

第五十七条 严格执行财经纪律,坚持艰苦奋斗、勤俭节约,坚决制止奢侈浪费,严格执行住房、办公用房、车辆配备等方面的规定,严格控制差旅、会议经费等一般性支出,切实降低行政成本，建设节约型单位。

严格执行国家和水利部出国（境）管理有关规定，严控因公出国（境）团组数量和人员。规范公务接待工作，不得违反规定用公款送礼和宴请，不得接受影响公务活动的送礼和宴请。严格控制和规范会议、论坛、庆典、节会等活动。各类会议活动经费要全部纳入预算管理，并按规定审批和备案。

第五十八条　小浪底管理中心各级领导干部要廉洁从政，严格执行领导干部重大事项报告制度，不得利用职权和职务影响为本人或特定关系人谋取不正当利益；加强对亲属和身边工作人员的教育和约束，决不允许搞特权。

第五十九条　小浪底管理中心各级领导干部要带头弘扬“忠诚、干净、担当，科学、求实、创新”的新时代水利精神，强化责任担当，勤勉干事创业，真抓实干、埋头苦干，力戒形式主义、官僚主义。

第六十条　努力建设学习型单位，各级领导干部要做学习的表率。

第六十一条　小浪底管理中心各级领导干部要经常深入基层，调查研究，指导工作，注重研究和解决实际问题。到基层或生产、经营一线考察调研，注重实际效果，减少陪同人员，简化接待工作。

第六十二条　小浪底管理中心领导一般不出席与工作无关的会议，不为下属单位和地方的会议活动等发贺信、贺电，不题词。

第十三章　附　则

第六十三条　本规则由小浪底管理中心办公室负责解释。

第六十四条　本规则自印发之日起施行，原《水利部小浪底水利枢纽管理中心工作规则》（中心办〔2013〕24 号）同时废止。

参 考 文 献

[1] 李雨阳,王海滨,任伟. 行政事业单位内部控制建设标准模板研究[J]. 商业会计,2018(8):12-16.

[2] 李志芳. 企业内部控制手册建设实践与探索[J]. 金融经济:下半月,2010(10):201-202.

[3] 律素华. 浅谈如何加强行政事业单位内部控制体系的建设[J]. 中国总会计师 ,2019(9):138-139.

[4] 夏源,杨兴龙. 推动单位内控工作从"立规矩"向"见实效"转变[J]. 中国财政,2019(17):48-49.

[5] 宋美荣. 浅谈水利事业单位内部控制工作[J]. 中国水利,2019(14):56-57.

[6] 何永梅. 论行政事业单位内部控制体系建设中存在的问题与对策[J]. 中国注册会计师,2019(7):101-103.

[7] 刘永泽,唐大鹏. 关于行政事业单位内部控制的几个问题[J]. 会计研究, 2013(1):57-62.

[8] 骆良彬,乔丹. 行政事业单位内部控制体系构建的几个重点问题[J]. 财务与会计,2016(13):64-65.

[9] 冯艳霞. 新形势下行政事业单位内部控制建设存在的问题及对策[J]. 中国国际财经(中英文),2018(7):98.